92	84	66	56	44	31	72	19	
84	92	66	56	44	31	72	19	
84	66	92	56	44	31	72	19	24
84	66	56	92	44	31	72	19	24
84	66	56	44	92	31	72	19	24
84	66	56	44	31	92	72	19	24
84	66	56	44	31	72	92	19	24
84	66	56	44	31	72	19	92	24
84	66	56	44	31	72	19	24	92

图 7.1　冒泡排序的第一轮遍历

84	92	66	56	44	31	72	19	24	假设84已排序
84	92	66	56	44	31	72	19	24	仍然有序
66	84	92	56	44	31	72	19	24	插入66
56	66	84	92	44	31	72	19	24	插入56
44	56	66	84	92	31	72	19	24	插入44
31	44	56	66	84	92	72	19	24	插入31
31	44	56	66	72	84	92	19	24	插入72
19	31	44	56	66	72	84	92	24	插入19
19	24	31	44	56	66	72	84	92	插入24

图 7.7　插入排序

84	92	66	56	44	31	72	19	24
84	92	66	56	44	31	72	19	24
84	92	66	56	44	31	72	19	24

图 7.8　以 3 作为增量

56	19	24	72	44	31	84	92	66

图 7.9　总体仍无序

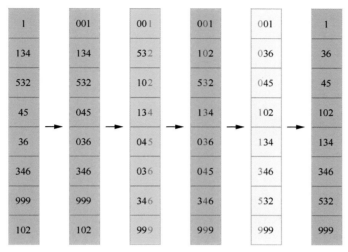

图 7.17 基数排序

图 7.18 相同灰度的数据是有序的

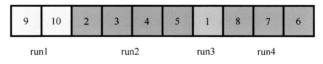

run1　　　　run2　　　　run3　　　　run4

图 7.19 找出各种有序区块

图 7.20 区块合并的一种情况

1	2	4	7	8	23	19	16	14	13	12	10	20	18	17	15	11	9	0	5	6	1	3	21	22
2	2	4	7	8	23	19	16	14	13	12	10	20	18	17	15	11	9	0	5	6	1	3	21	22
3	2	4	7	8	23	19	16	14	13	12	10	20	18	17	15	11	9	0	5	6	1	3	21	22
4	2	4	7	8	23	10	12	13	14	16	19	20	18	17	15	11	9	0	5	6	1	3	21	22
5	2	4	7	8	10	12	13	14	16	19	23	20	18	17	15	11	9	0	5	6	1	3	21	22
6	2	4	7	8	10	12	13	14	16	19	23	20	18	17	15	11	9	0	5	6	1	3	21	22
7	2	4	7	8	10	12	13	14	16	19	23	9	11	15	17	18	20	0	5	6	1	3	21	22
8	2	4	7	8	10	12	13	14	16	19	23	9	11	15	17	18	20	0	5	6	1	3	21	22
9	2	4	7	8	10	12	13	14	16	19	23	9	11	15	17	18	20	0	1	3	5	6	21	22
10	2	4	7	8	10	12	13	14	16	19	23	9	11	15	17	18	20	0	1	3	5	6	21	22
11	2	4	7	8	10	12	13	14	16	19	23	9	11	15	17	18	20	0	1	3	5	6	21	22
12	2	4	7	8	10	12	13	14	16	19	23	0	1	3	5	6	9	11	15	17	18	20	21	22
13	0	1	2	3	4	5	6	7	8	9	10	11	12	13	14	15	16	17	18	19	20	21	22	23

图 7.21   TimSort 示意图

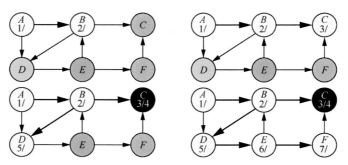

图 9.13   探索顶点的过程

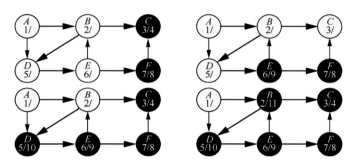

图 9.14　回溯并将访问过的顶点标记为黑色

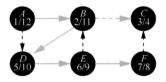

图 9.15　访问路径

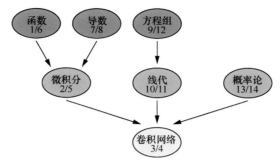

图 9.17 拓扑序列

图 9.18 拓扑排序结果

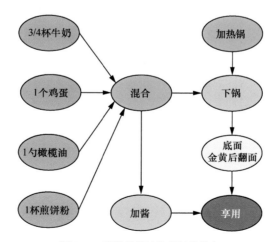

图 9.19 将做煎饼抽象成拓扑排序

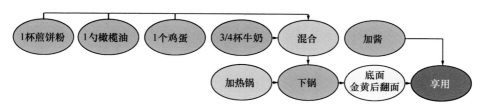

图 9.20 做煎饼的步骤关系图

		s	i	t	t	i	n	g
	0	1	2	3	4	5	6	7
k	1	1						
i	2							
t	3							
t	4							
e	5							
n	6							

图 10.3 编辑距离的状态转移矩阵

表 10.2　Base64 编码表

编号	字符	编号	字符	编号	字符	编号	字符	编号	字符
0	0	13	D	26	Q	39	d	52	q
1	1	14	E	27	R	40	e	53	r
2	2	15	F	28	S	41	f	54	s
3	3	16	G	29	T	42	g	55	t
4	4	17	H	30	U	43	h	56	u
5	5	18	I	31	V	44	i	57	v
6	6	19	J	32	W	45	j	58	w
7	7	20	K	33	X	46	k	59	x
8	8	21	L	34	Y	47	l	60	y
9	9	22	M	35	Z	48	m	61	z
10	A	23	N	36	a	49	n	62	+
11	B	24	O	37	b	50	o	63	/
12	C	25	P	38	c	51	p		

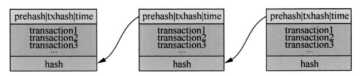

图 10.18　区块及区块链的结构

数据结构与算法
（Rust 语言描述）

谢波◎著

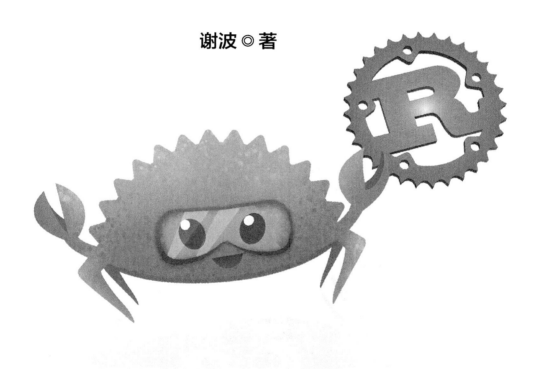

人民邮电出版社

北 京

图书在版编目（ＣＩＰ）数据

数据结构与算法：Rust语言描述 / 谢波著. -- 北京：人民邮电出版社，2023.7
ISBN 978-7-115-61168-0

Ⅰ．①数… Ⅱ．①谢… Ⅲ．①数据结构②算法分析
Ⅳ．①TP311.12②TP301.6

中国国家版本馆CIP数据核字(2023)第026486号

内 容 提 要

这是一本基于 Rust 语言讲解数据结构及其实现方法的书。全书先介绍 Rust 语言的基础知识以及计算机科学和算法分析的概念，然后介绍简单数据结构和算法的设计与实现，接着介绍较复杂的树和图数据结构，最后将这些知识应用于实战项目以解决实际问题。

本书适合程序设计爱好者、专业程序员以及对 Rust 语言感兴趣的读者阅读。

◆ 著　　　　　谢　波

责任编辑　吴晋瑜

责任印制　王　郁　焦志炜

◆ 人民邮电出版社出版发行　　北京市丰台区成寿寺路 11 号

邮编　100164　　电子邮件　315@ptpress.com.cn

网址　https://www.ptpress.com.cn

北京九州迅驰传媒文化有限公司印刷

◆ 开本：800×1000　1/16　　　　彩插：4

印张：22　　　　　　　　　2023 年 7 月第 1 版

字数：452 千字　　　　　　　2024 年 11 月北京第 7 次印刷

定价：109.80 元

读者服务热线：(010)81055410　　印装质量热线：(010)81055316
反盗版热线：(010)81055315
广告经营许可证：京东市监广登字 20170147 号

序

得益于高效、安全以及便捷的工程管理工具，Rust 逐渐发展成一门非常优秀的语言，甚至有人认为 Rust 很可能就是可以替代部分 C/C++ 工作的语言。

笔者接触 Rust 语言之初，市面上虽有一些 Rust 图书，但鲜见关于算法的 Rust 语言图书，为此在学习过程中屡屡碰壁。鉴于自己的亲身体会，笔者萌生了写一本用 Rust 语言讲解数据结构和算法的书的想法，以期能对刚接触这部分知识的读者有所帮助。

经过一段时间的查阅、整理资料和不断思考，结合自己的学习经历，笔者完成了这本书。笔者认为，虽然 Rust 学习曲线陡峭，但只要找准方向，辅以好的资源，学好 Rust 并没有那么难。

笔者编写这本书还有一个初衷，那就是学习和推广 Rust 语言以及回馈 Rust 开源社区——开源社区的资源是笔者学习和成长的沃土。感谢 PingCAP 开发的 TiDB 及其运营的开源社区和线上课程。感谢 Rust 语言中文社区的 Mike Tang 等成员对 Rust 会议的组织以及社区的建设和维护所做的贡献。感谢令狐壹冲在 Bilibili 弹幕网分享的 Rust 学习视频。感谢张汉东等前辈对 Rust 语言的推广，包括他所编写的优秀图书《Rust 编程之道》以及《RustMagazine 中文月刊》。当然，还要感谢 Mozilla、AWS、Facebook、谷歌、微软、华为公司为 Rust 设立基金会——笔者正是由此认定 Rust 未来可期，其生态系统还处于蓬勃发展的阶段，才有了写这本书的动力。

最后，感谢母校电子科技大学（成都）给予的丰富学习资源和环境，感谢导师和 KC404 实验室众位师兄弟姐妹的关心和帮助。在那里，笔者学到了各种技术、知识，得到了成长，明确了人生前行的方向，感恩每一位给予我帮助和支持的老师、同学！

谢波
于成都

前　　言

晶体管的出现引发了集成电路和芯片革命，人类有了中央处理器、大容量存储器和便捷的通信设施。Multics 分时操作系统的失败催生了 UNIX，而后出现的 Linux 内核及 Linux 发行版则将开源与网络技术紧密结合起来，使信息技术得到飞速发展。技术的进步为人类提供了实践想法的平台和工具，社会的进步则创造了新的需求和激情，继而推动技术的进步。尽管计算机世界的上层诞生了互联网、区块链、云计算、物联网，但在底层，其基本原理保持不变。变化的特性往往有不变的底层原理作为支撑，就像各种功能的蛋白质也只是几十种氨基酸组成的肽链的曲折变化一样。计算机世界的底层是基本硬件及其抽象数据类型（数据结构）和操作（算法）的组合，这是变化的上层技术取得进步的根本。

无论是普通计算机、超级计算机抑或量子计算机，其功能都建立在某种数据结构和算法的抽象之上。数据结构和算法作为抽象数据类型在计算机科学中具有重要地位，是完成各种计算任务的核心工具。本书重点关注抽象数据类型的设计、实现和使用。学习设计抽象数据类型有助于编程实现，而在编程过程中又可加深对抽象数据类型的理解。

本书的算法实现往往不是最优或最通用的工程实现，因为工程实现冗长，抓不住重点，这对于学习原理并无益处。本书提供的代码针对不同问题采取不同的实现措施，有的直接使用泛型，有的则使用具体的类型。之所以采取这些实现措施，一是为了简化代码，二是为了确保每段代码都可以单独编译通过并得到运行结果。

阅读前提

虽然理解抽象数据类型概念不涉及具体的形式，但是代码实现必须考虑具体的形式，这就要求你具有一定的 Rust 基础。

虽然每个人对 Rust 语言的熟悉程度和编码习惯有所不同，但基本要求是相同的。要阅读本书，你应具备以下能力。

- 能使用 Rust 语言实现完整的程序，如 Cargo、rustc、test 等。
- 能使用基本的数据类型和结构，如结构体、枚举、循环、匹配等。
- 能使用 Rust 泛型，如生命周期、所有权系统、指针、非安全代码、宏等。

- 能使用内置库（crate）、外部库，会设置 Cargo.toml。

如果你不了解上述内容，那么请先阅读相关的 Rust 学习资料。

内容概述

本书的章节安排并不是"强设定"的，你可以按照自己的需求选择先学某些章节，之后再学其他内容。但总的来说，我们建议你先阅读前 3 章内容，对于中间的章节及最后的实战章节，也建议你按顺序阅读。

第 1 章　Rust 基础。该章的内容包括 Rust 工具链安装、Rust 学习资料整理、Rust 基础知识回顾以及一个小项目。该章旨在帮助你复习 Rust 的重点基础知识，而非面面俱到。因此，如果你遇到不解之处，请参考其他资料。该章的最后一个项目是一个密码生成器，它也是笔者正在使用的一个小工具。之所以把它放到这里，是为了总结所学基础知识，同时便于你了解 Rust 的模块和代码是如何组织的。

第 2 章　计算机科学。该章介绍计算机科学的定义和概念，旨在让你了解如何分析实际问题。该章的内容包括如何为数据结构建立抽象数据类型模型，如何设计、实现算法以及对算法的运行结果进行检验。注意，抽象数据类型是对数据操作的逻辑描述，隐藏了实现细节，有助于更好地抽象出问题本质。

第 3 章　算法分析。该章介绍有关程序执行时间和空间性能的方法，以帮助你了解如何评估算法的执行效率。其中，大 O 分析法是算法分析的一种标准方法。

第 4 章　基础数据结构。计算机是线性系统，对于内存来说也不例外。基础数据结构因为保存在内存中，所以也是线性的。Rust 中基于这种线性内存模型建立的基础数据结构有数组、切片、Vec 以及衍生的栈、队列等。该章介绍如何用 Vec 这种基础数据结构来实现栈、队列、双端队列和链表。

第 5 章　递归。递归是一种算法技巧，它是迭代的另一种形式，必须满足递归三定律。尾递归是对递归的一种优化。动态规划是一类高效算法的代表，通常利用递归或迭代来实现。

第 6 章　查找。查找算法用于在某类数据集合中找到某个元素或判断某个元素是否存在，是使用最广泛的一类算法。根据数据集合是否有序，查找可以粗略地分为顺序查找和非顺序查找。非顺序查找包括二分查找和哈希查找等。

第 7 章　排序。顺序查找要求数据有序，但数据一般是无序的，所以需要排序。常见的排序算法有冒泡排序、快速排序、插入排序、希尔排序、归并排序、选择排序、堆排序、桶排序、计数排序和基数排序。蒂姆排序是结合了归并排序和插入排序的排序算法，效率非常高，它已经成为 Java、Python、Rust 等语言的默认排序算法。

第 8 章　树。计算机是线性系统，但在线性系统中，通过适当的方法也能构造出非线性数据结构。树是一种非线性数据结构，它通过指针或引用来指向子树。树结构中最基础的是二叉树，由它可以衍生出二叉堆、二叉查找树、平衡二叉树、八叉树等。当然，树结构中还有 B 树、B+ 树、红黑树等更复杂的树。

第 9 章　图。树结构中的连接都是从根节点到子节点的，且数量不多。如果将这些限制取消，就得到了图结构。图是一种解决复杂问题的非线性数据结构，连接方向可有可无，没有父子节点的区别。虽然是非线性数据结构，但其存储形式也是线性的，包括邻接表和邻接矩阵。图用于处理含有大量节点和连接关系的问题，如网络流量、交通流量、路径搜索等问题。

第 10 章　实战。该章运用前 9 章的知识来解决实际问题，实现一些有用的数据结构和算法，包括距离算法、字典树、过滤器、缓存淘汰算法、一致性哈希算法以及区块链，旨在帮助你加深对数据结构的认识，提升你的 Rust 编程水平。

说明

本书和所有代码均在 Ubuntu 18.04 环境下编写完成，Rust 版本是 1.58。除了简单或说明性质的代码不给出运行结果之外，其他代码都给出了运行结果。比较短的结果就在当时的代码框中（用注释符号做了注释），较复杂的结果则单独放在了代码框中。

目　　录

第 1 章　Rust 基础

本章主要内容

- 安装 Rust 并了解其工具链
- 了解 Rust 各领域学习资料
- 回顾 Rust 编程语言基础知识

1.1　安装 Rust 及其工具链

　　Ubuntu 22.04 及其以上版本自带 Rust，可以直接使用，其他的类 UNIX 系统请使用如下命令安装 Rust。Windows 下的安装方式参见 Rust 官方网站。本书代码是在 Linux 下编写的，你最好也用 Linux 或 macOS 系统来学习，以避免由环境不一致造成的各种误解和错误。

```
$ curl --proto '=https' --tlsv1.2
    -sSf https://sh.rustup.rs | sh
```

　　在 Linux 下安装好 Rust 后还须设置环境变量，以便系统能够找到 rustc 编译器等工具的位置。首先，将如下 3 行代码添加到 ~/.bashrc 的末尾：

```
# Rust 语言环境变量
export RUSTPATH=$HOME/.cargo/bin
export PATH=$PATH:$RUSTPATH
```

　　保存后，再执行 source ~/.bashrc。如果嫌麻烦，你可以下载本书的配套源代码，执行 install_rust.sh 脚本，就可以完成 Rust 工具链的安装。第一段指令会安装 rustup 这个工具来管理并安装 Rust 工具链。Rust 工具链包括编译器 rustc、项目管理工具 cargo、工具链管理工具 rustup、文档工具 rustdoc、格式化工具 rustfmt 和调试工具 rust-gdb。

　　对于简单项目，你可以使用 rustc 来编译，但涉及大项目时就需要使用 cargo 工具来管理，其内部也是使用 rustc 来编译项目的。cargo 是一个非常好的工具，它会将所有内容打包处理，集项目构建、测试、编译、发布于一体，十分高效。管理过 C/C++ 工程的程序员，大多遭受过各种库和依赖的"折磨"，也正因如此，他们会喜欢上 cargo 这个工具。本书的大部分项目并不复杂，所以我们大多使用的是 rustc 编译器而不是 cargo 工具。rustup 管理着 Rust 工具的安装、升级、卸载。注意，Rust 语言包括 stable 版和 nightly 版，并且这两个版本可以共存。首次安装 Rust 时 nightly 版默认是没有的，可用如下命令安装。

```
$ rustup default nightly
```

安装好 Rust 后，可用 rustup 查看当前使用的版本，代码如下：

```
$ rustup toolchain list
    stable-x86_64-unknown-linux-gnu
    nightly-x86_64-unknown-linux-gnu (default)
```

要在 stable 版和 nightly 版之间切换，请执行如下命令：

```
$ rustup default stable # nightly
```

1.2　Rust 基础知识

Rust 是一门类似于 C/C++ 的系统编程语言，这意味着你在那两门语言中学习的很多概念都能用于帮助你理解 Rust。然而 Rust 也提出了自己独到的见解，特别是可变、所有权、借用、生命周期这几大概念，它们是 Rust 的优点，也是其学习难点。下面回顾 Rust 基础知识，熟悉 Rust 的读者可以跳过本节。

1.2.1　Rust 语言历史

Rust 是一种高效、可靠的通用高级编译型语言，后端基于 LLVM（Low Level Virtual Machine）。Rust 还是一种少有的兼顾开发效率和执行效率的语言。对于 Rust 语言，很多人可能听说过，但未必用过。Rust 已经连续多年被 Stack Overflow 评为最受开发者喜爱的语言。2021 年，谷歌、亚马逊、华为、微软、Mozilla 还共同为 Rust 设立了基金会，谷歌甚至资助用 Rust 重写互联网基础设施 Apache httpd、OpenSSL。此外，Rust 也有自己的吉祥物，是一只红色的螃蟹，名叫 Ferris。

Rust 最早是 Mozilla 雇员 Graydon Hoare 的个人项目，它从 2009 年开始得到 Mozilla 研究院的支持，并于 2010 年对外公布。Rust 得到 Mozilla 研究院的支持，是因为 Mozilla 开发和维护的 Firefox Gecko 引擎由于历史包袱及各种漏洞和性能瓶颈，已经落后于时代。Mozilla 亟需一种能够安全编程的语言来保持 Firefox 的先进性。2010—2011 年，Rust 替换了用 OCaml 写的编译器，实现了自举，Rust 开发团队在 2015 年发布了 Rust 的 1.0 版本。在整个研发过程中，Rust 建立了一个强大而活跃的社区，形成了一整套完善且稳定的贡献机制。Rust 固定每 6 周发布稳定版和测试版，每三年发布一个大的版次。目前，Rust 已经发布过 2015、2018、2021 共三个版次，下一个版次是 2024。

Rust 采用了现代化的工程管理工具 Cargo 并配合随时随地可用的线上包（crate），开发效率非常高。Rust 的包都会发布在 crates.io 上，目前可用的包就有 82 498 个，且还在不断增长。如果你实现了某个比较通用的包，你也可以将其推送到 crates.io 供其他人使用。

除了开发效率非常高之外，Rust 的性能也很不错。2017 年，由 6 名葡萄牙研究者组成的团队对各种编程语言的性能进行了一次调查 [8]。他们用 27 种编程语言基于同样的算法写出了 10 个问题的解决方案，然后运行这些解决方案，记录每种编程语言消耗的电量、速度和内存使用情况，最终得到了各编程语言在各项指标上的表现，如图 1.1 所示。

Total							
	Energy			Time			Mb
(c) C	1.00	(c) C	1.00	(c) Pascal	1.00
(c) Rust	1.03	(c) Rust	1.04	(c) Go	1.05
(c) C++	1.34	(c) C++	1.56	(c) C	1.17
(c) Ada	1.70	(c) Ada	1.85	(c) Fortran	1.24
(v) Java	1.98	(v) Java	1.89	(c) C++	1.34
(c) Pascal	2.14	(c) Chapel	2.14	(c) Ada	1.47
(c) Chapel	2.18	(c) Go	2.83	(c) Rust	1.54
(v) Lisp	2.27	(c) Pascal	3.02	(v) Lisp	1.92
(c) Ocaml	2.40	(c) Ocaml	3.09	(c) Haskell	2.45
(c) Fortran	2.52	(v) C#	3.14	(i) PHP	2.57
(c) Swift	2.79	(v) Lisp	3.40	(c) Swift	2.71
(c) Haskell	3.10	(c) Haskell	3.55	(i) Python	2.80
(v) C#	3.14	(c) Swift	4.20	(c) Ocaml	2.82
(c) Go	3.23	(c) Fortran	4.20	(v) C#	2.85
(i) Dart	3.83	(v) F#	6.30	(i) Hack	3.34
(v) F#	4.13	(i) JavaScript	6.52	(v) Racket	3.52
(i) JavaScript	4.45	(i) Dart	6.67	(i) Ruby	3.97
(v) Racket	7.91	(v) Racket	11.27	(c) Chapel	4.00
(i) TypeScript	21.50	(i) Hack	26.99	(v) F#	4.25
(i) Hack	24.02	(i) PHP	27.64	(i) JavaScript	4.59
(i) PHP	29.30	(v) Erlang	36.71	(i) TypeScript	4.69
(v) Erlang	42.23	(i) Jruby	43.44	(v) Java	6.01
(i) Lua	45.98	(i) TypeScript	46.20	(i) Perl	6.62
(i) Jruby	46.54	(i) Ruby	59.34	(i) Lua	6.72
(i) Ruby	69.91	(i) Perl	65.79	(v) Erlang	7.20
(i) Python	75.88	(i) Python	71.90	(i) Dart	8.64
(i) Perl	79.58	(i) Lua	82.91	(i) Jruby	19.84

图 1.1　各编程语言性能对比

看了图 1.1，相信你在心中对各种编程语言的资源使用情况也就有数了。Rust 的能源消耗、时间消耗及内存消耗指标都非常不错。当然，这个对比不一定完全准确，但大的趋势是非常明显的，那就是 Rust 确实非常节能、高效。当前，人类社会正处于气候变化的关键节点，尤其是在碳达峰、碳中和的背景下，考虑采用 Rust 这类更节能、高效的语言来开发软件是符合历史潮流的。笔者觉得 Rust 可以作为企业转型的重要工具，期待整个行业和社会形成共识。当然，要是能形成国家指导政策，那就更好了。

Rust 的使用领域非常广，包括但不限于命令行工具、DevOps 工具、音 / 视频处理、游戏引擎、搜索引擎、区块链、物联网、浏览器、云原生、网络服务器、数据库、操作系统等。国内外已有众多高校、企业在大量使用 Rust，比如清华大学新生学习用的操作系统 rCore 和 zCore、字节跳动的飞书、远程桌面软件 RustDesk、PingCAP 的 TiDB 数据库、js/ts（JavaScript/TypeScript）运行时 Deno、Google Fuchsia 操作系统等。

1.2.2　关键字、注释、命名风格

下面列出了 Rust 目前在用的（未来可能增加）关键字，共 39 个。注意，Self 和 self 是两个关键字。

```
Self      enum      match     super
as        extern    mod       trait
async     false     move      true
await     fn        mut       type
break     for       pub       union
const     if        ref       unsafe
continue  impl      return    use
crate     in        self      where
dyn       let       static    while
else      loop      struct
```

每种编程语言都有许多关键字，其中一些是通用的，剩下的就是各编程语言独有的。关键字实际上是语言设计者对程序设计思考的结果，不同的关键字体现了语言设计者对各种任务的权衡（trade-off）。比如，Rust 中的 match 功能非常强大，与此相对的是，C 语言中类似 match 的 switch 功能就要少得多，可见这两种语言对该问题的考虑不同，从而导致不同的编码风格和思考方式。

为了方便阅读代码的人理解或为了说明复杂的逻辑，程序中还需要提供适当的解释。注释就是提供解释的好地方。Rust 的注释有两大类：普通注释和文档注释。其中，普通注释有三种注释方式，如下所示：

```
// 第一种注释方式

/* 第二种注释方式 */

/*
 * 第三种注释方式
 * 多行注释
 * 多行注释
 */
```

Rust 十分重视文档和测试，并为此专门提供了文档注释。有了文档注释，就可以在注释中写文档和测试代码，通过 cargo test 可以直接测试代码，通过 cargo doc 可以直接生成文档。

```
//! 生成库文档，用于说明整个模块的功能，置于模块文件的头部
/// 生成库文档，用于函数或结构体的说明，置于要说明对象的上方
```

Rust 的文档采用的是 Markdown 语法，所以符号"#"是必不可少的，如下所示：

```
//! Math 模块    <---- 文档注释，说明模块作用
//!
```

```
/// # add 函数   <---- 文档注释，说明函数作用、解释、测试用例
/// 该函数为求和函数
///
/// # Example   <---- 测试代码，使用用例
/// use math::add;
/// assert_eq!(3, add(1, 2));
fn add(x: i32, y: i32) -> i32 {
    // 求和      <---- 普通注释
    x + y
}
```

编码和命名风格一直是编程领域的热门话题，Rust 也有推荐的做法。Rust 推荐采用驼峰式命名（UpperCamelCase）来表示类级别的内容，而采用蛇形命名（snake_case）来描述值级别的内容。Rust 中各种值推荐的命名风格如下所示：

```
项                    约定
包 (Crate)            snake_case
类型                  UpperCamelCase
特性 (Trait)          UpperCamelCase
枚举                  UpperCamelCase
函数                  snake_case
方法                  snake_case
构造函数              new 或 with_more_details
转换函数              from_other_type
宏                    snake_case!
局部变量              snake_case
静态变量              SCREAMING_SNAKE_CASE
常量                  SCREAMING_SNAKE_CASE
类型参数              UpperCamelCase 的首字母，如 T、U、K、V
生命周期              lowercase，如 'a、'src、'dest
```

在 UpperCamelCase 模式下，复合词的首字母缩写词和缩略词算作一个词。例如，使用 Usize 而不使用 USize。在 snake_case 或 SCREAMING_SNAKE_CASE 模式下，单词不应由单个字母组成，除非是最后一个单词。例如，使用 btree_map 而不使用 b_tree_map，使用 PI_2 而不使用 PI2。下面的示例代码展示了 Rust 中各种类型的命名风格（本书所有代码均参照此风格，建议你也遵循）：

```
// 枚举
enum Result<T, E> {
    Ok(T),
    Err(E),
}

// 特性, trait
pub trait From<T> {
    fn from<T> -> Self;
```

```
}

// 结构体
struct Rectangle {
    height: i32,
    width: i32,
}
impl Rectangle {
    // 构造函数
    fn new(height: i32, width: i32) -> Self {
        Self { height, width }
    }

    // 函数
    fn calc_area(&self) -> i32 {
        self.height * self.width
    }
}

// 静态变量和常量
static NAME: &str = "kew";
const AGE: i32 = 25;

// 宏定义
macro_rules! add {
    ($a:expr, $b:expr) => {
        {
            $a + $b
        }
    }
}

// 变量及宏使用
let sum_of_nums = add!(1, 2);
```

随着 Rust 的普及和使用领域不断扩大，遵循统一的编码规范是十分有必要的。目前，有一份比较好的 Rust 编码规范是由张汉东老师主导的，建议多多借鉴。

1.2.3　常量、变量、数据类型

变量和常量是各种编程语言共同的概念，本来没什么好讲的，但 Rust 提出了可变与不可变的概念，这让即使非常简单的常量和变量概念，也能把人搞得晕头转向。新人，尤其是其他编程语言使用者，在转向 Rust 时往往需要和编译器斗智斗勇才能通过编译。Rust 中存在常量、变量、静态变量三种类型的量。常量不能改变，不能被覆盖（重定义）；变量可变可不变，还可被覆盖；静态变量可变可不变，不能被覆盖。

定义常量用 const。常量是绑定到一个名称且不允许改变和覆盖的值，示例如下：

```
// 定义常量，类似于 C/C++ 中的 #define
const AGE: i32 = 1984;
```

```
// AGE = 1995; 报错, 不允许改变

const NUM: f64 = 233.0;
// const NUM: f64 = 211.0; 报错, 已经定义过, 不能被覆盖
```

定义变量用 let。变量是绑定到一个名称且允许改变的值, 依据定义时是否使用 mut, 变量可以表现出可变或不可变特性。

```
let x: f64 = 3.14; // 用 let 定义变量 x, x 可被覆盖, 但不允许改变
// x = 6.28; 报错, x 不可变
let x: f64 = 2.71 // 变量 x 被覆盖

let mut y = 985; // 用 let mut 定义变量 y, y 可被覆盖, 并且允许改变
y = 996;         // 改变 y
let y = 2019;    // 变量 y 被覆盖
```

定义静态变量用 static。依据定义时是否使用 mut, 静态变量也可以表现出可变或不可变特性。

```
static NAME: &str = "shieber" // 静态变量可当作常量使用
// NAME = "kew"; 报错, NAME 不允许改变

static mut NUM: i32 = 100;  // 静态变量, NUM 允许改变
unsafe {
    NUM += 1;               // 改变 NUM
    println!("Num:{}",NUM);
}
```

在上述三个例子中, mut 是约束条件, 在变量前加 mut 后, 变量才可以改变, 否则不允许改变, 这和其他编程语言有很大的不同。静态变量和常量有相似的地方, 但其实它们大不同。常量在使用时采取内联替换, 用多少次就替换多少次; 而静态变量在使用时取一个引用, 全局只有一份。用 static mut 定义的静态变量需要用 unsafe 进行包裹, 说明这是不安全的, 建议你只使用常量和变量, 忘记静态变量, 以免编码时出现错误。

数据类型是一门编程语言的基础, 所有复杂的模块都是基于基础数据类型构建起来的。Rust 的一些数据类型和 C 语言很像, 但也有一些数据类型和 Go 语言相似。Rust 的基础数据类型分标量类型和复合类型两大类。标量类型代表一个单独的值。Rust 有 4 种基本的标量类型: 整型、浮点型、布尔类型和字符类型。复合类型则是将多个值组合成一个值的类型, Rust 有两种原生的复合类型: 元组 (tuple) 和数组。

整数是没有小数部分的数字, 根据是否有符号和长度, 可分为 12 类。有符号类型以 i 开头, 无符号类型以 u 开头。

长度	有符号	无符号
8	i8	u8
16	i16	u16
32	i32	u32
64	i64	u64

```
128      i128      u128
arch     isize     usize
```

这里有两点需要说明。第一，64 位机器是如何处理 128 位的数字的？答案是采用分段存储，通过多个寄存器就能处理。第二，isize 和 usize 是和机器架构相匹配的整数类型，所以在 64 位机器上，isize 和 usize 分别表示 i64 和 u64，在 32 位机器上则分别表示 i32 和 u32。

浮点数是带有小数的数字，有 f32 和 f64 两种类型，默认为 f64 类型且都是有符号的。

```
长度      有符号
32        f32
64        f64      （默认）
```

布尔类型用 bool 表示，只有两个值——true 和 false，这和其他编程语言是一致的。

字符类型 char 和 C 语言中的 char 是一样的，都是最原始的类型。字符用单引号声明，字符串用双引号声明。下面的 c 和 c_str 是完全不同的类型，字符是一个 4 字节的 Unicode 标量值，而字符串对应的是数组。

```
// Unicode 标量值
let c = 's';

// 动态数组
let c_str = "s";
```

元组是一种能够将多个其他类型的值组合成复合值的类型，一旦声明，长度就不能增大或缩小。元组使用圆括号包裹值，并用逗号分隔值。为了从元组中获取值，你可以使用模式匹配和点符号，下标从 0 开始。

```
let tup1: (i8, f32, i64) = (-1, 2.33, 8000_0000);
// 使用模式匹配获取所有值
let (x, y, z) = tup1;

let tup2 = (0, 100, 2.4);
let zero = tup2.0; // 使用点符号获取值
let one_hundred = tup2.1;
```

x、y、z 通过模式匹配分别获得了值 -1、2.33、80 000 000。从这里也可以看出，let 不只是定义变量，它还能解构出值来。其实，let 就是模式匹配，定义变量时也是模式匹配。没有任何值的元组 ( ) 是一种特殊的类型，元组只有一个值时也写成 ( )。这种类型被称为单元类型，值则被称为单元值。在 Rust 中，如果表达式不返回任何值，则隐式返回单元值( )。

另一种包含多个值的类型是数组。但与元组不同的是，数组中每个元素的类型必须相同，并且长度也不能变。但如果需要可变数组，则可以使用 Vec，Vec 是一种允许增减长度的集合类型。大部分时候，你需要的数据类型很可能就是 Vec。

```
// 定义数组
let genders = ["Female", "Male", "Bigender"];
let gender_f = genders[0];              // 访问数组元素

let digits[i32; 5] = [0, 1, 2, 3, 4]; // 用 [type; num] 定义数组
let zeros = [0; 10];                    // 定义包含 10 个 0 的数组
```

Rust 中的数据类型的大多数其实是可以相互转换的，比如将 i8 转成 i32 就是合理的转换。但 Rust 不支持原生类型之间的隐式转换，只能使用 as 关键字进行显式转换。整型之间的转换大体遵循 C 语言中的约定。在 Rust 中，所有整型转换都是定义良好的。

```
// type_transfer.rs
#![allow(overflowing_literals)]    // 忽略类型转换的溢出警告
fn main() {
    let decimal = 61.3214_f32;
    // let integer: u8 = decimal;   // 报错，不能将 f32 转成 u8
    let integer = decimal as u8;    // 正确，用 as 进行显式转换
    let character = integer as char;
    println!("1000 as a u16: {}", 1000 as u16);
    println!("1000 as a u8: {}", 1000 as u8);
}
```

对于一些复杂的类型，Rust 提供了 From 和 Into 两个 trait 来进行转换。

```
pub trait From<T> {
    fn from<T> -> Self;
}
pub trait Into<T> {
    fn into<T> -> T;
}
```

通过这两个 trait，你可以按照自己的需求为各种类型提供转换功能。

```
// integer_to_complex.rs
#[derive(Debug)]
struct Complex {
    real: i32, // 实部
    imag: i32  // 虚部
}
// 为 i32 实现到复数的转换功能，将 i32 转换为实部，虚部置 0
impl From<i32> for Complex {
    fn from(real: i32) -> Self {
        Self { real, imag: 0 }
    }
}
fn main() {
    let c1: Complex = Complex::from(2_i32);
    let c2: Complex = 2_i32.into(); // 默认实现了 Into
    println!("c1: {:?}, c2: {:?}", c1, c2);
}
```

1.2.4　语句、表达式、运算符、流程控制

Rust 中最为基础的语法有两类：语句和表达式。语句指的是要执行的一些操作和产生副作用的表达式，而表达式则单纯用于求值。Rust 中的语句包括声明语句和表达式语句两种。用于声明变量、静态变量、常量、结构体、函数、外部包和外部模块的语句是声明语句，而以分号结尾的语句则是表达式语句。

```rust
// 声明函数的语句
fn sum_of_nums(nums: &[i32]) -> i32{
    nums.iter().sum::<i32>()
}

let x = 5;      // 整句是语句, x = 5 是表达式, 计算 x 的值
x + 1;          // 整句是表达式
let y = x + 1;  // 整句是语句, y = x + 1 是表达式
println!("{y}");

let z = [1,2,3];
println!("sum is {:?}", sum_of_nums(&z)};
```

运算符是用于指定表达式计算类型的标志或符号，常见的有算术运算符、关系运算符、逻辑运算符、赋值运算符和引用运算符等。下面列出了部分 Rust 运算符并做了解释。

运算符	示例	解释
+	expr + expr	算术加法
+	trait + trait, 'a + trait	复合类型限制
–	expr - expr	算术减法
–	- expr	算术取负
*	expr * expr	算术乘法
*	*expr	解引用
*	*const type, *mut type	裸指针
/	expr / expr	算术除法
%	expr % expr	算术取余
=	var = expr, ident = type	赋值 / 等值
+=	var += expr	算术加法与赋值
-=	var -= expr	算术减法与赋值
*=	var *= expr	算术乘法与赋值
/=	var /= expr	算术除法与赋值
%=	var %= expr	算术取余与赋值
==	expr == expr	等于比较
!=	var != expr	不等比较
>	expr > expr	大于比较
<	expr < expr	小于比较
>=	expr >= expr	大于或等于比较
<=	expr <= expr	小于或等于比较
&&	expr && expr	逻辑与
||	expr || expr	逻辑或
!	!expr	按位非或逻辑非

```
&          expr & expr                      按位与
&          &expr, &mut expr                 借用
&          &type, &mut type,                借用指针类型
|          pat | pat                        模式选择
|          expr | expr                      按位或
^          expr ^ expr                      按位异或
<<         expr << expr                      左移
>>         expr >> expr                      右移
&=         var &= expr                       按位与和赋值
|=         var |= expr                       按位或与赋值
^=         var ^= expr                       按位异或与赋值
<<=        var <<= expr                      左移与赋值
>>=        var >>= expr                      右移与赋值
.          expr.ident                        成员访问
..         .., expr.., ..expr, expr..expr    右开区间范围
..         ..expr                            结构体更新语法
..=        ..=expr, expr..=expr              右闭区间范围模式
:          pat: type, ident: type            约束
:          ident: expr                       结构体字段初始化
:          'a: loop {...}                     循环标志
;          [type; len]                        固定大小的数组
=>         pat => expr                        匹配准备语法的部分
@          ident @ pat                        模式绑定
?          expr?                              错误传播
->         fn(...) -> type, |...| -> type     函数与闭包返回类型
```

大部分编程语言具有根据是否满足某个条件来决定是否执行某段代码或重复执行某段代码的能力，这种控制代码执行的方法被称为流程控制。Rust 中用来控制执行流的常见结构是 if 表达式和循环。if 表达式及其关联的 else 表达式是最为常见的流程控制表达式。

```
let a = 3;

if a > 5 {
    println!("Greater than 5");
} else if a > 3 {
    println!("Greater than 3");
} else {
    println!("less or equal to 3");
}
```

if 和 let 配合起来也可以控制代码的执行。一种是 let if 语句，旨在通过将满足条件的结果返回给 let 部分，如下所示。注意最后有分号，因为"let c = ..;"是一条语句。

```
let a = 3; let b = 2;
let a = 3; let b = 2;
let c = if a > b {
        true
    } else {
        false
    };
```

还有一种是 if let 语句，旨在通过模式匹配右端值来执行代码，如下所示。

```
let some_value = Some(100);
if let Some(value) = some_value {
    println!("value: {value}");
} else {
    println!("no value");
}
```

除了 if let 语句，也可以用 match 匹配来控制代码的执行，如下所示。

```
let a = 10;
match a {
    0 => println!("0 == a"),
    1..=9 => println!("1 <= a <= 9"),
    _ => println!("10 <= a"),
}
```

Rust 提供了多种循环方式，包括 loop、while、for in，再配合 continue 和 break，便可以做到按需跳转及停止代码执行。loop 关键字可以控制代码的重复执行——直到某个条件得到满足时才停止。

```
let mut val = 10;
let res = loop {
    // 停止条件, 可以同时返回值
    if val < 0  {
        break val;
    }

    val -= 1;
    if 0 == val % 2 {
        continue;
    }

    println!("val = {val}");
}; // 注意此处有分号
// 死循环
loop {
    if res > 0 { break; }

    println!("{res}");
} // 注意此处没有分号
```

循环条件的计算是在内部进行的，如果使用 while 循环，则需要在外部计算循环条件。

```
let num = 10;
while num > 0 {
    println!("{}", num);
    num -= 1;
}

let nums = [1,2,3,4,5,6];
let mut index = 0;
while index < 6 {
```

```
    println!("val: {}", nums[index]);
    index += 1;
}
```

在遍历数组时，while 循环使用了 index 和数组长度 6 两个辅助量。其实，Rust 提供了更方便的遍历方式，那就是 for in 循环。

```
let nums = [1,2,3,4,5,6];

// 顺序遍历
for num in nums {
    println!("val: {num}");
}

// 逆序遍历
for num in nums.iter().rev() {
    println!("val: {num}");
}
```

for in 循环并不需要 index 和数组长度 6，这样不但简洁，而且避免了可能产生的错误。如果将 6 写成 7，运行时就会报错。此外，通过 iter().rev() 还可实现逆序遍历。

while 和 let 也可以组成模式匹配，这样就不用写停止条件了，因为 let 语法会自动判断，符合条件才继续执行 while 循环。

```
let mut v = vec![1,2,3,4,5,6];
while let Some(x) = v.pop() {
    println!("{x}");
}
```

通过上面的例子，你可以发现 Rust 的流程控制方式非常多，而且都很有用，尤其是 match、if let、let if 和 while let，这类用法是完全符合 Rust 编码规范的，推荐你使用。

1.2.5 函数、程序结构

函数是编程语言的一个非常重要的构件。Rust 中用 fn 来定义函数，fn 的后面是蛇形命名风格的函数名，然后是一对圆括号，里面是函数的参数，格式为 val: type（如 x: i32）；接着是用 -> res 表示的返回值，当然也可能没有返回值；最后是用大括号包裹起来的函数实现。和 C 语言一样，Rust 也有主函数 main。

```
// Rust 函数定义
fn func_name(parameters) -> return_types {
    code_body;  // 函数体

    return_value // 返回值，注意没有分号
}
```

定义求和函数 add，如下所示：

```
// 主函数
fn main() {
    let res = add(1, 2);
    println!("1 + 2 = {res}");
}

fn add(a: i32, b: i32) -> i32 {
    a + b
}
```

　　注意，函数定义写在 main 函数前或后都可以。add 函数在返回值时没有使用 return，当然也可以使用 "return a + b;"，但是不推荐。对于返回值，直接写值就行了，不要加分号，加了反而是错的。这种语法是 Rust 特有的，也是推荐写法。Rust 程序中的函数默认是私有的，要想导出供其他程序使用，则需要加上 pub 关键字才行。

　　现在让我们看看 Rust 程序的结构。Rust 程序主要包括以下几个部分。

```
包 (package)/ 库 (lib)/ 箱 (crate)/ 模块 (mod)
变量
语句 / 表达式
函数
特性
标签
注释
```

　　下面是一个例子，其中包含了 Rust 程序中可能出现的各种元素。

```
// rust_example.rs

// 从标准库中导入 max 函数
use std::cmp::max;

// 公开模块
pub mod math {
    // 公开函数
    pub fn add(x: i32, y: i32) -> i32 { x + y }

    // 私有函数
    fn is_zero(num: i32) -> bool { 0 == num }
}

// 结构体
#[derive(Debug)]
struct Circle { radius: f32, // 半径 }

// 为 f32 实现到 Circle 的转换功能
impl From<f32> for Circle {
    fn from(radius: f32) -> Self {
        Self { radius }
    }
}
```

```
// 注释：自定义函数
fn calc_func(num1:i32, num2:i32) -> i32 {
    let x = 5;
    let y = {
        let x = 3;
        x + 1 // 表达式
    };          // 语句

    max(x, y)
}

// 使用模块函数
use math::add;

// 主函数
fn main() {
    let num1 = 1; let num2 = 2;

    // 函数调用
    println!("num1 + num2 = {}", add(num1, num2));
    println!("res = {}", calc_func(num1, num2));

    let f: f32 = 9.85;
    let c: Circle = Circle::from(f);
    println!("{:?}", c);
}
```

1.2.6 所有权、作用域规则、生命周期

Rust 引入了所有权、借用、生命周期等概念，并通过这些概念限制了各种量的状态和作用范围。Rust 的作用域规则在所有编程语言中是最严格的，变量只能按照生命周期和所有权机制在某个代码块中存在。Rust 比较难学的部分原因就在于其作用域规则。Rust 引入这些概念主要是为了应对复杂类型系统中的资源管理、悬荡引用等问题。

所有权系统是 Rust 中用来管理内存的手段，可以理解成其他语言中的垃圾回收机制或手动释放内存，但所有权系统与垃圾回收机制或手动释放内存有很大的不同。垃圾回收机制在程序运行时不断寻找不再使用的内存来释放，在有些编程语言中，程序员甚至需要亲自分配和释放内存。Rust 则通过所有权系统来管理内存，编译器在编译时会根据一系列规则进行检查，倘若违反了规则，程序连编译都通不过。所有权规则很简单，我们可以将其归纳为如下三条。

- 每个值都有一个所有者（变量）。
- 值在任意时刻都只有一个所有者。
- 当所有者离开作用域时，其值将被丢弃（相当于执行垃圾回收）。

这说明 Rust 中的值被唯一的对象管理着，一旦不使用，内存就会立刻被释放。回想其他编程语言中的内存管理机制，多通过定时或手动触发垃圾回收。比如，Go 语言使用三色

法回收内存，这会导致 stop the world 问题，进而导致程序卡顿。反观 Rust，则通过作用域判断，不用的就自动销毁，并不需要进行垃圾回收，释放内存是自然而然的事，这样 Rust 也就不需要停下来。实际上，Rust 将垃圾回收机制的功能分散给了变量自身，使其成了变量的一种自带功能，这是 Rust 中的一大创新。

　　Rust 的所有权规则还意味着更节省内存，因为 Rust 程序在运行过程中会不断释放不用的内存，这样后面的变量就可以复用这些释放出来的内存。自然地，Rust 程序运行时的内存占用将会维持在一个合理的水平。相反，采用垃圾回收机制或手动释放内存的编程语言会因为变量增加而占用内存，忘记手动释放还会造成内存泄漏。下面结合代码来说明 Rust 的所有权机制。

```
fn main() {
    let long = 10;          <--- long 出现在 main 作用域内

    { // 临时作用域
        let short = 5;      <--- short 出现在临时作用域内
        println!("inner short: {}", short);
        let long = 3.14;    <--- long 出现在临时作用域内
        println!("inner long: {}", long);
    }                       <--- long 和 short 离开临时作用域，清除

    let long = 'a';         <--- long 被覆盖
    println!("outer long: {}", long);
}                           <--- long 离开 main 作用域，清除
```

　　上面展示了各变量的作用域，所有权机制通过在变量离开作用域（比如这里的 }）时自动调用变量的 drop 方法来实现内存的释放。注意内部的 long 和外部的 long 是两个不同的变量，内部的 long 并不覆盖外部的 long。

　　谈及所有权，我们不妨用一个比喻来阐释其含义。你购买了一本书，那么这本书的所有权就属于你。如果你的朋友从其他渠道得知这本书不错，说不定会向你借走看看，此时这本书的所有权还是你的，你的朋友只是暂时持有这本书。当然，如果你已经读完这本书，决定将其送给朋友，那么这本书的所有权就移动到了你的朋友手里。将这样的概念在 Rust 中推广，就得到了"借用"和"移动"。下面我们结合例子加以具体分析。

```
fn main() {
    let x = "Shieber".to_string(); // 在堆上创建字符串 "Shieber"
    let y = x;                      // x 把字符串移动给了 y
    // println!("{x}"); 报错，x 已经不持有字符串了
}  <--- y 调用 drop 方法以释放内存
```

　　"let y = x;"被称为移动，它将所有权移交给了 y。你可能会想，不是离开作用域才释放吗？当使用 println 输出时，x 和 y 都还在 main 作用域内，怎么会报错呢？其实，所有权规则的第二条说得很清楚，一个值在任何时候都只能有一个所有者。所以变量 x 在移动后，立即就被释放了，后面不能再用。x 的作用域只到"let y = x;"这一行，而没有到"}"这一行。

此外，这种机制还保证了在"}"处只用释放 y，不用释放 x，从而避免了二次释放这种内存安全问题。为了同时使用 x 和 y，你可以采用下面这种方式。

```
fn main() {
    let x = "Shieber".to_string(); // 在堆上创建字符串 "Shieber"
    let y = &x;                     // x 把字符串借给了 y
    println!("{x}");                // x 持有字符串，y 借用字符串
}
```

"let y = &x;"被称为借用，"&x"是对 x 的引用。引用就像指针（地址），可以通过引用来访问存储于该地址的属于其他变量的数据，创建引用就是为了方便别人借用。

借来的书，按理来说是不能做任何改动的。也就是说，借来的书是不可变的。不过，朋友在上面勾画一下也没什么不可。同样，Rust 中借用的变量也分为可变变量和不可变变量两种，上面的"let y = &x;"表明 y 只是从 x 那里借用了一个不可变变量。如果想要变量可变，就需要为其添加 mut 修饰符，如下所示：

```
fn main() {
    let x = "Shieber".to_string(); // 在堆上创建字符串 "Shieber"
    let y = &mut x;                 // x 把字符串可变地借给了 y
    y.push_str(", handsome!");
    // let z = &mut x; 报错，可变借用只能有一个
    println!("{x}");                // x 持有字符串，y 可变地借用字符串
}
```

"let z = &mut x;"报错，这说明可变引用只能有一个。这样做是为了避免数据竞争，比如同时写数据。不可变引用可以同时存在多个，因为多个不可变引用不会影响变量，只有多个可变引用才会造成错误。

现在我们来看另一种情况。假如你购买了一本电子书，你可能想着复制一份给你的朋友，这样你们两人就各自有了一本电子书，你们拥有各自电子书的所有权。以此类比，这就是 Rust 中的"拷贝"和"克隆"。

```
fn main() {
    let x = "Shieber".to_string(); // 在堆上创建字符串 "Shieber"
    let y = x.clone();             // 克隆字符串给 y
    println!("{x}、{y}");          // x 和 y 持有各自的字符串
}
```

clone 函数通过深拷贝复制了一份数据给 y。借用只是获取一个有效指针，速度快；而克隆需要复制数据，效率更低，而且内存消耗还会增加一倍。如果你尝试下面的写法，没有用 clone 函数，就会发现编译通过了，运行也没报错，那么是不是就不满足所有权规则了呢？

```
fn main() {
    let x = 10;              // 在栈上创建 x
    let y = x;
```

```
    println!("{x}、{y}"); // 按理来说，x 应该不可用了
}
```

其实仍满足所有权规则，此时的 "let y= x;" 并没有把 10 交给 y，而是自动复制了一个新的 10 给 y，这样 x 和 y 便各自持有一个 10，这和所有权规则并不冲突。这里并没有调用 clone 函数，但 Rust 自动执行了 clone 函数。因为这些简单的变量都在栈上，Rust 为这类数据统一实现了一个名为 Copy 的 trait，通过这个 trait 可以实现快速拷贝，而旧变量 x 并没有被释放。在 Rust 中，数值、布尔值、字符等都实现了 Copy 这个 trait，所以此类变量的移动等于复制。在这里，调用 clone 函数的结果是一样的，所以没必要。

前面提到，引用是有效指针，其实还可能有无效指针，其他编程语言中经常出现的悬荡指针就是无效指针，如下所示。

```
fn dangle() -> &String {
    let s = "Shieber".to_string();
    &s
}

fn main() {
    let ref_to_nothing = dangle();
}
```

上面的代码在编译时会出现如下类似的报错信息（此处有删减）：

```
error[E0106]: missing lifetime specifier
 --> dangle.rs:1:16
1 | fn dangle() -> &String {
  |                ^ expected named lifetime parameter
  | help: function's return type contains a borrowed value,
  | but there is no value for it to be borrowed from
  | help: consider using the ''static' lifetime
1 | fn dangle() -> &'static String {
  |                ~~~~~~~~
```

其实，通过分析代码或报错信息就能发现问题：dangle 函数返回了一个无效的引用。

```
fn dangle() -> &String { <--- 返回无效的引用
    let s = "Shieber".to_string();
    &s   <---- 返回 s 的引用
}    <---- s 释放
```

按照所有权分析，s 释放是满足要求的；"&s" 是一个指针，返回了似乎也没问题，最多是指针位置无效。s 和 "&s" 是两个不同的对象，所有权系统只能按照三条规则检查数据，但不可能知道 "&s" 指向的地址实际是无效的。那么编译为何会出错呢？错误信息显示是缺少 lifetime specifier，也就是生命周期标记。可见悬荡引用和生命周期是冲突的，所以才报错。也就是说，即使所有权系统通过了，但生命周期不通过，也会报错。

其实，Rust 中的每个引用都有生命周期，也就是引用保持有效的作用域。所有权系统并不能保证数据绝对有效，因此需要通过生命周期来确保数据有效。大部分时候，生命周

期是隐含的并且可以推断，正如大部分时候类型也可以自动推断一样。当作用域内有引用时，就必须注明生命周期以表明相互间的关系，这样就能确保运行时实际使用的引用绝对是有效的。

```
fn main() {
    let a;                 // ----------+'a, a 生命周期 'a
                           //           |
    {                      //           |
        let b = 10;        // --+'b      | b 生命周期 'b
                           //   |        |
        a = &b;            //   -+       | b' 结束
    }                      //           |
                           //           |
    println!("a: {}", a);  // ----------+ a' 结束
}
```

a 引用了 b，a 的生命周期比 b 的生命周期长，所以编译器报错。要让 a 正常地引用 b，则 b 的生命周期至少要长到 a 的生命周期结束才行。通过比较生命周期，Rust 能发现不合理的引用，从而避免悬荡引用问题。

为了合法地使用变量，Rust 要求所有数据都带上生命周期标记。生命周期用单引号'加字母表示，置于 & 后，如 &'a、&mut 't。函数中的引用也需要带上生命周期标记。

```
fn longest<'a>(x: &'a String, y: &'a String) -> &'a String {
    if x.len() < y.len() {
        y
    } else {
        x
    }
}
```

尖括号中放的是生命周期参数，作为一种泛型参数，它们需要声明在函数名和参数列表的尖括号中，用于表明两个参数和返回的引用存活得一样久。因为 Rust 会自动推断生命周期，所以很多时候可以省略生命周期标记。

```
fn main() {
    // static 是静态生命周期，它能存活于整个程序期间
    let s: &' static str = "Shieber";
    let x = 10;
    let y = &x; // 也可以写成 let y = &'a x;
    println!("y: {}", y);
}
```

在本节中，我们介绍了所有权系统、借用、克隆、作用域规则和生命周期等概念。总的来说，所有权系统是一种内存管理机制；借用、克隆是使用变量的方式，它们拓展了所有权系统；而生命周期是对所有权系统的补充，用于解决所有权系统无法处理的悬荡引用等问题。

1.2.7　泛型、trait

之前我们实现了一个 i32 类型的 add 函数，如果现在需要将两个 i64 类型的数据相加，则需要另外实现一个 i64 类型的 add 函数，因为前一个 add 函数只能处理 i32 类型的数据。

```
fn add_i64(x: i64, y: i64) -> i64 {
    x + y
}
```

如果要为所有数字类型实现 add 函数，那么代码将会非常冗长并且函数命名也十分麻烦，估计需要使用像 add_i8、add_i16 这样的函数名。其实，加法对任何类型的数字都应该是通用的，不需要重复地写多套代码。在 Rust 中，用于处理这种重复性问题的工具是泛型。泛型是具体类型或属性的抽象替代，实际使用时只需要表达泛型的属性，比如其行为或如何与其他泛型相关联，而不需要在编写代码时知道实际上是什么类型。

```
// 泛型实现 add 函数
fn add<T>(x: T, y: T) -> T {
    x + y
}
```

上面这个 add 函数就采用了泛型，在函数声明中，add 后面紧跟的尖括号内放的就是泛型参数 T，旨在向编译器说明这是一个泛型函数。泛型参数 T 代表任何数字类型，函数的返回值类型和参与运算的参数类型都是 T，因此可以处理所有数字类型。

将泛型的概念拓展开来，泛型不仅能用于函数，也能用于其他程序组件，比如枚举。Rust 中处理错误的 Result 就利用了泛型参数 T 和 E，其中的 T 表示成功时的返回值类型，E 表示错误时的返回值类型。

```
enum Result<T, E> {
    Ok(T),
    Err(E),
}
```

对于常用的结构体，也可以采用泛型。

```
struct Point<T> {
    x: T,
    y: T,
}

let point_i = Point { x: 3, y: 4 };
let point_f = Point { x: 2.1, y: 3.2 };
// let point_m = Point { x: 2_i32, y: 3.2_f32 }; 错误
```

泛型参数 T 会约束输入参数，两个参数的类型必须一样。对于 Point 函数来说，如果 x 用 i32，y 用 f32，就会出错。

即便用泛型为 add 函数实现了一套通用的代码，也还是存在问题。上面的参数 T 并不

能保证就是数字类型,如果一种类型不支持相加,却对其调用 add 函数,那么必然出错。要是能限制 add 函数的泛型参数的类型,只让数字调用就好了。trait 就是一种定义和限制泛型行为的方法,trait 里面封装了各类型共享的功能。利用 trait 就能很好地控制各类型的行为。一个 trait 只能由方法、类型、常量三部分组成,它描述了一种抽象接口,这种抽象接口既可以被类型实现,也可以直接继承其默认实现。比如,定义老师和学生两种类型,它们都有打招呼的行为,于是可以实现如下 trait。

```rust
trait Greete {
    // 默认实现
    fn say_hello(&self) {
        println!("Hello!");
    }
}

// 各自封装自身独有的属性
struct Student {
    education: i32, // 受教育年限
}
struct Teacher {
    education: i32, // 受教育年限
    teaching: i32,  // 教书年限
}

impl Greete for Student {}

impl Greete for Teacher {
    // 重载实现
    fn say_hello(&self) {
        println!("Hello, I am teacher Zhang!");
    }
}

// 泛型约束
fn outer_say_hello<T: Greete>(t: &T) {
    t.say_hello();
}

fn main() {
    let s = Student{ education: 3 };
    s.say_hello();

    let t = Teacher{ education: 20, teaching: 2 };
    outer_say_hello(&t);
}
```

其中,outer_say_hello 函数加上了泛型约束 T:Greete,表明只有实现了 Greete 特性的类型 T 才能调用 say_hello 函数,这种泛型约束又称为 trait bound。前面的 add 函数如果要用 trait bound 的话,则应该类似于下面这样。

```
fn add<T: Addable>(x: T, y: T) -> T {
    x + y
}
```

此处的 Addable 就是一种 trait bound，表明只有实现了 Addable 特性的类型 T 才可以拿来相加。这样在编译时，不符合条件的类型都会报错，不用等到运行时才报错。

当然，trait 约束还有另一种写法，那就是通过 impl 关键字来写，如下所示。这样写的意思是，t 必须是实现了 Greete 特性的引用。

```
fn outer_say_hello(t: &impl Greete) {
    t.say_hello();
}
```

trait 可能有多个，参数也可能有多种类型，只需要通过逗号和加号就可以将多个 trait bound 写到一起。

```
fn some_func<T: trait1 + trait2, U: trait1> (x: T, y: U) {
    do_some_work();
}
```

为了避免尖括号里写不下多个 trait bound，Rust 又引入了 where 语法，以便将 trait bound 从尖括号里拿出来。

```
// where 语法
fn some_func<T, U> (x: T, y: U)
    where T: trait1 + trait2,
          U: trait1,
{
    do_some_work();
}
```

前面为 Student 和 Teacher 类型分别实现了 Greete 中的 say_hello 函数，而 Student 和 Teacher 类型自身还封装了它们各自独有的属性。Student 类型更像是直接继承了 Greete，而 Teacher 类型则重载了 Greete。对于同样的 say_hello 函数，Student 和 Teacher 类型表现的是不同的状态。这里出现了封装、继承、多态的概念，Rust 似乎通过 impl、trait 实现了类这种概念，由此也就实现了面向对象编程。

1.2.8　枚举及模式匹配

假如要设计一份调查问卷，里面涉及性别、学历、婚姻状况等选择题，于是就得提供各种选项供人选择。编程语言通常用枚举来表示从多个选项中做出选择的情形，枚举允许你通过列举所有可能的成员来定义一种类型。枚举的定义和结构体类似，都是组合各个选项，比如表示性别的枚举。

```
enum Gender {
    Male,
    Female,
    TransGender,
}
```

要使用枚举，通过"枚举类型 :: 枚举名"就可以了。

```
let male = Gender::Male;
```

Rust 中常见的枚举类型是 Option，其中的 Some 表示有，None 表示无。

```
enum Option<T> {
    Some(T),
    None
}
```

枚举除了表示值，还可以结合 match 实现流程控制。match 允许将一个值与一系列模式做比较，并根据匹配的模式执行相应的代码。模式由字面值、变量、通配符和其他内容构成。你可以把 match 表达式想象成筛子，凡是比筛子眼小的都会掉下去，其他的则留在筛子上，从而起到分类的作用。match 就是 Rust 中的筛子，只是这个筛子的眼有很多种，所以分类更细。匹配的值会通过 match 的每一个模式，在遇到第一个符合的模式时进入关联的代码块，例如枚举人民币的币值。

```
enum Cash {
    One,
    Two,
    Five,
    Ten,
    Twenty,
    Fifty,
    Hundred,
}
fn cash_value(cash: Cash) -> u8 {
    match cash {
        Cash::One => 1,
        Cash::Two => 2,
        Cash::Five => 5,
        Cash::Ten => 10,
        Cash::Twenty => 20,
        Cash::Fifty => 50,
        Cash::Hundred => 100,
    }
}
```

除了上面这样的简单匹配，match 还支持采用通配符和 _ 占位符来进行匹配。

```
match cash {
    Cash::One => 1,
    Cash::Two => 2,
```

```
    Cash::Five => 5,
    Cash::Ten => 10,
    other => 0, // _ => 0,
}
```

此处用 other 代替所有大于 10 元的面额。如果不需要用 other 这个值，可以用 _ 直接占位。

使用 match 匹配时必须穷尽所有可能，当然用 _ 占位是能够穷尽的，但有时候我们只关心某个匹配模式，这时用 match 就会很麻烦。好在 Rust 对 match 的这种匹配模式做了推广，引入了 if let 匹配模式。下面的 if let 匹配统计了所有面额大于 1 元的纸币的数量。

```
let mut greater_than_one = 0;
if let Cash::One = cash { // 只关心 One 这种情况
    println!("cash is one");
} else {
    greater_than_one += 1;
}
```

1.2.9　函数式编程

Rust 不像面向对象编程语言那样喜欢通过类来解决问题，而是推崇函数式编程。函数式编程是指将函数作为参数值或其他函数的返回值，在将函数赋值给变量之后执行。函数式编程有两个极为重要的构件，分别是闭包和迭代器。

闭包是一种可以保存变量或作为参数传递给其他函数使用的匿名函数。闭包可以在一处创建，然后在不同的上下文中执行。不同于函数，闭包允许捕获调用者作用域中的值，闭包特别适合用来定义那些只使用一次的函数。

```
// 定义普通函数
fn function_name(parameters) -> return_types {
    code_body;
    return_value
}

// 定义闭包
|parameters| {
    cody_body;
    return_value
}
```

闭包也可能没有参数，同时返回值也可写可不写。实际上，Rust 会自动推断闭包的参数类型和返回值类型，所以参数和返回值的类型都可以不写。为了使用闭包，你只需要将其赋值给变量，然后像调用函数一样调用它即可。比如定义如下判断奇偶的闭包。

```
let is_even = |x| { 0 == x % 2 };

let num = 10;
println!("{num} is even: {}", is_even(num));
```

闭包可以使用外部变量。

```
let val = 2;
let add_val = |x| { x + val };

let num = 2;
let res = add_val(num);
println!("{num} + {val} = {res}")
```

此处，闭包 add_val 捕获了外部变量 val。闭包捕获外部变量可能是为了获取所有权，也可能是为了获取普通引用或可变引用。针对这三种情况，Rust 专门定义了三个 trait：FnOnce、FnMut 和 Fn。

- FnOnce 会消费从周围作用域捕获的变量，也就是说，闭包会获取外部变量的所有权并在定义闭包时将其移进闭包内。Once 代表这种闭包只能被调用一次。
- FnMut 会获取可变的借用值，因此可以改变其外部变量。
- Fn 则获取不可变的借用值。

这里的 FnOnce、FnMut 和 Fn 相当于实现了所有权系统的移动、可变引用和普通引用。由于所有闭包都可以被调用至少一次，因此所有闭包都实现了 FnOnce。那些没有移动变量所有权到闭包内而只使用可变引用的闭包，则实现了 FnMut。不需要对变量进行可变访问的闭包实现了 Fn。

如果希望强制将外部变量所有权移动到闭包内，那么可以使用 move 关键字。

```
let val = 2;
let add_val = move |x| { x + val };
// println!("{val}"); 报错, val 已被移动到闭包 add_val 内。
```

前面在介绍循环时，用 for in 遍历过数组。这里的数组其实是迭代器——默认实现了迭代功能的数组。迭代器会把集合中的所有元素按照顺序一个一个传递给处理逻辑。迭代器允许对一个序列进行某些处理，并且会遍历这个序列中的每一项以决定何时结束。迭代器默认都要实现 Iterator trait。Iterator trait 有两个方法—— iter() 和 next()，它们是迭代器的核心功能。

```
iter(), 用于返回迭代器。
next(), 用于返回迭代器中的下一项。
```

根据迭代时是否可以修改数据，iter() 方法有三个版本。

```
方法              描述
iter()           返回只读可重入迭代器, 元素类型为 &T
iter_mut()       返回可修改可重入迭代器, 元素类型为 &mut T
into_iter()      返回只读不可重入迭代器, 元素类型为 T
```

可重入是指迭代后，原始数据还能使用，不可重入则表明迭代器消费了原始数据。如果只读取值，那就实现 iter()；如果还需要改变原始数据，那就实现 iter_mut()；如果要将原始数据直接转换为迭代器，那就实现 into_iter()，以获取原始数据所有权并返回一个迭代器。下面展示了三种不同类型迭代器的用法。

```
let nums = vec![1,2,3,4,5,6];

// 不改变 nums 中的值
for num in nums.iter() { println!("num: {num}");
println!("{:?}", nums); // 还可再次使用 nums

// 改变 nums 中的值
for num in nums.iter_mut() { *num += 1; }
println!("{:?}", nums); // 还可再次使用 nums

// 将 nums 转换为迭代器
for num in nums.into_iter() { println!("num: {num}"); }
// println!("{:?}", nums); 报错，nums 已被迭代器消费
```

当然，除了转移原始数据所有权，迭代器本身也可以被消费或再生成迭代器。消费是迭代器上的一种特殊操作，其主要作用就是将迭代器转换成其他类型的值而非另一个迭代器。sum、collect、nth、find、next 和 fold 都是消费者，它们会对迭代器执行操作，得到最终值。既然有消费者，就必然有生产者。Rust 中的生产者就是适配器，适配器的作用是对迭代器进行遍历并生成另一个迭代器。take、skip、rev、filter、map、zip 和 enumerate 都是适配器。按照此定义，迭代器本身就是适配器。

```
// adapter_consumer.rs

fn main() {
    let nums = vec![1,2,3,4,5,6];
    let nums_iter = nums.iter();
    let total = nums_iter.sum::<i32>();           // 消费者

    let new_nums: Vec<i32> = (0..100).filter(|&n| 0 == n % 2)
                                     .collect(); // 适配器
    println!("{:?}", new_nums);

    // 求小于 1000 的能被 3 或 5 整除的所有整数之和
    let sum = (1..1000).filter(|n| n % 3 == 0 || n % 5 == 0)
                       .sum::<u32>();             // 结合适配器和消费者
    println!("{sum}");
}
```

为了求小于 1000 的能被 3 或 5 整除的所有整数之和，这里利用了适配器、闭包和消费者。结合这些组件，我们可以简洁、高效地完成复杂问题的求解，这就是函数式编程。这个求和任务如果采用命令式编程，则可能需要编写如下代码。

```
fn main() {
    let mut nums: Vec<u32> = Vec::new();
```

```
    for i in 1..1000 {
        if i % 3 == 0 || i % 5 == 0 {
            nums.push(i);
        }
    }

    let sum = nums.iter().sum::<u32>();
    println!("{sum}");
}
```

如你所见，一行代码能搞定的事，结果命令式编程却产生这么冗长的代码，而且意思不甚明了。因此，建议你多利用闭包结合迭代器、适配器、消费者进行函数式编程。

其实，函数式编程只是一种编程范式，除了函数式编程，还有命令式编程、声明式编程等。

命令式编程是面向计算机硬件的抽象，有变量、赋值语句、表达式、控制语句等，命令式编程可以理解为冯·诺依曼的指令序列。我们平时用的结构化编程和面向对象编程都是命令式编程，其主要思想是关注计算机执行的步骤，即一步一步告诉计算机先做什么，再做什么。

声明式编程则以数据结构的形式表达程序执行的逻辑，其主要思想是告诉计算机应该做什么，但不指定具体要怎么做。SQL 编程就是一种声明式编程。函数式编程和声明式编程是有关联的，因为它们的思想是一致的：只关注做什么而不关注具体怎么做。但函数式编程并不局限于声明式编程，函数式编程是面向数学的抽象，旨在将计算描述为一种表达式求值。说白了，函数式程序就是数学表达式。函数式编程中的函数并非计算机中的函数，而是数学中的函数，就像 $y = f(x)$ 这样的自变量映射关系。函数的输出值取决于函数的输入参数值，而不依赖于其他状态。比如，x.sin() 函数用于计算 x 的正弦值，只要 x 不变，无论何时调用，调用多少次，最终的结果都是一样的。

1.2.10 智能指针

作为一种系统编程语言，Rust 不可能完全放弃指针。指针是包含内存地址的变量，用于引用或指向其他的数据，这和 C 语言中指针的概念一样。Rust 中最常见的指针是引用，而引用只是一种普通指针，除了引用数据之外，没有其他功能。智能指针则是一种数据结构，其行为类似于指针，含有元数据，在大部分情况下拥有指向的数据，提供内存管理或绑定检查等附加功能，如管理文件句柄和网络连接。Rust 中的 Vec、String 都可以看作智能指针。

智能指针最初存在于 C++ 语言中，后被 Rust 借鉴。Rust 语言为智能指针封装了两大 trait——Deref 和 Drop，当变量实现了 Deref 和 Drop 后，就不再是普通变量了。实现 Deref 后，变量重载了解引用运算符 "*"，可以当作普通引用来使用，必要时可以自动或手动实现解引用。实现 Drop 后，变量在超出作用域时会自动从堆中释放，当然还可自定义实现其他功能，如释放文件或网络连接，类似于 C++ 语言中的析构函数。智能指针的特征如下。

- 智能指针在大部分情况下具有其所指向数据的所有权。
- 智能指针是一种数据结构，一般使用结构体来实现。
- 智能指针实现了 Deref 和 Drop 两大 trait。

常见的智能指针有很多，而且你也可以实现自己需要的智能指针。用得比较频繁的智能指针或数据结构如下所示。注意，Cell< T > 和 RefCell< T > 按上面的特征来说不算智能指针，但它们的概念又和智能指针太相似了，所以放到一起讨论。

- Box<T> 是一种独占所有权的智能指针，指向存储在堆上且类型为 T 的数据。
- Rc<T> 是一种共享所有权的计数智能指针，用于记录存储在堆上的值的引用数。
- Arc<T> 是一种线程安全的共享所有权的计数智能指针，可用于多线程。
- Cell<T> 是一种提供内部可变性的容器，不是智能指针，允许借用可变数据，编译时检查，参数 T 要求实现 Copy trait。
- RefCell<T> 也是一种提供内部可变性的容器，不是智能指针，允许借用可变数据，运行时检查，参数 T 不要求实现 Copy trait。
- Weak<T> 是一种与 Rc<T> 对应的弱引用类型，用于解决 RefCell<T> 中出现的循环引用。
- Cow<T> 是一种写时复制的枚举体智能指针，我们使用 Cow<T> 主要是为了减少内存分配和复制，Cow<T> 适用于读多写少的场景。

智能指针中的 Deref 和 Drop 是最为重要的两个 trait。下面我们通过为自定义的数据类型（类似于 Box<T>）实现 Deref 和 Drop 来体会引用和智能指针的区别。我们首先来看没有实现 Deref 的情况。

```rust
// 自定义元组结构体
struct SBox<T>(T);
impl<T> SBox<T> {
    fn new(x: T) -> Self {
        Self(x)
    }
}

fn main() {
    let x = 10;
    let y = SBox::new(x);
    println!("x = {x}");
    // println!("y = {}", *y); 报错，*y 不能解引用
} <--- x 和 y 自动调用 drop 方法以释放内存，只是无输出，看不出来
```

下面为 SBox 实现 Deref 和 Drop。

```rust
use std::ops::Deref;
```

```
// 为 SBox 实现 Deref，自动解引用
impl<T> Deref for SBox<T> {
    type Target = T; // 定义关联类型，也就是解引用后的返回值类型
    fn deref(&sefl) -> &Self::Target {
        &self.0      // .0 表示访问元组结构体 SBox<T>(T) 中的 T
    }
}

// 为 SBox 实现 Drop，添加额外信息
impl<T> Drop for SBox<T> {
    fn drop(&mut self) {
        println!("SBox drop itself!"); // 只输出信息
    }
}
```

使用情况如下：

```
fn main() {
    let x = 10;
    let y = SBox::new(x);
    println!("x = {x}");
    println!("y = {}", *y); // *y 相当于 *(y.deref())
    // y.drop(); 主动调用会造成二次释放，所以报错
} <--- x 和 y 自动调用了 drop 方法，y 在自动调用 drop 方法时会输出 SBox drop itself!
```

数据存储在堆上，实现 Deref 后，可以自动解引用。

```
fn main() {
    let num = 10;                    // num 存储在堆上
    let n_box = Box::new(num);       // n_box 存储在堆上
    println!("n_box = {}", n_box);   // 自动解引用堆上的数据
    println!("{}", 10 == *n_box);    // 解引用堆上的数据
}
```

所有权系统的规则规定了一个值在任意时刻只能有一个所有者，但在有些场景下，我们又需要让值具有多个所有者。为了应对这种情况，Rust 提供了 Rc 智能指针。Rc 是一种可共享的引用计数智能指针，能产生多所有权值。引用计数意味着通过记录值的引用数来判断值是否仍在使用。如果引用数是 0，就表示值可以被清理。

如图 1.2 所示，3 被变量 $a(1)$ 和 $b(2)$ 共享。共享就像教室里的灯，最后离开教室的人负责关灯。同理，在 Rc 的各个使用者中，只有最后一个使用者会清理数据。克隆 Rc 会增加引用计数，就像教室里新来了一个人一样。

```
use std::rc::Rc;
fn main() {
    let one = Rc::new(1);
    let one_1 = one.clone();                    // 增加引用计数
    println!("sc:{}", Rc::strong_count(one_1)); // 查看计数
}
```

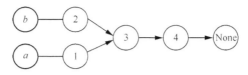

图 1.2　3 被变量 a 和 b 共享

Rc 可以共享所有权，但只能用于单线程。如果要在多线程中使用，Rc 就不行了。为解决这一问题，Rust 提供了 Rc 的线程安全版本 Arc（原子引用计数）。Arc 在堆上分配了一个共享所有权的 T 类型值。在 Arc 上调用 clone 函数会产生一个新的 Arc，它指向与原 Arc 相同的堆，同时增加引用计数。Arc 默认是不可变的，要想在多个线程间修改 Arc，就需要配合锁机制，如 Mutex。Rc 和 Arc 默认不能改变内部值，但有时修改内部值又是必需的，所以 Rust 提供了 Cell 和 RefCell 两个具有内部可变性的容器。内部可变性是 Rust 中的一种设计模式，允许在拥有不可变引用时修改数据，但这通常是借用规则所不允许的。为此，该模式使用 unsafe 代码来绕过 Rust 可变性和借用规则。

Cell 提供了获取和改变内部值的方法。对于实现了 Copy 特性的内部值类型，get 方法可以查看内部值。对于实现了 Default 特性的数据类型，take 方法会用默认值替换内部值，并返回被替换的值。对于所有的数据类型，replace 方法会替换并返回被替换的值，into_inner 方法则消费 Cell 并返回内部值。

```rust
// use_cell.rs

use std::cell::Cell;

struct Fields {
    regular_field: u8,
    special_field: Cell<u8>,
}

fn main() {
    let fields = Fields {
        regular_field: 0,
        special_field: Cell::new(1),
    };

    let value = 10;
    // fields.regular_field = value;  错误: Fields 是不可变的

    fields.special_field.set(value);
    // 尽管 Fields 不可变, 但 special_field 是一个 Cell
    // 而 Cell 的内部值可被修改

    println!("special: {}", fields.special_field.get());
}
```

Cell 相当于在不可变结构体 Fields 上开了一个后门，从而能够改变内部的某些字段。RefCell 相比 Cell 多了前缀 Ref，所以 RefCell 本身具有 Cell 的特性，RefCell 与 Cell 的区别和 Ref 有关。RefCell 不使用 get 和 set 方法，而是直接通过获取可变引用来修改内部数据。

```
// use_refcell.rs

use std::cell::{RefCell, RefMut};
use std::collections::HashMap;
use std::rc::Rc;

fn main() {
    let shared_map: Rc<RefCell<_>> =
        Rc::new(RefCell::new(HashMap::new()));
    {
        let mut map: RefMut<_> = shared_map.borrow_mut();
        map.insert("kew", 1);
        map.insert("shieber", 2);
        map.insert("mon", 3);
        map.insert("hon", 4);
    }

    let total: i32 = shared_map.borrow().values().sum();
    println!("{}", total);
}
```

在这里，shared_map 通过 borrow_mut( ) 直接得到了类型为 RefMut<_> 的 map，然后直接通过调用 insert 方法往 map 里添加元素，这就修改了 shared_map。RefMut<_> 是对 HashMap 的可变借用，通过 RefCell 可以直接修改其值。

通过以上两个例子可以看出，Cell 和 RefCell 都可以修改内部值，Cell 直接通过替换值来进行修改，RefCell 则通过可变引用来进行修改。既然 Cell 需要替换并移动值，所以 Cell 适合实现 Copy 的数据类型；而 RefCell 并不移动数据，所以 RefCell 适合未实现 Copy 的数据类型。另外，Cell 在编译时检查，RefCell 在运行时检查，使用不当会产生 Panic 异常。

Rust 本身提供了内存安全保证，这意味着很难发生内存泄漏，然而 RefCell 有可能造成循环引用，进而导致内存泄漏。为防止循环引用，Rust 提供了 Weak 智能指针。Rc 每次克隆时都会增加实例的强引用计数 strong_count 的值，只有 strong_count 为 0 时实例才会被清理。循环引用中的 strong_count 永远不会为 0。而 Weak 智能指针不增加 strong_count 的值，而是增加 weak_count 的值。weak_count 无须为 0 就能清理数据，这样就解决了循环引用问题。

正因为 weak_count 无须为 0 就能清理数据，所以 Weak 引用的值可能会失效。为确保 Weak 引用的值仍然有效，你可以调用它的 upgrade 方法，这会返回 Option<Rc<T>>。如果值未被丢弃，结果将是 Some；如果值已被丢弃，结果将是 None。下面展示了一个使用 Weak 解决循环引用的例子，Car 和 Wheel 存在相互引用，如果都用 Rc，就会出现循环引用。

```
// use_weak.rs

use std::cell::RefCell;
use std::rc::{Rc, Weak};
```

```
struct Car {
    name: String,
    wheels: RefCell<Vec<Weak<Wheel>>>, // 引用 Wheel
}

struct Wheel {
    id: i32,
    car: Rc<Car>,                        // 引用 Car
}

fn main() {
    let car: Rc<Car> = Rc::new(
        Car {
            name: "Tesla".to_string(),
            wheels: RefCell::new(vec![]),
        }
    );
    let wl1 = Rc::new(Wheel { id:1, car: Rc::clone(&car) });
    let wl2 = Rc::new(Wheel { id:2, car: Rc::clone(&car) });

    let mut wheels = car.wheels.borrow_mut();

    // downgrade, 得到 Weak
    wheels.push(Rc::downgrade(&wl1));
    wheels.push(Rc::downgrade(&wl2));

    for wheel_weak in car.wheels.borrow().iter() {
        let wl = wheel_weak.upgrade().unwrap();       // Option
        println!("wheel {} owned by {}", wl.id, wl.car.name);
    }
}
```

最后，我们来看看写时复制智能指针 Cow（Copy on write）。

```
pub enum Cow<'a, B>
    where B: 'a + ToOwned + 'a + ?Sized {
    Borrowed(&'a B),                 // 包裹引用
    Owned(<B as ToOwned>::Owned), // 包裹所有者
}
```

Borrowed 的含义是以不可变的方式访问借用内容，Owned 的含义是在需要可变借用或所有权时克隆一份数据。假如要过滤字符串中的所有空格，则可以写出如下代码。

```
// use_cow.rs
fn delete_spaces(src: &str) -> String {
    let mut dest = String::with_capacity(src.len());
    for c in src.chars() {
        if ' ' != c {
            dest.push(c);
        }
    }
    dest
}
```

上述代码能正常运行，但效率不高。首先，参数到底该用 &str 还是 String？如果应该使用 String 却输入 &str，则必须先克隆才能调用；如果输入 String，则不需要克隆就可以调用，但调用后，字符串会被移动到函数内部，外部将无法使用。不管采用哪种方法，函数内部都做了一次字符串生成和拷贝。如果字符串中没有空白字符，则最好直接原样返回，不需要拷贝。这时 Cow 就可以派上用场了，Cow 的存在就是为了减少复制，提高效率。

```
// use_cow.rs
use std::borrow::Cow;
fn delete_spaces2<'a>(src: &'a str) -> Cow<'a, str> {
    if src.contains(' ') {
        let mut dest = String::with_capacity(src.len());
        for c in src.chars() {
            if ' ' != c { dest.push(c); }
        }
        return Cow::Owned(dest); // 获取所有权，dest 被移出
    }
    return Cow::Borrowed(src);    // 直接获取 src 的引用
}
```

下面是 Cow 的使用示例。

```
// use_cow.rs
fn main() {
    let s = "i love you";
    let res1 = delete_spaces(s);
    let res2 = delete_spaces2(s);
    println!("{res1}, {res2}");
}
```

如果字符串中没有空白字符，就会直接返回，从而避免了复制，效率更高。下面是 Cow 的更多使用示例。

```
// more_cow_usage.rs

use std::borrow::Cow;
fn abs_all(input: &mut Cow<[i32]>) {
    for i in 0..input.len() {
        let v = input[i];
        if v < 0 { input.to_mut()[i] = -v; }
    }
}

fn main() {
    // 只读，不写，没有发生复制操作
    let a = [0, 1, 2];
    let mut input = Cow::from(&a[..]);
    abs_all(&mut input);
    assert_eq!(input, Cow::Borrowed(a.as_ref()));
    // 写时复制，读到 -1 时发生复制操作
    let b = [0, -1, -2];
    let mut input = Cow::from(&b[..]);
```

```
    abs_all(&mut input);
    assert_eq!(input, Cow::Owned(vec![0,1,2]) as Cow<[i32]>);
    // 没有写时复制，因为已经拥有所有权
    let mut c = Cow::from(vec![0, -1, -2]);
    abs_all(&mut c);
    assert_eq!(c, Cow::Owned(vec![0,1,2]) as Cow<[i32]>);
}
```

本节涵盖的内容较为繁杂，建议你结合其他资料进一步学习。

1.2.11　异常处理

异常是任何编程语言都会遇到的现象，Rust 并没有像其他编程语言那样提供 try catch 这样的异常处理方法，而是提供了一套独特的异常处理机制。在这里，笔者将 Rust 中的失败、错误、异常等统称为异常。Rust 中的异常有 4 种，分别是 Option、Result、Panic 和 Abort。

Option 用于应对可能的失败情况，Rust 用有（Some）和无（None）来表示是否失败。比如获取某个值，但如果没有获取到，得到的结果就是 None，这时不应该报错，而是应该依据情况进行处理。失败和错误不同，前者是符合设计逻辑的，也就是说，失败本来就是可能的，所以失败不会导致程序出问题。下面是 Option 的定义。

```
enum Option<T> {
    Some(T),
    None,
}
```

Result 用于应对可恢复错误，Rust 用成功和失败来表示是否有错。出错不一定导致程序崩溃，但需要进行专门处理，以使程序继续执行。下面是 Result 的定义。

```
enum Result<T,E> {
    Ok(T),
    Err(E),
}
```

打开不存在或没有权限的文件，或者将非数字字符串转换为数字，都会得到 Err(e)。

```
use std::fs::File;
use std::io::ErrorKind;

let f = File::open("kw.txt");

let f = match f {
    Ok(file) => file,
    Err(err) => match err.kind() {
    ErrorKind::NotFound => match File::create("kw.txt"){
        Ok(fc) => fc,
```

```
        Err(e) => panic("Error while creating file!"),
    }
    ErrorKind::PermissionDenied => panic("No permission!"),
    other => panic!("Error while openning file"),
}
```

　　这里对可能遇到的错误逐一进行了处理，实在无法处理时，才使用 Panic。Panic 是一种不可恢复错误，表示程序遇到无法绕过的问题，这时不再继续执行，而是直接停止，以便程序员排查问题。Panic 是 Rust 提供的一种机制，用于在遇到不可恢复错误时清理内存。当遇到此类错误时，如果不想用 Panic，而是想让操作系统来清理内存，则可以使用 Abort。

　　上面的错误处理代码看起来非常冗长。其实可以不用 match 进行匹配，而是用 unwrap 或 expect 来处理错误，这样代码就会简洁很多。

```
use std::fs::File;
use std::io;
use std::io::Read;

fn main() {
    let f = File::open("kew.txt").unwrap();
    let f = File::open("mon.txt").expect("Open file failed!");
    // expect 相比 unwrap 提供了一些额外信息
}
```

　　如果遇到错误时只想上抛，不想处理，则可以使用 "?"。此时返回类型是 Result，成功时返回 String，错误时返回 io::Error。

```
fn main() {
    let s = read_from_file();
    match s {
        Err(e) => println!("{}", e),
        Ok(s) => println!("{}", s),
    }
}

fn read_from_file() -> Result<String, io::Error> {
    let f = File::open("kew.txt")?; // 出错时直接抛出
    let mut s = String::new();
    f.read_to_string(&mut s);

    Ok(s)
}
```

　　使用 Option 需要自己处理可能的失败情况，使用 Result 需要调用方处理错误情况，使用 Panic 和 Abort 则直接结束程序。在学习或测试时，使用 Panic 没问题，但在工业产品中最好使用错误处理机制，以免程序崩溃。最后提一句，其实 Option 和 Result 非常相似，Option<T> 可以看成 Result<T, ()>。

1.2.12　宏系统

Rust 中并不存在内置库函数，一切都需要自己定义。但是 Rust 实现了一套高效的宏，包括声明宏、过程宏，利用宏能完成非常多的任务。C 语言中的宏是一种简单的替换机制，很难对数据做处理；Rust 中的宏则强大得多，得到了广泛应用。比如，使用 derive 宏可以为结构体添加新的功能，常用的 println!、vec!、panic! 等也是宏。

Rust 中的宏有两大类：一类是使用 macro_rules! 声明的声明宏；另一类是过程宏，过程宏又分为三小类——derive 宏、类属性宏和类函数宏。因为前面使用过声明宏和 derive 宏，所以下面只打算介绍声明宏和 derive 宏。其他的宏，请通过查阅相关资料来学习。

声明宏的格式：macro_name!()、macro_name![]、macro_name!{}。首先是宏名，然后是感叹号，最后是 ()、[] 或 {}。这些括号都可用于声明宏，但不同用途的声明宏使用的括号是不同的，比如是 vec![] 而不是 vec!()，带 "()" 的更像是函数，这也是 println!() 使用 "()" 的原因。不同的括号只是为了满足意义和形式上的统一，实际使用时任何一种都可以。

```
macro_rules! macro_name {
    ($matcher) => {
        $code_body;
        return_value
    };
}
```

在上面的宏定义中，$matcher 用于标记一些语法元素，比如空格、标识符、字面值、关键字、符号、模式、正则表达式，注意前面的符号 $ 用于捕获值。$code_body 将利用 $matcher 中的值来进行处理，最后返回 return_value，当然也可能不返回。比如，要计算二叉树中父节点 p 的左、右子节点，可以使用如下宏，节点 p 的左、右子节点的下标应该是 $2p$ 和 $2p+1$。

```
macro_rules! left_child {
    ($parent:ident) => {
        $parent << 1
    };
}
macro_rules! right_child {
    ($parent:ident) => {
        ($parent << 1) + 1
    };
}
```

当需要计算左、右子节点时，使用 leftchild!(p)、right_child!(p) 这样的表达式即可，不用再写 $2*p$ 和 $2*p+1$ 这样的表达式，这不但极大简化了代码，而且意义也更明确。宏里的 indent 是标记，冒号是分隔符，我们将它们统称为元变量。此处的 indent 是 parent 的属性说明，表示 parent 是一个值。只有通过元变量标记，Rust 中的宏才能正常运转。

36

过程宏更像是函数或一种过程。过程宏接收代码作为输入，然后在这些代码上进行操作并产生另一些代码作为输出。derive 过程宏又称派生宏，它将直接作用于代码上，为其添加新功能，使用形式如下。

```
#[derive(Clone)]
struct Student;
```

derive 过程宏通过这种标记形式为 Student 实现了 Clone 里定义的方法，这样 Student 就可以直接通过调用 clone() 方法来实现复制。这种形式其实就是 impl Clone for Student 的简易写法。derive 过程宏里也可以同时放多个 trait，这样就可以实现各种功能了。

```
#[derive(Debug, Clone, Copy)]
struct Student;
```

宏属于非常复杂的内容，建议你仅在必要且能够简化代码时使用宏。

1.2.13 代码组织及包依赖关系

Rust 里面存在包、库、模块、箱 (crate) 等说法，并且都有对应的实体。应该说，在 Rust 中，用 cargo new 生成的就是包，一个包里有多个目录，一个目录可以看成一个 crate。一个 crate 在经过编译后，可能是一个二进制可执行文件，也可能是一个供其他函数调用的库。一个 crate 里往往有很多 ".rs" 文件，这些文件被称为模块，使用这些文件或模块时需要用到 use 命令。下面展示了 Rust 中的代码组织方式以及对应的各种概念。

```
\begin{lstlisting}[style=styleRes]
package --> crates   (dirs)      一个包里有多个 crate(dir)
crate   --> modules  (lib/EFL)   一个 crate 包含多个模块
                                 这个 crate 可编译成库或可执行文件
module  --> file.rs  (file)      模块包含一个或多个 ".rs" 文件
package                <-- 包
├── Cargo.toml
├── src            <-- crate
│   ├── main.rs    <-- 模块，主模块
│   ├── lib.rs     <-- 模块，库模块 (可编译成库或可执行文件)
│   └── math       <-- 模块，数学函数模块 math
│       ├── mod.rs <-- 模块，为 math 模块引入 add 和 sub 函数
│       ├── add.rs <-- 模块，实现 math 模块的 add 函数
│       └── sub.rs <-- 模块，实现 math 模块的 sub 函数
└── file           <-- crate
    ├── core       <-- 模块，文件操作模块
    └── clear      <-- 模块，清理模块
```

Rust 中的库都是这样组织的，建议你遵循同样的方式组织代码，尤其在你需要开启一个大项目时。一个比较好的例子就是 Tikv 的代码库，你可以参考一下。

Rust 有非常多的标准库，算是 Rust 官方对某些通用编程任务给出的解决方案。学习这些标准库既能加深你对 Rust 的了解，又能为你后面解决实际问题提供思路。Rust 标准库如下：

alloc	env	i64	pin	task
any	error	i128	prelude	thread
array	f32	io	primitive	time
ascii	f64	isize	process	u8
borrow	ffi	iter	raw	u16
boxed	fmt	marker	mem	u32
cell	fs	net	ptr	u64
char	future	num	rc	u128
clone	hash	ops	result	usize
cmp	hint	option	slice	vec
collections	i8	os	str	backtrace
convert	i16	panic	string	intrinsics
default	i32	path	sync	lazy

Rust 中各种库的依赖关系（笔者进行了大幅简化）如图 1.3 所示。之所以给出这幅图，主要是为了说明像 Rust 这样的编程语言大体上是怎么构建起来的。

这些库是 Rust 语言的事实标准，其中一些库很基础，其他库则依赖于它们。通过分析，你会了解到 Rust 标准库可以分为三层：core 层、alloc 层和 std 层。这三层，一层依赖于一层。std 层在最上面；alloc 层处于中间，负责处理内存；最核心的是 core 层，里面定义和实现了 Rust 基础语法里的各种核心概念，它们也是 Rust 初学者必须掌握的基础内容，比如变量、数字、字符、布尔类型等。

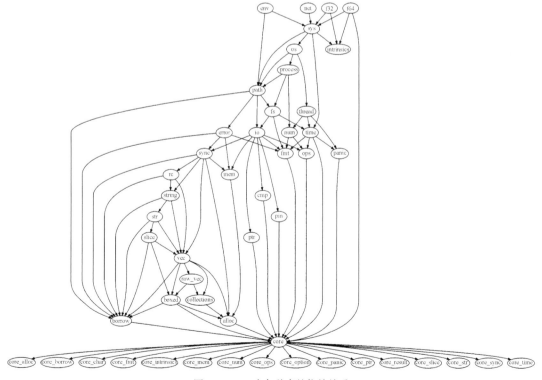

图 1.3　Rust 中各种库的依赖关系

1.3　项目：Rust 密码生成器

到目前为止，我们介绍了许多 Rust 基础知识。下面我们准备实现一个综合项目，旨在帮助你进一步了解 Rust 项目代码的组织、模块的导入、各种注释的使用、测试的写法、命令行工具的制作等内容。

在互联网时代，我们都有许多账号和密码，也或多或少会遇到因账号太多而记不住密码的情况。于是，有人便将各种密码设置成类似的甚至一样的。但这样做的后果是，一旦某个密码遭到破译，接下来可能就是一堆账号被盗。要防止账号被盗，常见且有效的方法是为不同账号设置不同密码，并按需更新密码。然而，在动辄几十个甚至上百个账号的情况下，很少有人能做到为每个账号都设置一个不同的密码。首先，我们或多或少会遵循一些规律，要设置大量不同的密码，其实还是比较困难的；其次，要记住所有的密码，不仅很困难，而且容易混淆。这就不难理解为什么有人干脆为自己所有的账号都设置同一个密码了。

要解决这个问题，我们可以使用密码管理软件。然而，靠别人的软件来管理自己的密码还是令人难以放心。为此，我们不妨编写一个生成密码的命令行工具。这个命令行工具生成的密码要能保证长度在 16 个字符以上，同时要生成像 9KbAM4QWMCcyXAar 这样无规律的密码才行。此外，生成密码应该很好操作，比如输入一个只有自己才知道的数字、字符等，就能生成很复杂的密码。

我们把这个命令行工具命名为 PasswdGenerator，可通过控制参数 seed 生成默认长度为 16 个字符的复杂密码，还可通过 length 参数控制密码的长度。有了这个命令行工具，我们就能为所有账号快速生成不同的密码，而且只要记得 seed（自己设定的种子），就不再有忘记密码的后顾之忧。

作为命令行工具，PasswdGenerator 的使用方法需要和类 UNIX 系统中的命令行工具一样，所以 PasswdGenerator 的第一个用法是 "PasswdGenerator -h" 或 "PasswdGenerator --help"。

```
shieber@kew $ PasswdGenerator -h
PasswdGenerator 0.1.0
A simple password generator for any account

USAGE:
    PasswdGenerator [OPTIONS] --seed <SEED>

OPTIONS:
    -h, --help                 Prints help information
    -l, --length <LENGTH>      Length of password [default: 16]
    -s, --seed <SEED>          Seed to generate password
    -V, --version              Prints version information
```

USAGE 是用法，OPTIONS 中的选项是控制参数。

```
shieber@kew $ PasswdGenerator -s wechat
wechat: GQnaoXobRwrgW21A
```

这里的 wechat 是种子，可以将其和账号关联起来，当然也可以添加一些自己喜欢的前缀或后缀。wechat 是输出的第一部分，用于表示密码专为此账号生成。

```
shieber@kew $ PasswdGenerator -s wechat -l 20
wechat: GQnaoXobRwrgW21Ac2Pb
```

-l 参数用于控制密码长度。没有 -l 参数也行，密码默认长度为 16 个字符，这对所有账号基本够用了。

要处理命令行参数，可以用专门处理命令行参数的 clap 库，如下所示。

```rust
use clap::Parser;

/// 一个简单的适用于任何账号的密码生成器
#[derive(Parser, Debug)]
#[clap(version, about, long_about= None)]
struct Args {
    /// 用于生成密码的种子
    #[clap(short, long)]
    seed: String,

    /// 密码长度
    #[clap(short, long, default_value_t = 16)]
    length: usize,
}
```

字段 seed 和 length 就是命令行参数，它们有短写和全写两种形式，length 字段的默认值为 16。在使用时，可通过 Args::parse() 获取命令行参数。

有了命令行参数，接下来生成密码。如何用一个简短的种子生成类似于 GQnaoXobRwrgW21A 这样的密码呢？我们首先想到的是哈希算法或 base64 编码，这类算法生成的结果和所需密码非常相似。最终，我们决定结合哈希算法和 base64 编码来生成密码。

哈希算法有很多种，虽然也有各种库可用来生成哈希值，但动手写一个哈希算法更贴合自己的需求。这里我们选用梅森素数来生成哈希值。具体过程如下：将 seed 中每个字符的 ASCII 值和对应下标值加 1 相乘，用得到的值对梅森素数 127 取余，然后对余数求 3 次幂，将求得的值作为 seed 的哈希值。梅森素数是形如 $M_n = 2^n - 1$ 的素数，其中的 n 本身也是素数。注意，即使 n 是素数，$2n - 1$ 也不一定是素数，比如 11、23、29 等素数。这种素数其实挺特殊的，需要同时满足 n 和 M_n 都是素数，所以这里用来求哈希值。下面是一些梅森素数，127 是其中的第 4 个梅森素数。

序号	n	M_n
1	2	3

```
2        3        7
3        5        31
4        7        127
5        13       8191
6        17       131071
7        19       524287
8        31       2147483647
9        61       2305843009213693951
```

有了哈希值，我们就可以通过某种方法将其转换为字符串。一种可行的方法是进行字符替换：用哈希值对一个长度固定的字符串（密码子）的长度求余，将余数作为下标就可以获取字符串中的字符。对哈希值循环求余，可以得到一串字符，将这些字符拼接起来就可以作为密码。为增加复杂度，也可将 seed 拆分，然后和生成的密码拼接起来。

```
// 将 seed 中的字符和 passwd 拼接起来
let interval = passwd.clone();
for c in seed.chars() {
    passwd.push(c);
    passwd += &interval;
}
```

密码子中如果存在不适合出现在密码中的字符，则需要进行转换。可以用 base64 将其编码成 64 个可见字符，并用 * 替换 base64 中的 + 和 /。

```
passwd = encode(passwd); // 编码为 base64
passwd = passwd.replace("+", "*").replace("/", "*");
```

如果密码长度还不够，就循环写入自身，然后用 format! 封装种子和密码并返回。

```
let interval = passwd.clone();
while passwd.len() < length {
    passwd += &interval;
}
format!("{}: {}", seed, &passwd[..length])
```

让我们梳理一下整个命令行工具用到的功能。一是求梅森哈希值，这可以单独放到一个名为 hash 的 crate 里；二是生成密码，这可以单独放到一个名为 encryptor 的 crate 里；三是获取命令行参数，这可以和主模块 main 放在一起。主模块将调用 encryptor 中的 generate_password 函数以生成密码。generate_password 函数则通过调用 hash 中的 mersenne_hash 函数来求哈希值。

现在我们组织一下代码。cargo 里有工作空间这样一种机制，通过指定 crate 的名称就可以生成对应的 crate。首先创建并进入目录：

```
shieber@kew $ mkdir PasswdGenerator && cd PasswdGenerator
```

然后写入如下 Cargo.toml 文件，其中定义了三个 crate。

```
[workspace]
members = [
    "hash",
    "encryptor",
    "main",
]
```

然后用 cargo 生成这三个 crate。注意，生成库和主模块的参数不同。

```
shieber@kew $ cargo new hash --lib
    Created library hash package
shieber@kew $ cargo new encryptor --lib
    Created library encryptor package
shieber@kew $ cargo new main
    Created binary (application) main package
```

得到的目录如下：

```
.
├── Cargo.toml
├── encryptor
│   ├── Cargo.toml
│   └── src
│       └── lib.rs
├── hash
│   ├── Cargo.toml
│   └── src
│       └── lib.rs
└── main
    ├── Cargo.toml
    └── src
        └── main.rs

6 directories, 7 files
```

其中，hash 和 encryptor 是供外部调用的 crate，main 是主模块。各模块的 lib.rs 最好只用于导出函数，具体的功能则实现在一个单独的文件里。对于 mersenne_hash，可以封装在 merhash.rs 里，用于生成密码的函数则可封装在 password.rs 里。最终得到的目录如下：

```
├── Cargo.toml
├── encryptor
│   ├── Cargo.toml
│   └── src
│       ├── lib.rs
│       └── password.rs
├── hash
│   ├── Cargo.toml
│   └── src
│       ├── lib.rs
│       └── merhash.rs
└── main
    ├── Cargo.toml
    └── src
```

```
└── main.rs

6 directories, 9 files
```

各 lib.rs 需要将各自的模块导出，供 main.rs 调用。hash 库不依赖于外部，可以先实现。

```
// hash/src/lib.rs

pub mod merhash; // 导出 merhash 模块

#[cft(test)]      // 测试模块
mod tests {
    use crate::merhash::mersenne_hash;

    #[test]
    fn mersenne_hash_works() {
        let seed = String::from("jdxjp");
        let hash = mersenne_hash(&seed);
        assert_eq!(2000375, hash);
    }
}

/// hash/src/merhash.rs

/// 梅森哈希
///
/// 用梅森素数 127 计算哈希值
///
/// # 示例
/// use hash::merhash::mersenne_hash;
///
/// let seed = "jdxjp";
/// let hash = mersenne_hash(&seed);
/// assert_eq!(2000375, hash);
pub fn mersenne_hash(seed: &str) -> usize {
    let mut hash: usize = 0;

    for (i, c) in seed.chars().enumerate() {
        hash += (i + 1) * (c as usize);
    }

    (hash % 127).pow(3) - 1
}
```

此处使用了文档注释和模块注释，且文档注释里还有测试代码，非常便于测试和后续文档维护。

encryptor 库的完成依赖于外部库 base64。另外，为了处理错误情况，这里还引入了 anyhow 库。打开 encryptor 目录下的 Cargo.toml，写入如下内容。

```
[package]
name = "encryptor"
authors = ["shieber"]
version = "0.1.0"
```

43

```
edition = "2021"

[dependencies]
anyhow = "1.0.56"
base64 = "0.13.0"
hash = { path = "../hash" }
```

[package] 下是库的基本信息，依赖的库在 [dependencies] 下，包括库 anyhow 和 base64，还有我们自己写的 hash 库。下面是 password 模块的实现代码。

```rust
// encryptor/src/lib.rs

pub mod password; // 导出 password 模块

// encryptor/src/password.rs
use anyhow::{bail, Error, Result};
use base64::encode;
use hash::merhash::mersenne_hash;

/// 密码子 (长度 100)，可随意交换次序和增减字符，以实现个性化定制
const CRYPTO: &str = "!pqHr$*+ST1Vst_uv:?wWS%X&Y-/Z01_2.34<ABl
9ECo|x#yDE^F{GHEI[]JK>LM#NOBWPQ:RaKU@}cde56R7=8f/9gIhi,jkzmn"

/// 哈希密码函数，旨在利用哈希值的高次幂来获取密码子中的字符
///
/// 示例
/// use encryptor::password::generate_password;
/// let seed = "jdwnp";
/// let length = 16;
/// let passwd = generate_password(seed, length);
/// match passwd {
///     Ok(val) => println!("{:#?}", val)
///     Err(err) => println!("{:#?}", err)
/// }
pub fn generate_password(seed: &str, length: usize)
    -> Result<String, Error>
{
    // 判断需要的密码长度，不能太短
    if length < 6 {
        bail!("length must >= 6"); // 返回错误
    }

    // 计算 mer_hash
    let p = match length {
        6..=10 => 1,
        11..=15 => 2,
        16..=20 => 3,
        _ => 3,
    };
    let mut mer_hash = mersenne_hash(seed).pow(p);

    // 由 mer_hash 求 passwd
    let mut passwd = String::new();
    let crypto_len = CRYPTO.len();
```

```
    while mer_hash > 9 {
        let loc = mer_hash % crypto_len;
        let nthc = CRYPTO.chars()
                        .nth(loc)
                        .expect("Error while getting char!");
        passwd.push(nthc);
        mer_hash /= crypto_len;
    }

    // 将 seed 中的字符和 passwd 拼接起来
    let interval = passwd.clone();
    for c in seed.chars() {
        passwd.push(c);
        passwd += &interval;
    }

    // 将 passwd 编码为 base64
    passwd = encode(passwd);
    passwd = passwd.replace("+", "*").replace("/", "*");

    // 长度不够，interval 来凑
    let interval = passwd.clone();
    while passwd.len() < length {
        passwd += &interval;
    }

    // 返回前 length 个字符作为密码
    Ok(format!("{}: {}", seed, &passwd[..length]))
}
```

在主模块 main 的 Cargo.toml 中引入以下库，注意 name 参数为 PasswdGenerator。

```
name = "PasswdGenerator"
authors = ["shieber"]
version = "0.1.0"
edition = "2021"

[dependencies]
anyhow = "1.0.56"
clap = { version= "3.1.6", features= ["derive"] }
encryptor = { path = "../encryptor"}
edition = "2021"

[dependencies]
anyhow = "1.0.56"
clap = { version= "3.1.6", features= ["derive"] }
encryptor = { path = "../encryptor"}
```

最后在主模块 main 中调用 encryptor 和命令行结构体以生成密码并返回。

```
// passwdgenerate/src/main.rs

use anyhow::{bail, Result};
use clap::Parser;
use encryptor::password::generate_password;
```

```
/// 一个简单的适用于任何账号的密码生成器
#[derive(Parser, Debug)]
#[clap(version, about, long_about= None)]
struct Args {
    /// 用于生成密码的种子
    #[clap(short, long)]
    seed: String,

    /// 密码长度
    #[clap(short, long, default_value_t = 16)]
    length: usize,
}

fn main() -> Result<()> {
    let args = Args::parse();
    // 种子不能太短
    if args.seed.len() < 4 {
        bail!("seed {} length must >= 4", &args.seed);
    }

    let (seed, length) = (args.seed, args.length);
    let passwd = generate_password(&seed[..], length);
    match passwd {
        Ok(val) => println!("{}", val),
        Err(err) => println!("{}", err),
    }

    Ok(())
}
```

至此，整个程序就完成了，代码量并不大。用 cargo build --release 编译后，就能在
target/release/ 目录下找到命令行工具 PasswdGenerator。将其放到 /usr/local/bin 目录下，这
样就可以在系统中的任何位置使用它了。当然，利用 cargo doc 还能生成 doc 目录，其中包
含项目的详细文档。相信你通过这个小项目已经熟悉 Rust 项目代码的组织、模块的导入、
各种注释的使用、测试的写法及命令行工具的制作了。虽然这个密码生成器很简单，但对
于个人来说已经完全够用了。

1.4　小结

在本章中，我们回顾了 Rust 的基础知识。我们首先介绍了如何安装 Rust 工具链并给出
了 Rust 的一些学习资源，然后用较大的篇幅回顾了 Rust 的重点基础知识，包括变量、函数、
所有权、生命周期、泛型、trait、智能指针、异常处理、宏系统等，最后通过一个综合项目
演示了如何用 Rust 实现一个命令行工具。

本书的重点是数据结构和算法，所以本章给出的内容比较基础。如果你有不明白的地
方，请参考其他 Rust 基础教程或技术手册。从第 2 章开始，我们将正式学习数据结构和算法。

第 2 章　计算机科学

本章主要内容

- 了解计算机科学的思想
- 了解抽象数据类型的概念
- 明确算法和数据结构的定义及作用

在计算机技术领域，大部分人需要花相当长的时间来学习该领域的基础知识，因为只有这样才会有足够的能力把问题弄清楚并想出解决方案。但是对于有些问题，编写代码则很困难。问题的复杂性和解决方案的复杂性往往会掩盖与问题解决过程相关的思想。一个问题往往有多种解决方案，而每种解决方案都受问题陈述结构和逻辑的限定。你可能会将解决 A 问题的陈述结构和解决 B 问题的逻辑结合起来，自己给自己制造麻烦。

鉴于此，在本章中，我们将着重回顾计算机科学、算法和数据结构，并探讨研究这些主题的原因，希望借此帮助你看清要解决问题的陈述结构和逻辑。

2.1　什么是计算机科学

计算机科学往往难以定义，这可能是由于名称中使用了"计算机"一词。众所周知，计算机科学不仅仅是对计算机的研究，这是因为，虽然计算机作为一个工具在其中发挥着极为重要的作用，但它毕竟只是工具。计算机科学还是对问题、解决方案及产生方案的过程的研究。给定某个问题，计算机科学家的目标是开发一套算法，用于解决可能出现的此类问题的任何实例。只要遵循这套算法，在有限的时间内就能解决类似的问题。计算机科学可以认为是对算法的研究，但你必须认识到，某些问题可能没有解决的算法。这些问题可能是 NPC（Non-deterministic Polynomial Complete）问题，虽然目前还不能解决，但对它们的研究是很重要的，因为解决这些难题意味着技术的突破。就像"歌德巴赫猜想"一样，单是相关的研究就发展出不少工具。或许可以这么定义计算机科学：一门研究可解决问题方案和不可解决问题思想的科学。

在描述问题和解决方案时，如果存在算法能解决这个问题，就称这个问题是可计算的。

计算机科学的另一个定义是，"针对那些可计算和不可计算的问题，研究是否存在解决方案"。"计算机"一词根本没有出现在上述定义中。解决方案独立于机器，是一整套思想，与是否使用计算机无关。

计算机科学涉及问题解决过程本身，也就是抽象。抽象使人类能够脱离物理视角而采用逻辑视角来观察问题并思考解决方案。假设你开车上学或上班，作为一名老司机，为了让汽车载你到目的地，你和汽车会有些互动。你坐进汽车、插入钥匙、点火、换挡、制动、加速、转向。从抽象的层面讲，你看到的是汽车的逻辑面，你正在使用汽车设计师提供的功能，将自己从一个位置运输到另一个位置，这些功能有时也称为接口。汽车修理师则有与你截然不同的视角。他不仅知道如何开车，还知道汽车内部所有必要的细节。他了解发动机如何工作、变速箱如何变速、温度如何控制以及雨刷如何转动等。这些问题都属于物理层面，细节发生在"引擎盖下"。

普通用户使用计算机时也是这样的。大多数人使用计算机写文档、收发邮件、看视频、浏览新闻、听音乐等，但他们并不知道这些程序工作的细节。他们从逻辑或用户视角看计算机。计算机科学家、程序员、技术支持人员和系统管理员看计算机的角度则截然不同，他们必须知道操作系统的工作细节、如何配置网络协议以及如何编写各种控制脚本，他们必须能够控制计算机的底层。

这两个例子的共同点就是用户态的抽象，当然也可以称为客户端，用于将复杂细节收集起来并展示一个简单的接口给用户。用户不需要知道细节，他们只需要知道接口的工作方式就能与底层沟通。比如 Rust 的数学计算函数 sin 和 cos，你可以直接使用。

```rust
// sin_cos_function.rs

fn main() {
    let x: f32 = 1.0;
    let y = x.sin();
    let z = x.cos();
    println!("sin(1) = {y}, cos(1) = {z}");
    // sin(1) = 0.84147096, cos(1) = 0.5403023
}
```

这就是抽象。我们不一定知道如何计算正 / 余弦，但我们只需要知道函数是什么以及如何使用，就能正确地计算出正 / 余弦。一定有人已经实现了计算正 / 余弦的算法，但细节我们不知道，所以这种情况也称为"黑箱"。只要简单地描述一下接口——函数名、参数、返回值，就可以使用了，细节都隐藏在黑箱里面，如图 2.1 所示。

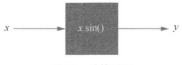

图 2.1 计算正弦

2.2 什么是编程

编程是将算法（解决方案）编码为计算机指令的过程。虽然编程语言有许多且存在不同类型的计算机，但首先需要有解决方案，没有算法就没有程序。计算机科学家的任务不是研究编程，但编程是计算机科学家需要具备的重要能力。编程通常是为解决方案创建的表现形式，是对问题及解决思路的一种陈述，这种陈述主要被提供给计算机。其实，编程就是梳理自己头脑中问题的陈述结构的过程，你写清楚了，计算机处理起来效率就会很高。

算法描述了依据问题中的实际数据产生解决方案和预期结果所需的一系列步骤。编程语言必须提供一种表示方法来表示过程和数据，为此，编程语言必须提供控制方法和各种数据类型。控制方法允许以简洁、明确的方式表示算法的步骤，算法至少需要执行顺序处理、选择和重复迭代。任何编程语言只要提供了这些基本语句，就可用于算法表示。

计算机中的所有数据都是以二进制形式表示的。为了给二进制形式的数据赋予具体的含义，就需要有数据类型。数据类型提供了对二进制数据的解释方法和呈现形式。数据类型是对物理世界的抽象，用于表示问题所涉及的实体。这些底层的数据类型（有时称为原始数据类型）为算法开发提供了基础。例如，大多数编程语言提供了整数、浮点数等数据类型。内存中的二进制数据可以解释为整数、浮点数，并且和现实世界中的数字（如 -3、2.5）对应。此外，数据类型还描述了数据可能存在的操作。对于数字，加、减、乘、除等操作是最基本的。我们通常遇到的困难在于问题及其解决方案非常复杂，编程语言提供的简单结构和数据类型虽然足以表示复杂的解决方案，但通常不便于使用。为了控制这种复杂性，就需要采用更合理的数据管理方式（数据结构）和操作流程（算法）。

2.3 为什么要学习数据结构

为了管理问题的复杂性和获取解决问题的具体步骤，计算机科学家经常通过抽象来使自己能够专注于大问题而不会迷失在细节中。通过创建问题域模型，计算机将能够更有效地解决问题。这些模型允许你以更加一致的方式描述算法要处理的数据。

我们之前将解决方案抽象地称为隐藏特定细节的过程，以允许用户或客户端从高层使用。现在我们采用类似的思想，对数据进行抽象。抽象数据类型（Abstract Data Type，ADT）是对如何查看和操作数据的逻辑描述。这意味着我们只用关心数据表示什么，而不必关心其最终的存储形式。通过提供这种级别的抽象，我们可以给数据创建封装，其中隐藏了实现细节。图 2.2 展示了抽象数据类型是什么以及如何操作。用户与接口的交互是抽象的操作，用户和 shell 是抽象数据类型。交互的具体操作我们虽不知道，但这不妨碍我们理解它们相互作用的机理。这就是抽象数据类型为算法设计带来的好处。

图 2.2　系统层级图

抽象数据类型的实现要求从物理视图使用原始数据类型来构建新的数据类型，我们称其为数据结构。通常有许多不同的方法可用来实现抽象数据类型，但不同的实现需要有相同的物理视图，以允许程序员在不改变交互方式的情况下改变实现细节，用户则继续专注于问题本身。

常见的抽象数据类型的逻辑包括新建、获取、增、删、查、改、判空、计算大小等。比如，为了实现一个队列，抽象数据类型的逻辑至少需要包括 new()、isempty()、len()、clear()、enqueue() 和 dequeue() 操作——这些操作正是队列所需要的。只要知道了具体的操作逻辑，实现它们就简单多了，而且实现的方式多种多样，只要保证这些抽象逻辑存在就行。

2.4　为什么要学习算法

在计算机领域，使用速度更快或占用内存更少的算法是我们的目标，因为这具有很多显而易见的好处。在最坏的情况下，可能存在一个难以处理的问题，没有任何算法能在可预期的时间内给出答案。但重要的是，我们希望能够区分具有解决方案的问题和不具有解决方案的问题，以及存在解决方案但需要大量时间或其他资源的问题。作为计算机科学家，他们需要一遍又一遍地进行比较，然后判断某个方案是不是一个好的方案并决定采用的最终方案。

通过看别人如何解决问题来学习是一种高效的学习方式。通过接触不同问题的解决方案，你可以了解不同的算法设计如何帮助我们解决具有挑战性的问题。通过思考各种不同的算法，我们将能够发现其核心思想并开发出一套具有普适性的算法，以便下一次出现类似的问题时能够很好地予以解决。同样的问题，不同人给出的算法实现常常不同。就像你在前面看到的计算正 / 余弦的例子，完全可能存在许多不同的实现版本。如果一个算法可以使用比另一个算法更少的资源，例如相比前者，后者可能需要 10 倍的时间来返回结果；那么虽然这两个算法都能完成正 / 余弦的计算，但显然用时少的那个算法更好。

2.5 小结

在本章中，我们介绍了计算机科学的思想和抽象数据类型的概念，明确了算法和数据结构的定义及作用。抽象数据类型通过剥离具体实现和操作逻辑，使得数据结构和算法边界清晰，大幅降低了算法设计难度。在后续章节中，我们将反复利用抽象数据类型，从而设计出各种数据结构。

第 3 章　算法分析

本章主要内容

- 算法分析的重要性
- 对 Rust 程序做性能基准测试
- 使用大 O 符号分析算法的复杂度
- Rust 数组等数据结构的大 O 分析结果
- Rust 数据结构的实现是如何影响算法分析的

3.1　什么是算法分析

正如我们在第 2 章中所说，算法是通用的旨在解决某种问题的指令列表。作为用于解决一类问题的任何实例的方法，给定特定输入，算法会产生期望的结果。程序就是使用某种编程语言编码的算法。由于程序员知识水平各异且使用的编程语言各有不同，因此存在描述相同算法的不同程序。

有个普遍的现象，就是刚接触计算机的学生会将自己的程序和其他人的程序做比较。你可能注意到了，这些程序看起来很相似。那么，当使用两个看起来不同的程序解决同样的问题时，哪一个更好呢？为了探讨这种差异，请参考如下函数 sum_of_n，该函数用于计算前 n 个整数的和。

```rust
// sum_of_n.rs
fn sum_of_n(n: i32) -> i32 {
    let mut sum: i32 = 0;
    for i in 1..=n {
        sum += i;
    }
    sum
}
```

sum_of_n 函数使用了初始值为 0 的累加器变量，迭代 n 个整数，并将每个值依次加到累加器中。考虑下面的函数 tiktok，你可以看到，这个函数在本质上和上一个函数做着同样的事情。不直观的原因在于编码习惯不好，代码中没有使用良好的标识符名称，所以代码

52

不易读。迭代步骤中还使用了一条额外的赋值语句，这条语句其实是不必要的。

```rust
// tiktok.rs
fn tiktok(tik: i32) -> i32 {
    let mut tok = 0;
    for k in 1..=tik  {
        let ggg = k;
        tok = tok + ggg;
    }
    tok
}
```

哪个函数更好呢？答案其实取决于你的评价标准。如果你关注可读性，那么函数 sum_of_n 肯定比函数 tiktok 好。你可能在介绍编程的书或课程中看到过类似的例子，其目的就是帮助你编写易于阅读和理解的程序。然而在本书中，我们对算法本身的陈述更感兴趣。干净的写法当然重要，但那不属于算法和数据结构范畴的知识。

算法分析是基于算法使用的资源量来进行比较的。之所以说一个算法比另一个算法好，原因就在于前者在使用资源方面更有效率，或者说前者使用了更少的资源。从这个角度看，上面两个函数看起来很相似，它们都使用基本相同的算法来解决求和问题。在资源计算方面，重要的是找准真正用于计算的资源，而这往往要从时间和空间两方面来考虑。

- 算法使用的空间指的是内存消耗。算法所需的内存通常由问题本身的规模和性质决定，但有时部分算法会有一些特殊的空间需求。
- 算法使用的时间指的是算法执行所有步骤经过的时间，这种评价方式被称为算法执行时间。

对于函数 sum_of_n，可通过基准测试来分析它的执行时间。在 Rust 中，我们可以通过记录函数执行前后的系统时间来计算代码运行时间。在 std::time 中，用于获取系统时间的 SystemTime 函数可在被调用时返回系统时间并在之后给出经过的时间。通过在执行开始和结束的时候调用 SystemTime 函数，就可以得到其执行时间。

```rust
// static_func_call.rs
use std::time::SystemTime;
fn sum_of_n(n: i64) -> i64 {
    let mut sum: i64 = 0;
    for i in 1..=n {
        sum += i;
    }
    sum
}

fn main() {
    for _i in 0..5 {
        let now  = SystemTime::now();
        let _sum = sum_of_n(500000);
        let duration = now.elapsed().unwrap();
        let time = duration.as_millis();
```

```
        println!("func used {time} ms");
    }
}
```

执行 SystemTime 函数 5 次，每次计算前 500 000 个整数的和，得到的结果如下：

```
\begin{lstlisting}[style=styleRes]
func used 10 ms
func used 6 ms
func used 6 ms
func used 6 ms
func used 6 ms
```

我们发现执行时间相当一致，执行这个函数平均需要 6 毫秒。第一次执行耗时 10 毫秒是因为函数要做初始化准备，而后 4 次执行时则不需要，后 4 次执行得到的耗时才是比较准确的，这也是需要执行多次的原因。如果计算前 1 000 000 个整数的和，则得到的结果如下：

```
\begin{lstlisting}[style=styleRes]
func used 17 ms
func used 12 ms
func used 12 ms
func used 12 ms
func used 12 ms
```

可以看到，第一次执行的耗时更长，后面几次执行的耗时都一样，且恰好是计算前 500 000 个整数时耗时的两倍，这说明算法的执行时间和计算规模成正比。现在考虑如下函数，仍计算前 n 个整数的和，只是不同于上一个函数的思路，而是利用数学公式 $\sum_{i=0}^{n} i = \frac{n(n+1)}{2}$ 来计算。

```
// static_func_call2.rs
fn sum_of_n2(n: i64) -> i64 {
    n * (n + 1) / 2
}
```

修改 static_func_call.rs 中的 sum_of_n 函数，然后做同样的基准测试。使用 3 个不同的 n（100 000、500 000、1 000 000），每个计算 5 次并取平均值，得到的结果如下：

```
\begin{lstlisting}[style=styleRes]
func used 1396 ns
func used 1313 ns
func used 1341 ns
```

在上面的输出中，有两点需要重点关注。首先，上面记录的执行时间是纳秒，比之前任何例子都短，这 3 个计算的时间都在 0.0013 毫秒左右，与上面的 6 毫秒差着几个数量级。其次，执行时间和 n 无关，n 虽然增大了，但计算时间不变，看起来此时的计算几乎不受 n 的影响。

这个基准测试告诉我们，使用迭代的解决方案 sum_of_n 做了更多的工作，一些程序步骤被重复执行，这是迭代方案需要更长时间的原因。此外，执行迭代方案所需的时间会随着 n 递增。你要意识到，如果在不同的计算机上或者使用不用的编程语言运行类似的函数，那么得到的结果将是不同的。如果使用老旧的计算机，则需要更长时间才能执行完 sum_of_n 函数。

我们需要一种更好的方法来描述这些算法的执行时间。基准测试计算的是程序执行的实际时间，而非真正地给我们提供一个有用的度量，因为执行时间取决于特定的机器，且毫秒和纳秒之间还涉及数量级转换。我们希望有一个独立于所使用程序或计算机的度量，这个度量要能独立地判断算法，并且可以用于比较不同算法实现的效率，就像加速度这个度量能明确指出速度每秒的改变值一样。在算法分析领域，大 O 分析法就是一种很好的度量方法。

3.2 大 O 分析法

在独立于任何特定程序或计算机表征算法的性能（复杂度）时，重要的是量化算法执行过程中所需操作步骤的数量和存储空间的大小。对于先前的求和算法，一个比较好的度量是对执行语句计数。在 sum_of_n 函数中，赋值语句的计数为 1；而使用的存储空间其实就是 n 和 sum 两个变量，所以计数为 2。

在时间方面，我们使用函数 T 表示总的执行次数，$T(n) = 1 + n$，参数 n 通常被称为问题的规模，$T(n)$ 则是解决规模为 n 的问题所要花费的时间。在上面的求和函数中，使用 n 来表示问题的规模是有意义的。我们可以说，对 100 000 个整数求和比对 1000 个整数求和的规模大，因此所需时间也更长。我们的目标是表示出算法的执行时间是如何相对问题规模的大小而改变的。

在空间方面，我们使用函数 S 表示总的内存消耗，$S(n) = 2$，参数 n 仍然表示问题的规模，但 $S(n)$ 已经和 n 无关了。

将这种分析技术进一步扩展，确定操作步骤的数量和存储空间的消耗不如确定 $T(n)$ 及 $S(n)$ 最主要的部分来得重要。换句话说，当问题规模变大时，$T(n)$ 和 $S(n)$ 中某些部分的分量会远远超过其他部分的分量。函数的数量级表示随着 n 的变大而增加最快的那些部分。数量级通常用大 O 符号表示，写作 $O(f(n))$，用于表示对计算中实际步数和空间消耗的近似。函数 $f(n)$ 表示 $T(n)$ 或 $S(n)$ 中最主要的部分。

在上述示例中，$T(n) = n + 1$。当 n 变大时，常数 1 对于最终结果将变得越来越不重要。如果我们要找的是 $T(n)$ 的近似值，则可以删除 1，此时运行时间为 $O(T(n)) = O(n + 1) = O(n)$。注意，1 对于 $T(n)$ 肯定是重要的，但是当 n 变大时，不管有没有 n，$O(n)$ 都是准确的。比如，对于 $T(n) = n^3 + 1$，当 n 为 1 时，$T(n) = 2$，此时舍掉 1 就不合理，因为这样相当于丢掉一半的运行时间。但是当 n 等于 10 时，$T(n) = 1001$，此时 1 已经不重要，即便舍掉，$T(n) = 1000$ 也仍然是一个很准确的指标。对于 $S(n)$ 来说，因为其本身就是常数，所以 $O(S(n)) = O(2) = O(1)$。大 O 分析法只表示数量级，因此虽然实际上是 $O(2)$，但其数量级是常量，可用 $O(1)$ 代替。

假设有这样一个算法，已确定操作步骤的数量是 $T(n) = 6n^2 + 37n + 996$。当 n 很小时，例如 1 或 2，常数 996 似乎是函数的主要部分。然而，随着 n 变大，n^2 这一项变得越来越重要。事实上，当 n 很大时，其他两项在最终结果中所起的作用已变得不重要。当 n 变大时，为了近似 $T(n)$，我们可以忽略其他项，只关注 $6n^2$。系数 6 也变得不重要。此时，我们说 $T(n)$ 具有的复杂度数量级为 n^2 或 $O(n^2)$。

但有时候，算法的复杂度取决于数据的确切值而不是问题规模的大小。对于这类算法，我们需要根据最佳情况、最坏情况或平均情况来表征它们的性能。最坏情况是指导致算法性能特别差的特定数据集，相同的算法，在不同的数据集下可能具有完全不同的性能。在大多数情况下，算法的执行效率处在最坏和最优两个极端之间（平均情况）。对于程序员而言，重要的是了解这些区别，以免被某个特定的情况误导。

在学习算法时，一些常见的数量级函数将会反复出现，参见表 3.1 和图 3.1。为了确定这些函数中的哪一个是最主要的部分，我们需要观察当 n 变大时它们的相互关系如何。

表 3.1　一些常见的数量级函数

$T(n)$	$O(1)$	$O(\log n)$	$O(n)$	$O(n \log n)$	$O(n^2)$	$O(n^3)$	$O(2^n)$
性能	常数	对数	线性	线性对数	平方指数	立方指数	幂指数

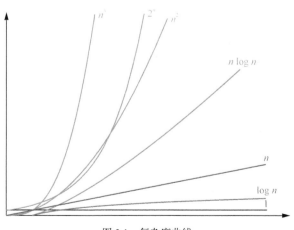

图 3.1　复杂度曲线

3.2 大 O 分析法

图 3.1 展示了各种数量级函数的增长情况。当 n 很小时，函数彼此间并不能很好地区分，很难判断哪个是主导函数。但随着 n 变大，关系就比较明确了，我们很容易看出它们之间的大小关系。注意当 $n = 10$ 时，2^n 大于 n^3。通过图 3.1，我们还可以得出不同数量级之间的区别，一般情况下（$n > 10$），$O(2^n) > O(n^3) > O(n^2) > O(n \log n) > O(n) > O(\log n) > O(1)$。这对于我们设计算法很有帮助，因为对于每个算法，我们都能计算其复杂度。对于得到类似 $O(2^n)$ 复杂度的算法，我们知道其一定不实用，可对其进行优化以获得更好的性能。

上面的大 O 分析法从时间复杂度和空间复杂度两方面进行了分析，但大多数时候，我们主要分析时间复杂度，因为空间往往不好优化。比如对于输入的数组，其空间复杂度从一开始就被限定了，但算法的不同往往会导致运行在该数组上的时间有很大的差异。另外，随着摩尔定律的发展，存储越来越便宜，空间越来越大，这时候时间才是最重要的，因为时间无价。本书后面的内容如不特别注明，多是分析时间复杂度。

下面的代码只做了些加、减、乘、除运算，我们可以用这些代码来尝试进行新学的算法复杂度分析。

```rust
// big_o_analysis.rs
fn main() {
    let a = 1; let b = 2;
    let c = 3; let n = 1000000;

    for i in 0..n {
        for j in 0..n {
            let x = i * i;
            let y = j * j;
            let z = i * j;
        }
    }

    for k in 0..n {
        let w = a*b + 45;
        let v = b*b;
    }

    let d = 996;
}
```

分析上述代码的 $T(n)$，分配操作数 a、b、c、n 的时间为常数 4。第 2 项是 $3n^2$，因为嵌套迭代，有 3 条语句执行了 n^2 次。第 3 项是 $2n$，有两条语句迭代执行了 n 次。最后，第 4 项是常数 1，表示最终的赋值语句 $d = 996$。最后得出 $T(n) = 4 + 3n^2 + 2n + 1 = 3n^2 + 2n + 5$，查看指数，可以看到 n^2 这一项最显著，因此这段代码的时间复杂度是 $O(n^2)$。

3.3 乱序字符串检查

一个展示不同数量级复杂度的例子是乱序字符串检查。乱序字符串是指一个字符串 s1 只是另一个字符串 s2 的重新排列。例如，"heart" 和 "earth" 是乱序字符串，"rust" 和 "trus" 也是乱序字符串。为简单起见，假设要讨论的两个字符串具有相同的长度，并且只由 26 个小写字母组成。我们的目标是写一个函数，它接收两个字符串作为参数并返回它们是不是乱序字符串的判断结果。

3.3.1 穷举法

解决乱序字符串问题的最笨方法是穷举法，也就是把每种情况都列举出来。首先，我们可以生成字符串 s1 的所有乱序字符串的列表，然后查看这个列表里是否有一个字符串和字符串 s2 相同。这种方法特别浪费资源，既费时间又费内存。当为字符串 s1 生成所有可能的乱序字符串时，第 1 个位置有 n 种可能，第 2 个位置有 $n-1$ 种可能，第 3 个位置有 $n-3$ 种可能，以此类推，总共有 $n×(n-1)×(n-2)×\cdots×3×2×1$ 种可能，即 $n!$。因为一些字符串可能是重复的，程序也不可能提前知道，所以会生成 $n!$ 个字符串。

如果字符串 s1 有 20 个字符长，那么将有 20! = 2 432 902 008 176 640 000 个乱序字符串产生。如果每秒只能处理一个可能的乱序字符串，则需要大约 77 146 816 596 年才能处理完。事实证明，$n!$ 比 n^2 增长还快，所以穷举法是不可行的，任何学习用的以及真正的软件项目都不可能使用这种方法。当然，了解穷举法的存在并尽力避免这种情况是很有必要的。

3.3.2 检查法

乱序字符串问题的第二种解决方案是检测第一个字符串中的字符是否出现在第二个字符串中。如果检测到每个字符都存在，那么这两个字符串一定是乱序的。我们可以通过用 '' 替换字符来判断一个字符是否完成检查。

```rust
// anagram_solution2.rs

fn anagram_solution2(s1: &str, s2: &str) -> bool {
    if  s1.len() != s2.len() { return false; }

    // 将 s1 和 s2 中的字符分别添加到 vec_a 和 vec_b 中
    let mut vec_a = Vec::new();
    let mut vec_b = Vec::new();
    for c in s1.chars() { vec_a.push(c); }
    for c in s2.chars() { vec_b.push(c); }
```

```rust
    // pos1 和 pos2 用于索引字符
    let mut pos1: usize = 0;
    let mut pos2: usize;

    // 乱序字符串标识、控制循环
    let mut is_anagram = true;

    // 标识字符是否在 s2 中
    let mut found: bool;

    while pos1 < s1.len() && is_anagram {
        pos2 = 0;
        found = false;
        while pos2 < vec_b.len() && !found {
            if vec_a[pos1] == vec_b[pos2] {
                found = true;
            } else {
                pos2 += 1;
            }
        }

        // 某字符存在于 s2 中，将其替换成 ' ' 以免再次进行比较
        if found {
            vec_b[pos2]= ' ';
        } else {
            is_anagram = false;
        }

        // 处理 s1 中的下一个字符
        pos1 += 1;
    }

    is_anagram
}

fn main() {
    let s1 = "rust";
    let s2 = "trus";
    let result = anagram_solution2(s1, s2);
    println!("s1 and s2 is anagram: {result}");
    // s1 and s2 is anagram: true
}
```

分析这个算法，注意字符串 s1 中的每个字符都会在字符串 s2 中进行最多 n 次的迭代检查。blist 中的 n 个位置将被访问一次以匹配来自字符串 s1 的字符。总的访问次数可以写成整数 1 到 n 的和。

$$1+2+\cdots+n = \sum_{i=1}^{n} i = \frac{n(n+1)}{2} = \frac{1}{2}n^2 + \frac{1}{2}n \tag{3.1}$$

当 n 变大时，n^2 这一项占据主导，这个算法的时间复杂度为 $O(n^2)$，而穷举法的时间复杂度为 $O(n!)$。

3.3.3   排序和比较法

乱序字符串问题的第 3 种解决方案利用了如下事实：虽然字符串 s1 和 s2 不同，但它们是由完全相同的字符组成的。因此可以按照字母顺序从 a 到 z 排列每个字符串，如果排列后的两个字符串相同，则这两个字符串就是乱序字符串。

```rust
// anagram_solution3.rs

fn anagram_solution3(s1: &str, s2: &str) -> bool {
    if  s1.len() != s2.len() { return false; }

    // 将 s1 和 s2 中的字符分别添加到 vec_a 和 vec_b 中并排序
    let mut vec_a = Vec::new();
    let mut vec_b = Vec::new();
    for c in s1.chars() { vec_a.push(c); }
    for c in s2.chars() { vec_b.push(c); }
    vec_a.sort(); vec_b.sort();

    // 逐个比较排序的集合，只要有任何字符不匹配，就退出循环
    let mut pos: usize = 0;
    let mut is_anagram = true;
    while pos < vec_a.len() && is_anagram {
        if vec_a[pos] == vec_b[pos] {
            pos += 1;
        } else {
            is_anagram = false;
        }
    }

    is_anagram
}

fn main() {
    let s1 = "rust";
    let s2 = "trus";
    let result = anagram_solution3(s1, s2);
    println!("s1 and s2 is anagram: {result}");
    // 输出 "s1 and s2 is anagram: true"
}
```

乍一看，因为只有一个 while 循环，所以复杂度应该是 $O(n)$。调用排序函数 sort( ) 也是有成本的，复杂度通常是 $O(n^2)$ 或 $O(n\log n)$，因此这个算法的复杂度和排序算法在同一数量级。

3.3.4   计数和比较法

上面的解决方案总是需要创建 veca 和 vec_b，这非常浪费内存。当字符串 s1 和 s2 比较短时，vec_a 和 vec_b 还算合适，但是当 s1 和 s2 达到百万字符呢？这时 vec_a 和 vec_b 就非常大。通过分析可知，s1 和 s2 只含 26 个小写字母，因此只需要用两个长度为 26 的列表，

统计各个字符出现的频次就可以了。每遇到一个字符，就增加这个字符在列表中对应位置的计数。最后，如果两个计数一样，则字符串为乱序字符串。

```rust
// anagram_solution4.rs

fn anagram_solution4(s1: &str, s2: &str) -> bool {
    if s1.len() != s2.len() { return false; }

    // 大小为 26 的集合，用于将字符映射为 ASCII 值
    let mut c1 = [0; 26];
    let mut c2 = [0; 26];
    for c in s1.chars() {
        // 97 为字符 a 的 ASCII 值
        let pos = (c as usize) - 97;
        c1[pos] += 1;
    }

    for c in s2.chars() {
        let pos = (c as usize) - 97;
        c2[pos] += 1;
    }
    for c in s2.chars() {
        let pos = (c as usize) - 97;
        c2[pos] += 1;
    }

    // 逐个比较 ASCII 值
    let mut pos = 0;
    let mut is_anagram = true;
    while pos < 26 && is_anagram {
        if c1[pos] == c2[pos] {
            pos += 1;
        } else {
            is_anagram = false;
        }
    }

    is_anagram
}

fn main() {
    let s1 = "rust";
    let s2 = "trus";
    let result = anagram_solution4(s1, s2);
    println!("s1 and s2 is anagram: {result}");
    // 输出 "s1 and s2 is anagram: true"
}
```

以上解决方案虽然也存在多个迭代，但它和前面的解决方案不一样。首先，迭代非嵌套；其次，第 3 个比较两个计数列表的迭代只需要进行 26 次，因为只有 26 个小写字母。$T(n) = 2n + 26$，即时间复杂度 $O(n) = 2n + 26$。这是一个具有线性复杂度的算法，其空间复杂度和时间复杂度都比较优秀。当然，字符串 s1 和 s2 也可能比较短，用不了 26 个字符，

此时这个算法将牺牲部分存储空间。在很多情况下，你需要在空间和时间之间做出权衡，先思考算法所要应对的真实场景，再决定具体采用哪种算法。

3.4　Rust 数据结构的性能

3.4.1　标量类型和复合类型

本节旨在探讨 Rust 内置的各种基本数据类型的大 O 性能，你需要重点了解这些数据结构的执行效率，因为它们是 Rust 中最基础、最核心的模块，其他所有复杂的数据结构都由它们构建而成。在 Rust 中，每个值都属于某一数据类型，旨在告诉 Rust 编译器应该将其指定为何种数据，以便明确数据的存储和操作方式。Rust 有两大基础数据类型：标量类型和复合类型。

标量类型代表单独的值，复合类型则是标量类型的组合。Rust 有 4 种基本的标量类型：整型、浮点型、布尔型、字符型。复合类型则有两种：元组和数组。标量类型都是最基本的且和内存结合最紧密的原生类型，运算效率非常高，复杂度为 $O(1)$；复合类型则复杂一些，其复杂度随数据规模而变化。

下面是一些基础数据类型的使用示例。

```
let a: i8 = -2;
let b: f32 = 2.34;
let c: bool = true;
let d: char = 'a';

// 元组可以组合多个类型
let x: (i32, f64, u8) = (200, 5.32, 1);
let xi32 = x.0;
let xf64 = x.1;
let xu8  = x.2;
```

元组是将多个类型组合成单个复合类型的数据结构，长度固定。元组一旦声明，其长度就不能增大或减小。元组的索引从 0 开始，并且可以直接用"."来获取值。数组一旦声明，其长度也不能增大或减小，但与元组不同的是，数组中每个元素的类型必须相同。

```
let months = ["January","February","March","April",
              "May","June","July","August","September",
              "October","November","December"
             ];

let first_month = months[0]
let halfyear = &months[..6];
```

```
let mut monthsv = Vec::new();
for month in months { monthsv.push(month); }
```

Rust 的其他数据类型都是由标量类型和复合类型构成的集合类型，如 Vec、HashMap 等。Vec 是标准库提供的一种允许增大、减小和限定长度的类似于数组的集合类型。能用数组的地方都可以用 Vec，所以当不知道使用何种类型时，用 Vec 不仅不算错，而且更有扩展性。

3.4.2　集合类型

Rust 的集合类型是基于标量类型和复合类型构造的，其中又分为线性的和非线性的两大类。线性的集合类型有 String、Vec、VecDeque、LinkedList，而非线性的集合类型有 HashMap、BTreeMap、HashSet、BTreeSet、BinaryHeap。这些线性和非线性的集合类型多涉及索引和增删操作，对应的复杂度多为 $O(1)$、$O(n)$ 等。

Rust 实现的 String 在底层基于 Vec，所以 String 同 Vec 一样，也可以更改。若要使用 String 中的部分字符，可使用 &str，&str 实际上是基于 String 类型字符串的切片，目的是便于索引。因为 &str 是基于 String 的，所以 &str 不可更改，因为修改切片会更改 String 中的数据，而 String 还可能在其他地方用到。记住一点，在 Rust 中，可变字符串用 String，不可变字符串用 &str。Vec 则类似于其他编程语言中的列表，它们都基于分配在堆上的数组。VecDeque 扩展了 Vec，支持在序列的两端插入数据，是双端队列。LinkedList 是链表，当需要未知大小的 Vec 时可以采用。

Rust 实现的 HashMap 类似于其他编程语言中的字典，BTreeMap 则是 B 树，节点上包含数据和指针，多用于实现数据库、文件系统等需要存储内容的对象。Rust 实现的 HashSet 和 BTreeSet 类似于其他编程语言中的 Set，用于记录单个值，比如出现过一次的值。HashSet 在底层采用的是 HashMap，而 BTreeSet 在底层采用的是 BTreeMap。BinaryHeap 类似于优先队列，里面存储了一堆元素，可在任何时候提取出最值。

Rust 中的各种数据结构的性能如表 3.2 和表 3.3 所示。从中可以看出，Rust 实现的集合数据类型都是非常高效的，复杂度最高也就是 $O(n)$。

表3.2　线性集合类型的性能

数据类型	操作				
	get	insert	remove	append	split_off
Vec	$O(1)$	$O(n-i)$	$O(n-i)$	$O(m)$	$O(n-i)$
VecDeque	$O(1)$	$O(\min(i, n-i))$	$O(\min(i, n-i))$	$O(m)$	$O(\min(i, n-i))$
LinkedList	$O(\min(i, n-i))$	$O(\min(i, n-i))$	$O(\min(i, n-i))$	$O(1)$	$O(\min(i, n-i))$

表3.3　非线性集合类型的性能

数据类型	操作				
	get	insert	remove	predecessor	append
HashMap	$O(1)$	$O(1)$	$O(1)$	N/A	N/A
HashSet	$O(1)$	$O(1)$	$O(1)$	N/A	N/A
BTreeMap	$O(\log n)$	$O(\log n)$	$O(\log n)$	$O(\log n)$	$O(n + m)$
BTreeSet	$O(\log n)$	$O(\log n)$	$O(\log n)$	$O(\log n)$	$O(n + m)$
Type	push	pop	peek	peek_mut	append
BinaryHeap	$O(1)$	$O(1 \log n)$	$O(1)$	$O(1)$	$O(n + m)$

3.5　小结

本章介绍了用于算法复杂度分析的大 O 分析法：计算代码执行的步数并取最大数量级。本章还介绍了 Rust 实现的基本数据类型和集合数据类型的复杂度，通过对比学习，我们得知 Rust 内置的标量类型、复合类型以及集合数据类型都非常高效。可基于集合数据类型实现自定义的数据结构，这样更容易做到高效、实用。

第 4 章　基础数据结构

本章主要内容

- 抽象数据类型 Vec、栈、队列、双端队列、链表
- 使用 Rust 实现栈、队列、双端队列、链表
- 计算基础线性数据结构的性能（复杂度）
- 前缀、中缀和后缀表达式
- 使用栈实现后缀表达式并计算值
- 使用栈将中缀表达式转换为后缀表达式
- 识别问题应该使用栈、队列、双端队列还是链表来解决
- 使用节点和引用将抽象数据类型实现为链表
- 比较自己实现的 Vec 与 Rust 自带的 Vec 的性能

4.1　线性数据结构

　　数组、栈、队列、双端队列、链表这类数据结构都是保存数据的容器，数据项之间的顺序由添加或删除时的顺序决定，数据项一旦被添加，其相对于前后元素就会一直保持位置不变，诸如此类的数据结构被称为线性数据结构。线性数据结构有两端，称为"左"和"右"，在某些情况下也称为"前"和"后"，当然也可以称为顶部和底部，名称不重要，重要的是这种命名展现出的位置关系表明了数据的组织方式是线性的。这种线性特性和内存紧密相关，因为内存就是一种线性硬件，由此也可以看出软件和硬件是如何关联在一起的。线性数据结构说的并非数据的保存方式，而是数据的访问方式。线性数据结构不一定代表数据项在内存中相邻。以链表为例，虽然其中的数据项可能在内存的各个位置，但访问是线性的。

　　区分不同线性数据结构的方法是查看它们添加和移除数据项的方式，特别是添加和移除数据项的位置。例如，一些数据结构只允许从一端添加数据项，另一些则允许从另一端移除数据项，还有的允许从两端操作数据项。这些变种及其组合形式产生了许多在计算机科学领域非常有用的数据结构，它们出现在各种算法中，用于执行各种实际且重要的任务。

65

4.2　栈

栈就是一种特别有用的线性数据结构，可用于函数调用、网页数据记录等。栈是数据项的有序集合，其中，新项的添加和移除总发生在同一端，这一端称为顶部，与之相对的另一端称为底部。栈的底部很重要，因为栈中靠近底部的项是存储时间最长的，最近添加的项最先被移除。这种排序原则有时被称为后进先出（Last In First Out，LIFO）或先进后出（First In Last Out，FILO），所以较新的项靠近顶部，较旧的项靠近底部。

栈的例子很常见，工地上堆的砖，桌子上摆的书，餐厅里摆在一起的盘子，它们都是栈的物理模型。要想拿到最下面的砖、书、盘子，就必须先把上面的都拿走。图 4.1 给出了栈的示意图，其中展示了一些概念（计算机是量子力学理论的衍生物）。

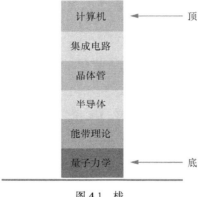

图 4.1　栈

要理解栈的作用，最好的方式是观察栈的形成和清空过程。让我们从一个干净的桌面开始，现在把书一本本叠起来，这就好比构造一个栈。考虑移除一本书会发生什么？没错，移除的顺序跟刚才放置的顺序正好相反。栈之所以重要，就是因为它能反转项的顺序，插入顺序与删除顺序相反。图 4.2 展示了插入和删除数据的过程，注意观察数据的顺序。

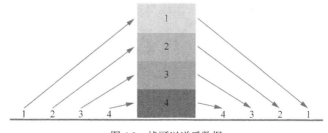

图 4.2　栈可以逆反数据

栈的这种反转属性特别有用，你可以想象自己使用计算机时碰到的例子。比如，当通过浏览器查看新闻时，你可能想着返回之前的页面，页面的这种返回功能就是用栈实现的。

当你浏览网页时，这些网页就被放在栈中，当前查看的网页始终在顶部，第一次查看的网页在底部。如果你单击"返回"按钮，浏览器将按相反的顺序回到刚才的页面。如果我们自行设计页面的返回功能，那么不借助栈的力量基本是不可能完成的。由这个例子也可看出数据结构的重要性，对于某些功能，选好数据结构能让事情简单不少。

4.2.1 栈的抽象数据类型

栈的抽象数据类型由栈的结构和操作定义。如前所述，栈被构造为项的有序集合，其中，项的添加和移除位置被称为顶部。栈的部分操作如下。

- new()：创建一个空栈，不需要参数，返回一个空栈。
- push(item)：将数据项 item 添加到栈顶，需要 item 作为参数，不返回任何内容。
- pop()：从栈中删除顶部的数据项，不需要参数，返回数据项，栈被修改。
- peek()：从栈中返回顶部的数据项但不删除，不需要参数，不修改栈。
- is_empty()：测试栈是否为空，不需要参数，返回布尔值。
- size()：返回栈中数据项的数量，不需要参数，返回一个 usize 型整数。
- iter()：返回栈的不可变迭代形式，栈不变，不需要参数。
- iter_mut()：返回栈的可变迭代形式，栈可变，不需要参数。
- into_iter()：改变栈为可迭代形式，栈被消费，不需要参数。

假设 s 是已创建的空栈，此处用 [] 表示。表 4.1 展示了栈操作以及栈操作后的结果，其中，栈顶在右边。

表 4.1　栈操作以及栈操作后的结果

栈操作	栈的当前值	栈操作的返回值
s.is_empty()	[]	true
s.push(1)	[1]	
s.push(2)	[1,2]	
s.peek()	[1,2]	2
s.push(3)	[1,2,3]	
s.size()	[1,2,3]	3
s.is_empty()	[1,2,3]	false
s.push(4)	[1,2,3,4]	
s.push(5)	[1,2,3,4,5]	
s.size()	[1,2,3,4,5]	5
s.pop()	[1,2,3,4]	5
s.push(6)	[1,2,3,4,6]	

续表

栈操作	栈的当前值	栈操作的返回值
s.peek()	[1,2,3,4,6]	6
s.pop()	[1,2,3,4]	6

4.2.2　Rust 实现栈

之前定义了栈的抽象数据类型，现在使用 Rust 来实现栈，抽象数据类型的实现又称为数据结构。在 Rust 中，抽象数据类型的实现多选择创建新的结构体，栈操作则实现为结构体的函数。此外，为了实现作为元素集合的栈，使用由 Rust 自带的基础数据结构对于实现栈及其操作大有帮助。

这里使用集合容器 Vec 作为栈的底层实现，因为 Rust 中的 Vec 提供了有序集合机制和一组操作方法，只需要选定 Vec 的哪一端是栈顶就可以实现其他操作了。以下栈实现假定 Vec 的尾部保存了栈的顶部元素，随着栈不断增长，新项将被添加到 Vec 的末尾。因为不知道所插入数据的类型，所以采用泛型数据类型 T。此外，为了实现迭代功能，这里添加了 IntoIter、Iter、IterMut 三个结构体，以分别完成三种迭代功能。

```rust
// stack.rs

#[derive(Debug)]
struct Stack<T> {
    size: usize,  // 栈大小
    data: Vec<T>, // 栈数据
}

impl<T> Stack<T> {
    // 初始化空栈
    fn new() -> Self {
        Self {
            size: 0,
            data: Vec::new()
        }
    }

    fn is_empty(&self) -> bool {
        0 == self.size
    }

    fn len(&self) -> usize {
        self.size
    }

    // 清空栈
    fn clear(&mut self) {
        self.size = 0;
```

```
        self.data.clear();
    }

    // 将数据保存在 Vec 的末尾
    fn push(&mut self, val: T) {
        self.data.push(val);
        self.size += 1;
    }

    // 在将栈顶减 1 后，弹出数据
    fn pop(&mut self) -> Option<T> {
        if 0 == self.size { return None; }
        self.size -= 1;
        self.data.pop()
    }

    // 返回栈顶数据引用和可变引用
    fn peek(&self) -> Option<&T> {
        if 0 == self.size {
            return None;
        }
        self.data.get(self.size - 1)
    }

    fn peek_mut(&mut self) -> Option<&mut T> {
        if 0 == self.size {
            return None;
        }
        self.data.get_mut(self.size - 1)
    }

    // 以下是为栈实现的迭代功能
    // into_iter: 栈改变，成为迭代器
    // iter: 栈不变，得到不可变迭代器
    // iter_mut: 栈不变，得到可变迭代器
    fn into_iter(self) -> IntoIter<T> {
        IntoIter(self)
    }

    fn iter(&self) -> Iter<T> {
        let mut iterator = Iter { stack: Vec::new() };
        for item in self.data.iter() {
            iterator.stack.push(item);
        }
        iterator
    }

    fn iter_mut(&mut self) -> IterMut<T> {
        let mut iterator = IterMut { stack: Vec::new() };
        for item in self.data.iter_mut() {
            iterator.stack.push(item);
        }

        iterator
    }
```

```
}

// 实现三种迭代功能
struct IntoIter<T>(Stack<T>);
impl<T: Clone> Iterator for IntoIter<T> {
    type Item = T;
    fn next(&mut self) -> Option<Self::Item> {
        if !self.0.is_empty() {
            self.0.size -= 1;
            self.0.data.pop()
        } else {
            None
        }
    }
}

struct Iter<'a, T: 'a> { stack: Vec<&'a T>, }
impl<'a, T> Iterator for Iter<'a, T> {
    type Item = &'a T;
    fn next(&mut self) -> Option<Self::Item> {
        self.stack.pop()
    }
}

struct IterMut<'a, T: 'a> { stack: Vec<&'a mut T> }
impl<'a, T> Iterator for IterMut<'a, T> {
    type Item = &'a mut T;
    fn next(&mut self) -> Option<Self::Item> {
        self.stack.pop()
    }
}

fn main() {
    basic();
    peek();
    iter();

    fn basic() {
        let mut s = Stack::new();
        s.push(1); s.push(2); s.push(3);

        println!("size: {}, {:?}", s.len(), s);
        println!("pop {:?}, size {}",s.pop().unwrap(), s.len());
        println!("empty: {}, {:?}", s.is_empty(), s);

        s.clear();
        println!("{:?}", s);
    }

    fn peek() {
        let mut s = Stack::new();
        s.push(1); s.push(2); s.push(3);

        println!("{:?}", s);
        let peek_mut = s.peek_mut();
        if let Some(top) = peek_mut {
```

70

```
        *top = 4;
    }

    println!("top {:?}", s.peek().unwrap());
    println!("{:?}", s);
}

fn iter() {
    let mut s = Stack::new();
    s.push(1); s.push(2); s.push(3);

    let sum1 = s.iter().sum::<i32>();
    let mut addend = 0;
    for item in s.iter_mut() {
        *item += 1;
        addend += 1;
    }

    let sum2 = s.iter().sum::<i32>();
    println!("{sum1} + {addend} = {sum2}");
    assert_eq!(9, s.into_iter().sum::<i32>());
}
}
```

运行结果如下：

```
size: 3, Stack { size: 3, data: [1, 2, 3] }
pop 3, size 2
empty: false, Stack { size: 2, data: [1, 2] }
Stack { size: 0, data: [] }
Stack { size: 3, data: [1, 2, 3] }
top 4
Stack { size: 3, data: [1, 2, 4] }
6 + 3 = 9
```

4.2.3 括号匹配

我们实现了栈数据结构，接下来使用栈解决真正的计算问题。首先要解决的就是括号匹配问题。你应该见过如下这种计算值的算术表达式：

$$(5 + 6) \times (7 + 8) / (4 + 3)$$

类似地，还有 Lisp 语言的括号表达式，比如下面的 multiply 函数。

```
(defun multiply(n)
    (* n n))
```

这里我们关注的不是数字而是括号，因为括号更改了操作优先级，限定了语言的语义，这是非常重要的。如果括号不完整，那么整个表达式就是错的。这对于人来说再好懂不过了，可是计算机又如何知道呢？实际上，计算机会检测括号是否匹配，并根据情况报错。

在上面的两个例子中，括号都必须以成对匹配的形式出现。括号匹配意味着每个开始符号都有相应的结束符号，并且括号必须正确嵌套，这样计算机才能正确处理。

考虑下面正确匹配的括号表达式：

```
(()()()())
((((()))))
(()((())()))
```

以及如下不匹配的括号表达式：

```
(((((((()))
)))
()()(()
```

这些括号表达式省去了包含的具体值，只保留了括号自身，其实程序中经常出现这种括号及嵌套的情况。区分括号匹配对于计算机程序来说是十分重要的，因为只有这样才能决定下一步操作。真正具有挑战的是如何编写一个算法来从左到右读取一串符号，并决定括号是否匹配。为了解决这个问题，你需要对括号及其匹配有比较深入的了解。当从左到右处理括号时，最近的左开始括号"("必须与下一个右关闭括号")"匹配（参见图 4.3）。此外，处理的第一个左开始括号必须等待，直到其匹配最后一个右关闭括号为止。结束符号以相反的顺序匹配开始符号，从内到外，这是一个可以用栈来解决的问题。

图 4.3　括号匹配

一旦采用栈来保存括号，算法的具体实现就很简单了，因为栈的操作无非就是出入栈和判断而已。从空栈开始，从左到右处理括号字符串。如果一个符号是开始符号，将其入栈；如果是结束符号，则弹出栈顶元素并开始匹配这两个符号。如果它们恰好是左右匹配的，就继续处理下一个括号，直到字符串处理完为止。最后，当所有符号都被处理后，栈应该是空的。只要栈不为空，就说明有括号不匹配。下面是 Rust 实现的括号匹配程序。

```rust
// par_checker1.rs

fn par_checker1(par: &str) -> bool {
    // 将字符添加到 Vec 中
    let mut char_list = Vec::new();
    for c in par.chars() { char_list.push(c); }

    let mut index = 0;
    let mut balance = true; // 括号是否匹配（平衡）标识
    let mut stack = Stack::new();
```

```
    while index < char_list.len() && balance {
        let c = char_list[index];

        if '(' == c {    // 如果为开始符号，入栈
            stack.push(c);
        } else          { // 如果为结束符号，判断栈是否为空
            if stack.is_empty() { // 栈为空，所以括号不匹配
                balance = false;
            } else {
                let _r = stack.pop();
            }
        }
        index += 1;
    }

    // 仅当平衡且栈为空时，括号才是匹配的
    balance && stack.is_empty()
}

fn main() {
    let sa = "()(())";
    let sb = "()((()";
    let res1 = par_checker1(sa);
    let res2 = par_checker1(sb);
    println!("{sa} balanced:{res1}, {sb} balanced:{res2}");
    // ()(()) balanced:true, ()((() balanced:false
}
```

上面显示的匹配括号问题非常简单，只用匹配圆括号 "(" 和 ")" 就可以了，但其实常用的括号有三种，分别是圆括号、方括号和花括号。匹配和嵌套不同种类的左开始括号和右结束括号的情况经常出现，例如在 Rust 中，方括号用于索引，花括号用于格式化输出，圆括号用于函数参数、元组、数学表达式等。只要每个符号都能保持自己的左开始-右结束关系，就可以混合嵌套符号，如下所示。

```
{ { ( [ ] [ ] ) } ( ) }
[ [ { { ( ( ) ) } } ] ]
[ ] [ ] [ ] ( ) { }
```

上面这些括号表达式都是匹配的，每个开始符号都有对应的结束符号，而且符号的类型也匹配。相反，下面这些括号表达式就不匹配。

```
( } [ ]
( ( ( ) ] ) )
[ { ( ) ]
```

前面的那个括号检查程序 par_checker1.rs 只能检测圆括号，为了处理以上三种括号，我们需要对其进行扩展。算法流程依旧不变，每个左开始括号将被压入栈中，等待匹配的右结束括号出现。当出现右结束括号时，程序要做的就是检查括号的类型是否匹配。如果两个括号的类型不匹配，则括号表达式不匹配。如果整个字符串都被处理完且栈为空，则括号表达式匹配。

为了检查括号的类型是否匹配，这里新增了括号类型检测函数 par_match()。这个函数可以检测常用的三种括号，其检测原理非常简单，只要将它们按照顺序放好，然后判断索引是否相同即可。

```rust
// par_checker2.rs

// 同时检测多种开始符号和结束符号是否匹配
fn par_match(open: char, close: char) -> bool {
    let opens = "([{";
    let closers = ")]}";
    opens.find(open) == closers.find(close)
}

fn par_checker2(par: &str) -> bool {
    let mut char_list = Vec::new();
    for c in par.chars() {
        char_list.push(c);
    }

    let mut index = 0;
    let mut balance = true;
    let mut stack = Stack::new();
    while index < char_list.len() && balance {
        let c = char_list[index];
        // 同时判断三种开始符号
        if '(' == c || '[' == c || '{' == c {
            stack.push(c);
        } else {
            if stack.is_empty() {
                balance = false;
            } else {
                // 比较当前括号和栈顶括号是否匹配
                let top = stack.pop().unwrap();
                if !par_match(top, c) {
                    balance = false;
                }
            }
        }
        index += 1;
    }
    balance && stack.is_empty()
}

fn main() {
    let sa = "(){}[]";
    let sb = "(){)[}";
    let res1 = par_checker2(sa);
    let res2 = par_checker2(sb);
    println!("sa balanced:{res1}, sb balanced:{res2}");
    // (){}[] balanced:true, (){)[} balanced:false
}
```

现在我们能够处理多种括号的匹配问题了，但是如果出现下面这种表达式，其中含有其他字符，那么上面的括号检查程序就又不能处理了。

```
(a+b)(c*d)func()
```

这个问题看起来有些复杂，因为似乎要处理各种字符，但它实际上仍是括号匹配问题，所以非括号字符不用处理，直接跳过即可。在处理字符时，上述字符串中的非括号字符会被自动忽略，只剩下括号，得到 ()()，问题和原来的一样。只需要修改部分代码，我们就能检测包含任意字符的字符串是否匹配。下面是基于 **par_checker2.rs** 修改后得到的新版程序。

```rust
// par_checker3.rs

fn par_checker3(par: &str) -> bool {
    let mut char_list = Vec::new();
    for c in par.chars() { char_list.push(c); }

    let mut index = 0;
    let mut balance = true;
    let mut stack = Stack::new();
    while index < char_list.len() && balance {
        let c = char_list[index];
        // 将开始符号入栈
        if '(' == c || '[' == c || '{' == c {
            stack.push(c);
        }
        // 如果是结束符号，则判断是否平衡
        if ')' == c || ']' == c || '}' == c {
            if stack.is_empty() {
                balance = false;
            } else {
                let top = stack.pop().unwrap();
                if !par_match(top, c) { balance = false; }
            }
        }
        // 非括号字符直接跳过
        index += 1;
    }
    balance && stack.is_empty()
}

fn main() {
    let sa = "(2+3){func}[abc]"; let sb = "(2+3)*(3-1";
    let res1 = par_checker3(sa); let res2 = par_checker3(sb);
    println!("sa balanced:{res1}, sb balanced:{res2}");
 // (2+3){func}[abc] balanced:true, (2+3)*(3-1 balanced:false
}
```

4.2.4　进制转换

二进制是计算机世界里的"底座"，也是计算机世界底层真正通用的数据格式，因为计算机中的值都是以 0 和 1 的电压形式存储的。如果无法实现二进制数和普通字符之间的转换，我们与计算机之间的交互就会变得非常困难。整数是最常见的数据形式，一直被用于计算机程序和计算。我们在数学课上学习过整数，当然学的是十进制形式。十进制形式的 233 以及对应的二进制表示形式 11101001 可以分别解释为

$$2 \times 10^2 + 3 \times 10^1 + 3 \times 10^0 = 233$$

$$1 \times 2^7 + 1 \times 2^6 + 1 \times 2^5 + 0 \times 2^4 + 1 \times 2^3 + 0 \times 2^2 + 0 \times 2^1 + 1 \times 2^0 = 233 \qquad (4.1)$$

将十进制数转换为二进制表示形式的最简单方法是"除二法"，可用栈来跟踪二进制结果。"除二法"假定从大于 0 的整数开始，不断迭代地将十进制数除以 2 并跟踪余数。第一个除以 2 的余数表明了这个整数是偶数还是奇数。偶数的余数为 0，奇数的余数为 1。 在迭代除以 2 的过程中将这些余数记录下来，就得到了一个二进制数字序列，第一个余数实际上是该序列中的最后一个数字。如图 4.4 所示，数字是反转的，第一次除以 2 得到的余数放在栈底，出栈所有数字，得到的表示形式就是十进制数的二进制转换结果。很明显，栈是解决这个问题的关键。

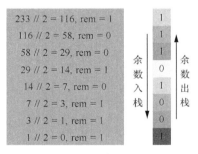

图 4.4 除二法

下面的函数将接收十进制参数并重复除以 2，可使用 Rust 的模运算符 % 来提取余数并压入栈中。当商为 0 时，程序运行结束并构造返回所接收十进制数的二进制表示形式。

```rust
// divide_by_two.rs

fn divide_by_two(mut dec_num: u32) -> String {
    // 用栈保存余数 rem
    let mut rem_stack = Stack::new();

    // 余数 rem 入栈
    while dec_num > 0 {
        let rem = dec_num % 2;
        rem_stack.push(rem);
        dec_num /= 2;
    }

    // 栈中元素出栈，组成字符串
```

```
        let mut bin_str = "".to_string();
        while !rem_stack.is_empty() {
            let rem = rem_stack.pop().unwrap().to_string();
            bin_str += &rem;
        }
        bin_str
}

fn main() {
    let num = 10;
    let bin_str: String = divided_by_two(num);
    println!("{num} = b{bin_str}");
    // 10 = b1010
}
```

上面的算法可以很容易地扩展到进行任何进制数之间的转换。在计算机科学中，人们通常会使用不同的进制数，其中最为常见的是二进制数、八进制数和十六进制数。十进制数 233 对应的八进制数为 351，对应的十六进制数为 e9。

你可以修改上面的函数，使其不仅能接收十进制参数，也能接收预定转换的基数。下面是一个名为 base_converter 的函数，它采用十进制数与 2 和 16 之间的任何基数作为参数。余数部分仍然入栈，直到被转换的值为 0。有一个问题是，基数超过 10 的进制，比如十六进制，它的余数必然出现大于 10 的数。为了简化字符的显示，最好将大于 10 的余数显示为单个字符，此处选择 A ～ F 分别表示 10 ～ 15，当然也可以用小写形式的 a ～ f 或者其他的字符序列（如 u ～ z、U ～ Z 等）。

```
// base_converter.rs

fn base_converter(mut dec_num: u32, base: u32) -> String {
    // digits 对应各种余数的字符形式，尤其是 10 ~ 15
    let digits = ['0', '1', '2', '3', '4', '5', '6', '7',
                  '8', '9', 'A', 'B', 'C', 'D', 'E', 'F'];
    let mut rem_stack = Stack::new();

    // 余数入栈
    while dec_num > 0 {
        let rem = dec_num % base;
        rem_stack.push(rem);
        dec_num /= base;
    }

    // 余数出栈并取对应字符以拼接成字符串
    let mut base_str = "".to_string();
    while !rem_stack.is_empty() {
        let rem = rem_stack.pop().unwrap() as usize;
        base_str += &digits[rem].to_string();
    }
    base_str
}

fn main() {
```

```
    let num1 = 10;
    let num2 = 43;
    let bin_str: String = base_converter(num1, 2);
    let hex_str: String = base_converter(num2, 16);
    println!("{num1} = b{bin_str}, {num2} = x{hex_str}");
    // 10 = b1010, 43 = x2B
}
```

4.2.5　前缀、中缀和后缀表达式

　　一个算术表达式，如 B * C，其形式可以让你正确地理解它。在这种情况下，你知道是 B 乘以 C，操作符是乘法运算符 *。这种类型的表达式被称为中缀表达式，因为运算符处于两个操作数 A 和 B 的中间，而且读作 "A 乘以 B"，这和表达式的运算顺序一致，自然好理解。

　　我们来看另一个中缀表达式的例子，A + B * C，此时运算符 + 和 * 处于操作数之间。这里的问题是，如何区分运算符分别作用于哪个操作数呢？ 到底是 + 作用于 A 和 B，还是 * 作用于 B 和 C？ 当然，你肯定觉得这很简单，当然是 * 作用于 B 和 C，然后将结果和 A 相加。这是因为你知道每个运算符都有优先级，优先级较高的运算符在优先级较低的运算符之前使用。唯一改变顺序的情况是有括号存在，算术运算符的优先顺序是将乘法和除法置于加法和减法之前。如果出现具有相等优先级的两个运算符，则按照从左到右的顺序运算。

　　具备基础数学知识的人都知道这些。对于中缀表达式 A + B * C，如果心算，你的眼睛会自动移到后两个操作数上，最后计算加法。实际上，你可能没有意识到，你自己的大脑已经添加了括号并划分好了计算顺序，即 (A + (B * C))。可是，计算机只能按照规则，顺序处理这种表达式。我们平时使用计算机计算时并没有出错，这说明计算机的内部一定有某种规则（算法）使得其能够正确计算。

　　按照上面的思路，似乎保证计算机不会对操作顺序产生混淆的方法就是创建完全括号表达式，这种类型的表达式会对每个运算符使用一对括号。括号指示着操作的顺序。但问题是，计算机是从左到右处理数据的，类似 (A + (B * C)) 这样的完全括号表达式，计算机如何跳到内部括号计算乘法，然后跳到外部括号计算加法呢？人脑能跳着计算是因为人有智能，而计算机没有，对人来说看起来简单的任务，直接让计算机进行处理是非常困难的。

　　完全括号表达式中混合了运算符和操作数，这种模式对计算机很困难。一种直观的方法是将运算符移到操作数外，分离运算符和操作数。计算时先取运算符再取操作数，计算结果则作为当前值参与后面的运算，直到完成对整个表达式的计算。

　　可将中缀表达式 A + B 中的 "+" 移出来，既可以放前面，也可以放后面，得到的将是 + A B 和 A B + 这种看起来有些奇怪的表达式。这两种不同的表达式分别被称为前缀表达式和后缀表达式。前缀表达式要求所有运算符在处理的两个操作数之前，后缀表达式则要求所有运算符在相应的操作数之后。表 4.2 给出了更多此类表达式的例子，请你自行通过规

则运算一下，看是否能得到正确的前缀和后缀表达式。

表4.2　前缀、中缀和后缀表达式

中缀表达式	前缀表达式	后缀表达式
A + B	+ A B	A B +
A + B * C	+ A * B C	A B C * +
(A + B) * C	* + A B C	A B + C *
A + B − C	− + A B C	A B + C −
A * B + C	+ * A B C	A B * C +
A * B / C	/ * A B C	A B * C /

对于中缀表达式而言，加括号和不加括号，得到的前缀和后缀表达式将大不一样。你需要了解这种表达式，并且要知道如何分析它们。注意，表4.2中的第三个中缀表达式里明明有括号，但对应的前缀和后缀表达式里没有。这是因为前缀和后缀表达式已经将计算逻辑表达得很明确了，没有模棱两可的地方，计算机按照这种表达式计算时不会出错。只有中缀表达式才需要括号，前缀和后缀表达式的操作顺序完全由运算符的优先级决定，所以不用加括号。表4.3给出了一些更复杂的此类表达式。

表4.3　更复杂的前缀、中缀和后缀表达式

中缀表达式	前缀表达式	后缀表达式
A + B * C − D	− + A * B C D	A B C * + D −
A * B − C / D	− * A B / C D	A B * C D / −
A + B + C + D	+ + + A B C D	A B + C + D +
(A + B) * (C − D)	* + A B − C D	A B + C D − *

有了前缀和后缀表达式，计算看起来更复杂了。以 A + B * C 的前缀表达式 + A * B C 为例，怎么计算呢？对于中缀表达式 A + B * C，计算方法是先算 B * C，再计算加法；可是对于前缀表达式 + A * B C，乘号在内部，无法计算。要是能将乘号和加号颠倒顺序就好了。前面我们学过，栈具有颠倒顺序的功能，因此可以采用两个栈，一个栈保存运算符，另一个栈保存操作数，直接按照从左到右的顺序将它们分别入栈，结果如图4.5所示。

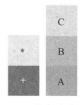

图 4.5　用栈保存表达式

　　计算时，首先将运算符出栈，然后将两个操作数出栈，用运算符计算这两个操作数，并将结果入栈，如图 4.6 所示。重复上面的计算步骤，直到存储运算符的栈为空，此时弹出存储操作数的栈的顶部数据，得到的就是整个表达式的计算结果。可以看到，上述计算和完全括号表达式的计算是一样的，计算机不用处理括号，只用出入栈，非常高效。

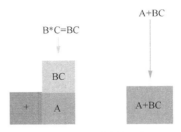

图 4.6　用栈计算表达式

　　后缀表达式也可以用栈来计算，并且一个栈就够用了。以 A + B * C 的后缀表达式 A B C * + 为例，先将 A、B、C 入栈，接下来由于发现了乘号，因此弹出两个操作数 B 和 C，计算得到结果 BC；将 BC 入栈，接下来遇到加号，弹出两个操作数 A 和 BC，计算得到 A + BC。

4.2.6　将中缀表达式转换为前缀和后缀表达式

　　上面的计算过程说明，中缀表达式需要转换为前缀或后缀表达式后，计算才高效。所以首先要解决的问题是"如何得到前缀和后缀表达式"。一种方法是采用完全括号表达式，如图 4.7 所示。

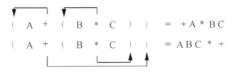

图 4.7　将中缀表达式转换为前缀和后缀表达式（一）

　　中缀表达式 A + B * C 可写成 (A + (B * C))，以表示乘法优先于加法。通过仔细观察可以发现，每个括号对还表示操作数对的开始和结束。(A + (B * C)) 内部的子表达式是 (B * C)，将乘号移到左括号位置并删除这个左括号和配对的右括号，即可将子表达式转换为前缀表达式。继续将加号也移到相应的左括号位置并删除匹配的左、右括号，即可得到完整的前缀表达式 + A * B C。对所有运算符执行反向操作，可得到完整的后缀表达式。

　　为了转换中缀表达式，无论转换为前缀表达式还是后缀表达式，都需要先根据操作的顺序把表达式转换成完全括号表达式，再将括号内的运算符移到左括号或右括号的位置。

一个更复杂的例子是 (A + B) * C − (D + E) / (F + G)，图 4.8 展示了如何将其转换为前缀和后缀表达式。对人来说，转换后的结果非常复杂，但计算机能很好地处理它们。

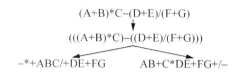

$$(A+B)*C-(D+E)/(F+G)$$
$$(((A+B)*C)-((D+E)/(F+G)))$$
$$-*+ABC/+DE+FG \qquad AB+C*DE+FG+/-$$

图 4.8 将中缀表达式转换为前缀和后缀表达式（二）

然而，得到完全括号表达式本身就很困难，而且先移动字符，再删除字符涉及修改字符串，所以这种方法还不够通用。仔细考查转换的过程，比如将 (A + B) * C 转换为 A B + C * 的过程。如果不看运算符，则操作数 A、B、C 还保持着原来的相对位置，只有运算符的位置变了。既然如此，对运算符单独处理也许会更方便。遇到操作数时不改变位置，遇到运算符才处理。可是运算符有优先级，往往需要反转顺序。反转顺序是栈的特点，可用栈来保存运算符。

以 (A + B) * C 这个中缀表达式为例，从左到右，先看到的运算符是加号，括号的优先级高于加号，因此当遇到左括号时，表示高优先级的运算符将出现，于是保存加号，加号需要等到相应的右括号出现以表示其位置。当右括号出现时，就从栈中弹出加号。当从左到右扫描中缀表达式时，栈顶将始终是最近保存的运算符。每当读取到新的运算符时，就需要将其与栈中的运算符（如果有的话）比较优先级，并决定是否弹出。

假设中缀表达式是一个由空格分隔的标记字符串，运算符只有 + − * / 以及左、右圆括号。操作数用字符 A、B、C 表示。图 4.9 展示了将 A * B + C * D 转换为后缀表达式的过程，其中最下面的一行是后缀表达式。

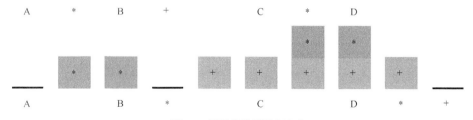

图 4.9 用栈构造后缀表达式

上述转换的具体步骤如下。

（1）创建一个名为 opstack 的空栈以保存运算符，并为输出创建一个空的列表 postfix。

（2）通过使用字符串拆分法将输入的中缀字符串转换为标记列表 srcstr。

（3）从左到右扫描标记列表 srcstr。

● 如果标记是操作数，则将其附加到输出列表的末尾。

- 如果标记是左括号，则将其压入 opstack 中。
- 如果标记是右括号，则弹出 opstack，直到删除相应的左括号，然后将运算符添加到列表 postfix 中。
- 如果标记是运算符 + - * /，则将其压入 opstack，但是需要先弹出 opstack 中优先级更高或相等的运算符到 postfix 列表中。

（4）处理完输入后，检查 opstack，仍在栈中的运算符都可弹出到 postfix 列表中。

```
[ 中缀表达式转后缀表达式算法 ]
 \KwIn{ 中缀表达式字符串 }
 \KwOut{ 后缀表达式字符串 }
 创建 opstack 栈以保存操作符 \
 创建 postfix 列表以保存后缀表达式字符串 \
 将中缀表达式字符串转换为列表 srcstr \
 \For{ $c \in srcstr $ }{
     \uIf { $ c \in 'A-Z' $ } {
         postfix.append(c) \
     }\uElseIf { c == '(' } {
         opstack.push(c) \
     }\uElseIf { $ c \in '+-*/' $ } {
         \While { opstack.peek() prior to c } {
             postfix.append(opstack.pop()) \
         }
         opstack.push(c) \
     }\ElseIf { c == ')' } {
         \While { opstack.peek() != '(' } {
             postfix.append(opstack.pop()) \
         }
     }
 }

 \While { $ !opstack.is_empty() $ } {
     postfix.append(opstack.pop()) \
 }

 \Return ' '.join(postfix)
```

为了完成上面的中缀表达式转后缀表达式算法，这里使用一个名为 prec 的 HashMap 来保存运算符的优先级，旨在将每个运算符映射为一个整数，以便与其他运算符的优先级进行比较。括号被赋予最低的优先级，因此与其进行比较的任何运算符都具有更高的优先级。运算符只有 + - * /，操作数则被定义为任何大写字母 A ~ Z 或数字 0 ~ 9。

```rust
// infix_to_postfix.rs
use std::collections::HashMap;

fn infix_to_postfix(infix: &str) -> Option<String> {
    // 括号匹配检验
    if !par_checker3(infix) { return None; }

    // 设置各个运算符的优先级
```

```rust
    let mut prec = HashMap::new();
    prec.insert("(", 1); prec.insert(")", 1);
    prec.insert("+", 2); prec.insert("-", 2);
    prec.insert("*", 3); prec.insert("/", 3);

    // ops 用于保存运算符, postfix 用于保存后缀表达式
    let mut ops = Stack::new();
    let mut postfix = Vec::new();
    for token in infix.split_whitespace() {
        // 将数字 0~9 和大写字母 A~Z 入栈
        if ("A" <= token && token <= "Z") ||
           ("0" <= token && token <= "9") {
            postfix.push(token);
        } else if "(" == token  {
            // 遇到开始符号, 将运算符入栈
            ops.push(token);
        } else if ")" == token  {
            // 遇到结束符号, 将操作数入栈
            let mut top = ops.pop().unwrap();
            while top != "(" {
                postfix.push(top);
                top = ops.pop().unwrap();
            }
        } else {
            // 比较运算符的优先级以决定是否将运算符添加到 postfix 列表中
            while (!ops.is_empty()) &&
                  (prec[ops.peek().unwrap()]
                                    >= prec[token]) {
                postfix.push(ops.pop().unwrap());
            }
            ops.push(token);
        }
    }

    // 将剩下的操作数入栈
    while !ops.is_empty() {
        postfix.push(ops.pop().unwrap())
    }
    // 出栈并组成字符串
    let mut postfix_str = "".to_string();
    for c in postfix {
        postfix_str += &c.to_string();
        postfix_str += " ";
    }

    Some(postfix_str)
}

fn main() {
    let infix = "( A + B ) * ( C + D )";
    let postfix = infix_to_postfix(infix);
    match postfix {
        Some(val) => { println!("{infix} -> {val}"); },
        None => {
            println!("{infix} isn't a correct infix string");
```

```
        },
    }
    // ( A + B ) * ( C + D ) -> A B + C D + *
}
```

关于计算后缀表达式的方法，我们之前介绍过，但要注意运算符 − 和 / ，这两个运算符不像 + 和 * 。运算符 − 和 / 还要考虑操作数的顺序，A / B 和 B / A 以及 A − B 和 B − A 是完全不同的，不能像运算符 + 和 * 那样处理。假设后缀表达式是一个由空格分隔的字符串，运算符为 + − * / ，操作数为整数，输出也是整数。

计算后缀表达式的算法步骤如下。

（1）创建一个名为 opstack 的空栈。

（2）拆分字符串为符号列表。

（3）从左到右扫描符号列表。如果符号是操作数，则将其从字符转换为整数，然后压入 opstack 中。如果符号是运算符，则弹出 opstack 两次。第一次弹出的是第二个操作数，第二次弹出的是第一个操作数。执行完算术运算后，将结果压入 opstack 中。

（4）当输入的表达式被完全处理后，结果已保存在栈中，弹出 opstack 即可得到最终的计算结果。以后缀表达式 4 5 6 * + 为例，计算过程如图 4.10 所示。

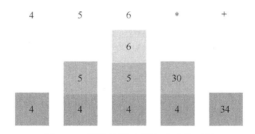

图 4.10 用栈计算后缀表达式的过程

```
// postfix_eval.rs

fn postfix_eval(postfix: &str) -> Option<i32> {
    // 少于5个字符，不是有效的后缀表达式，因为后缀表达式
    // 至少需要两个操作数加一个运算符，此外还需要两个空格以将它们隔开
    if postfix.len() < 5 { return None; }

    let mut ops = Stack::new();
    for token in postfix.split_whitespace() {
        // 字符串可以直接比较
        if "0" <= token && token <= "9" {
            ops.push(token.parse::<i32>().unwrap());
        } else {
            // 对于减法和除法，顺序有要求
            // 先出栈的是第二个操作数
            let op2 = ops.pop().unwrap();
            let op1 = ops.pop().unwrap();
```

```
            let res = do_calc(token, op1, op2);
            ops.push(res);
        }
    }
    // 栈中剩下的值就是计算得到的结果
    Some(ops.pop().unwrap())
}
// 执行四则数学运算
fn do_calc(op: &str, op1: i32, op2: i32) -> i32 {
    if "+" == op  {
        op1 + op2
    } else if "-" == op {
        op1 - op2
    } else if "*" == op {
        op1 * op2
    } else if "/" == op {
        if 0 == op2 {
            panic!("ZeroDivisionError: Invalid operation!");
        }
        op1 / op2
    } else {
        panic!("OperatorError: Invalid operator: {:?}", op);
    }
}

fn main() {
    let postfix = "1 2 + 1 2 + *";
    let res = postfix_eval(postfix);
    match res {
        Some(val) => println!("res = {val}"),
        None => println!("{postfix} isn't a valid postfix"),
    }
    // res = 9
}
```

4.3 队列

　　队列是项的有序集合，其中，添加新项的一端称为队尾，移除项的另一端称为队首。一个元素在从队尾进入队列后，就会一直向队首移动，直到它成为下一个需要移除的元素为止。最近添加的元素必须在队尾等待，队列中存活时间最长的元素在队首，因为它经历了从队尾到队首的移动。这种排序方式被称为先进先出（First In First Out，FIFO），与LIFO 正好相反。

　　队列其实在生活中也很常见。春运时火车站大排长龙等待进站、公交车站排队上车、自助餐厅排队取餐等都是队列。队列的行为是有限制的，因为队列只有一个入口和一个出口，不能插队，也不能提前离开，只有等待一定的时间才能排到前面。当然，现实中有插队的情况，但此处的队列不考虑插队现象。

操作系统也使用队列这种数据结构，旨在使用多个不同的队列来控制进程。调度算法通常基于尽可能快地执行程序和尽可能多地服务用户的排队算法来决定下一步做什么。此外还有一种现象，有时你敲击键盘，屏幕上出现的字符会有延迟，这是由于计算机在那一刻正在做其他工作，按键的内容被放到了类似于队列的缓冲器中，就像图 4.11 所示的简单数字队列一样。

入队 ⟶ 4 2 1 2 7 8 3 5 0 1 ⟶ 出队

图 4.11 一个简单的数字队列

4.3.1 队列的抽象数据类型

队列保持了 FIFO 排序属性，其抽象数据类型由以下结构和操作定义。

- new()：创建一个新的队列，不需要参数，返回一个空的队列。
- enqueue(item)：将新项添加到队尾，需要 item 作为参数，不返回任何内容。
- dequeue()：从队首移除项，不需要参数，返回移除项，队列被修改。
- is_empty()：检查队列是否为空，不需要参数，返回布尔值。
- size()：计算队列中的项数，不需要参数，返回一个 usize 整数。
- iter()：返回队列的不可变迭代形式，队列不变，不需要参数。
- iter_mut()：返回队列的可变迭代形式，队列可变，不需要参数。
- into_iter()：改变队列为可迭代形式，队列被消费，不需要参数。

假设 q 是已创建的空队列，表 4.4 展示了各种队列操作及操作结果，左边为队首。

表4.4 各种队列操作及操作结果

队列操作	队列的当前值	操作的返回值
q.is_empty()	[]	true
q.enqueue(1)	[1]	
q.enqueue(2)	[1,2]	
q.enqueue(3)	[1,2,3]	
q.dequeue()	[2,3]	1
q.enqueue(4)	[2,3,4]	
q.enqueue(5)	[2,3,4,5]	
q.deque()	[3,4,5]	2
q.size()	[3,4,5]	3

4.3.2 Rust 实现队列

我们定义了队列的抽象数据类型，现在使用 Rust 来实现队列。和栈类似，这种线性的数据容器用 Vec 就足够了，只需要稍微限制一下对 Vec 加入和移除元素的用法，就能实现队列。我们选择 Vec 的左端作为队尾，并选择其右端作为队首，这样移除数据的复杂度便是 $O(1)$，加入数据的复杂度则是 $O(n)$。为了防止队列无限增长，我们可以添加 cap 参数，用于控制队列长度。

```rust
// queue.rs

// 定义队列
#[derive(Debug)]
struct Queue<T> {
    cap: usize,    // 容量
    data: Vec<T>, // 数据容器
}

impl<T> Queue<T> {
    fn new(size: usize) -> Self {
        Self {
            cap: size,
            data: Vec::with_capacity(size),
        }
    }

    fn is_empty(&self) -> bool { 0 == Self::len(&self) }

    fn is_full(&self) -> bool { self.len() == self.cap }

    fn len(&self) -> usize { self.data.len() }

    fn clear(&mut self) {
        self.data = Vec::with_capacity(self.cap);
    }

    // 判断是否有剩余空间，如果有的话，就将数据添加到队列中
    fn enqueue(&mut self, val: T) -> Result<(), String> {
        if self.len() == self.cap {
            return Err("No space available".to_string());
        }
        self.data.insert(0, val);
        Ok(())
    }

    // 数据出队
    fn dequeue(&mut self) -> Option<T> {
        if self.len() > 0 {
            self.data.pop()
        } else {
            None
        }
```

```
        }

        // 以下是为队列实现的迭代功能
        // into_iter: 队列改变, 成为迭代器
        // iter: 队列不变, 仅得到不可变迭代器
        // iter_mut: 队列不变, 得到可变迭代器
        fn into_iter(self) -> IntoIter<T> {
            IntoIter(self)
        }

        fn iter(&self) -> Iter<T> {
            let mut iterator = Iter { stack: Vec::new() };
            for item in self.data.iter() {
                iterator.stack.push(item);
            }

            iterator
        }

        fn iter_mut(&mut self) -> IterMut<T> {
            let mut iterator = IterMut { stack: Vec::new() };
            for item in self.data.iter_mut() {
                iterator.stack.push(item);
            }

            iterator
        }
}
// 实现三种迭代功能
struct IntoIter<T>(Queue<T>);
impl<T: Clone> Iterator for IntoIter<T> {
    type Item = T;
    fn next(&mut self) -> Option<Self::Item> {
        if !self.0.is_empty() {
            Some(self.0.data.remove(0))
        } else {
            None
        }
    }
}

struct Iter<'a, T: 'a> { stack: Vec<&'a T>, }
impl<'a, T> Iterator for Iter<'a, T> {
    type Item = &'a T;
    fn next(&mut self) -> Option<Self::Item> {
        if 0 != self.stack.len() {
            Some(self.stack.remove(0))
        } else {
            None
        }
    }
}

struct IterMut<'a, T: 'a> { stack: Vec<&'a mut T> }
impl<'a, T> Iterator for IterMut<'a, T> {
```

```
        type Item = &'a mut T;
        fn next(&mut self) -> Option<Self::Item> {
            if 0 != self.stack.len() {
                Some(self.stack.remove(0))
            } else {
                None
            }
        }
    }
}

fn main() {
    basic();
    iter();
    fn basic() {
        let mut q = Queue::new(4);
        let _r1 = q.enqueue(1); let _r2 = q.enqueue(2);
        let _r3 = q.enqueue(3); let _r4 = q.enqueue(4);
        if let Err(error) = q.enqueue(5) {
            println!("Enqueue error: {error}");
        }
        if let Some(data) = q.dequeue() {
            println!("dequeue data: {data}");
        } else {
            println!("empty queue");
        }
        println!("empty: {}, len: {}", q.is_empty(), q.len());
        println!("full: {}", q.is_full());
        println!("q: {:?}", q);
        q.clear();
        println!("{:?}", q);
    }

    fn iter() {
        let mut q = Queue::new(4);
        let _r1 = q.enqueue(1); let _r2 = q.enqueue(2);
        let _r3 = q.enqueue(3); let _r4 = q.enqueue(4);
        let sum1 = q.iter().sum::<i32>();
        let mut addend = 0;
        for item in q.iter_mut() {
            *item += 1;
            addend += 1;
        }
        let sum2 = q.iter().sum::<i32>();
        println!("{sum1} + {addend} = {sum2}");
        println!("sum = {}", q.into_iter().sum::<i32>());
    }
}
```

运行结果如下:

```
\begin{lstlisting}[style=styleRes]
Enqueue error: No space available
dequeue data: 1
empty: false, len: 3
```

89

```
full: false
q: Queue { cap: 4, data: [4, 3, 2] }
Queue { cap: 4, data: [] }
10 + 4 = 14
sum = 14
```

4.3.3　烫手山芋游戏

队列的典型应用是模拟以 FIFO 方式管理数据的真实场景。这方面的一个例子是烫手山芋游戏（见图 4.12），在这个游戏中，孩子们围成一个圈，并尽可能快地将一个山芋递给自己旁边的孩子。在某一时刻，停止传递动作，有山芋的孩子从圈中走出，继续游戏，直到剩下最后一个孩子。在这个游戏中，孩子们都会尽可能快地把山芋传递出去，就像山芋很烫手一样。其实，这和击鼓传花是一样的道理，鼓停则人定，然后要求此人说话、跳舞、比划动作、离席等。

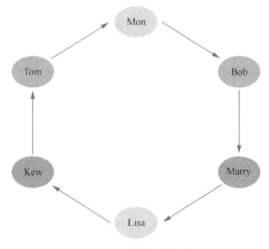

图 4.12　烫手山芋游戏

这个游戏类似于著名的约瑟夫问题——公元 1 世纪历史学家弗拉菲乌斯·约瑟夫斯的传奇故事。约瑟夫斯和 39 个战友被罗马军队包围在洞中，他们宁愿赴死，也不愿成为罗马人的奴隶。他们围成一个圈，其中一人被指定为第一个人，顺时针报数到第 8 个人，就将其杀死，直到剩下最后一人。约瑟夫斯是数学家，他立即想出了应该坐到哪个位置才能成为最后的那个人。最后，约瑟夫斯真的成了最后的那个人。这个故事有好几种不同的版本，有的版本说是每次报数到第 3 个人就将其杀死，有的版本说是允许最后一人逃跑。但无论如何，它们的中心思想是一样的，都可以用队列来模拟。在程序中，可以输入多个人名来代表孩子，常量 num 用于设定报数到第几个人。

　　假设拿山芋的孩子始终处在队列的最前面。当拿到山芋时，这个孩子将先出队，再入队，以使自己处在队列的最后，这相当于把山芋传递给了下一个孩子，而那个孩子必须处于队首，于是那个孩子也出队，让出队首的位置，并加入队尾。经过 num 次的出队和入队后，前面的孩子出局。接着另一个周期开始，继续此过程，直到只剩下一个孩子。通过上面的分析，我们可以得到烫手山芋游戏的队列模型，如图 4.13 所示。

图 4.13　烫手山芋游戏的队列模型

　　图 4.13 所示的队列模型十分清晰，下面我们按照物理模型来实现烫手山芋游戏。

```rust
// hot_potato.rs

fn hot_potato(names: Vec<&str>, num: usize) -> &str {
    // 初始化队列，将人名入队
    let mut q = Queue::new(names.len());
    for name in names { let _nm = q.enqueue(name); }

    while q.size() > 1 {
        // 出入栈中的人名，相当于传递山芋
        for _i in 0..num {
            let name = q.dequeue().unwrap();
            let _rm = q.enqueue(name);
        }

        // 出入栈达到 num 次，删除一个人名
        let _rm = q.dequeue();
    }

    q.dequeue().unwrap()
}

fn main() {
    let name = vec!["Mon","Tom","Kew","Lisa","Marry","Bob"];
    let survivor = hot_potato(name, 8);
    println!("The survival person is {survivor}");
    // 输出 "The survival person is Marry"
}
```

　　注意，在上面的实现中，计数值 8 大于队列中的人名数量 6。但这不存在问题，因为队列就像一个圈，到了队尾就会重新回到队首，直至达到计数值。

4.4 双端队列

deque 又称为双端队列，双端队列是与队列类似的项的有序集合。deque 有两个端部：首端和尾端。deque 不同于队列的地方就在于项的添加和删除是不受限制的，既可以从首尾两端添加项，也可以从首尾两端移除项。在某种意义上，这种混合线性结构提供了栈和队列的所有功能。

虽然 deque 拥有栈和队列的许多特性，但其不需要像它们一样强制地进行 LIFO 和 FIFO 排序，这取决于如何添加和删除数据。deque 既可以当作栈使用，也可以当作队列使用，但最好不要如此，因为不同的数据结构都有自身的特性，它们均是为了不同的计算目的而设计的。图 4.14 给出了双端队列的一个例子。

图 4.14　双端队列

4.4.1 双端队列的抽象数据类型

如上所述，deque 被构造成项的有序集合，可从首部或尾部的任何一端添加和移除项。deque 的抽象数据类型由以下结构和操作定义。

- new()：创建一个新的 deque，不需要参数，返回一个空的 deque。
- add_front(item)：将新项添加到 deque 的首部，需要 item 作为参数，不返回任何内容。
- add_rear(item)：将新项添加到 deque 的尾部，需要 item 作为参数，不返回任何内容。
- remove_front()：从 deque 中删除首项，不需要参数，返回移除项，deque 被修改。
- remove_rear()：从 deque 中删除尾项，不需要参数，返回移除项，deque 被修改。
- is_empty()：测试 deque 是否为空，不需要参数，返回布尔值。
- size()：计算 deque 中的项数，不需要参数，返回一个 usize 整数。
- iter()：返回双端队列的不可变迭代形式，双端队列不变，不需要参数。
- iter_mut()：返回双端队列的可变迭代形式，双端队列可变，不需要参数。
- into_iter()：改变双端队列为可迭代形式，双端队列被消费，不需要参数。

假设 d 是已创建的空 deque，表 4.5 展示了一系列双端队列操作及操作结果。注意，首部在右端。在将数据项移入和移出时，注意跟踪前后内容，因为修改两端会使结果看起来有些混乱。

表 4.5　各种双端队列操作及操作结果

双端队列操作	双端队列的当前值	操作的返回值
d.is_empty()	[]	true
d.add_rear(1)	[1]	
d.add_rear(2)	[2,1]	
d.add_front(3)	[2,1,3]	
d.add_front(4)	[2,1,3,4]	
d.remove_rear()	[1,3,4]	2
d.remove_front()	[1,3]	4
d.size()	[1,3]	2
d.is_empty()	[1,3]	false
d.add_front(2)	[1,3,2]	
d.add_rear(4)	[4,1,3,2]	
d.size()	[4,1,3,2]	4
d.is_empty()	[4,1,3,2]	false
d.add_rear(5)	[5,4,1,3,2]	

4.4.2　Rust 实现双端队列

我们定义了双端队列的抽象数据类型，现在使用 Rust 来实现双端队列。和队列类似，这种线性的数据集合用 Vec 就可以实现。选择 Vec 的左端作为队尾，并选择其右端作为队首。为了避免双端队列无限增长，我们可以添加 cap 参数，用于控制双端队列的长度。

```rust
// deque.rs

// 双端队列
#[derive(Debug)]
struct Deque<T> {
    cap: usize,   // 容量
    data: Vec<T>, // 数据容器
}

impl<T> Deque<T> {
    fn new(cap: usize) -> Self {
        Self {
            cap: cap,
            data: Vec::with_capacity(cap),
        }
    }

    fn is_empty(&self) -> bool {
```

```
            0 == self.len()
    }

    fn is_full(&self) -> bool {
        self.len() == self.cap
    }

    fn len(&self) -> usize {
        self.data.len()
    }

    fn clear(&mut self) {
        self.data = Vec::with_capacity(self.cap);
    }

    // Vec 的末尾为队首
    fn add_front(&mut self, val: T) -> Result<(), String> {
        if self.len() == self.cap {
            return Err("No space avaliable".to_string());
        }
        self.data.push(val);

        Ok(())
    }

    // Vec 的首部为队尾
    fn add_rear(&mut self, val: T) -> Result<(), String> {
        if self.len() == self.cap {
            return Err("No space avaliabl".to_string());
        }
        self.data.insert(0, val);

        Ok(())
    }

    // 从队首移除数据
    fn remove_front(&mut self) -> Option<T> {
        if self.len() > 0 {
            self.data.pop()
        } else {
            None
        }
    }

    // 从队尾移除数据
    fn remove_rear(&mut self) -> Option<T> {
        if self.len() > 0 {
            Some(self.data.remove(0))
        } else {
            None
        }
    }

    // 以下是为双端队列实现的迭代功能
    // into_iter: 双端队列改变，成为迭代器
```

```
        // iter: 双端队列不变, 只得到不可变迭代器
        // iter_mut: 双端队列不变, 得到可变迭代器
        fn into_iter(self) -> IntoIter<T> {
            IntoIter(self)
        }

        fn iter(&self) -> Iter<T> {
            let mut iterator = Iter { stack: Vec::new() };
            for item in self.data.iter() {
                iterator.stack.push(item);
            }

            iterator
        }

        fn iter_mut(&mut self) -> IterMut<T> {
            let mut iterator = IterMut { stack: Vec::new() };
            for item in self.data.iter_mut() {
                iterator.stack.push(item);
            }

            iterator
        }
}

// 实现三种迭代功能
struct IntoIter<T>(Deque<T>);
impl<T: Clone> Iterator for IntoIter<T> {
    type Item = T;
    fn next(&mut self) -> Option<Self::Item> {
        // 元组的第一个元素不为空
        if !self.0.is_empty() {
            Some(self.0.data.remove(0))
        } else {
            None
        }
    }
}

struct Iter<'a, T: 'a> { stack: Vec<&'a T>, }
impl<'a, T> Iterator for Iter<'a, T> {
    type Item = &'a T;
    fn next(&mut self) -> Option<Self::Item> {
        if 0 != self.stack.len() {
            Some(self.stack.remove(0))
        } else {
            None
        }
    }
}

struct IterMut<'a, T: 'a> { stack: Vec<&'a mut T> }
impl<'a, T> Iterator for IterMut<'a, T> {
    type Item = &'a mut T;
    fn next(&mut self) -> Option<Self::Item> {
```

```rust
                if 0 != self.stack.len() {
                    Some(self.stack.remove(0))
                } else {
                    None
                }
        }
    }
}

fn main() {
    basic();
    iter();

    fn basic() {
        let mut d = Deque::new(4);
        let _r1 = d.add_front(1);
        let _r2 = d.add_front(2);
        let _r3 = d.add_rear(3);
        let _r4 = d.add_rear(4);

        if let Err(error) = d.add_front(5) {
            println!("add_front error: {error}");
        }
        println!("{:?}", d);

        match d.remove_rear() {
            Some(data) => println!("remove rear data {data}"),
            None => println!("empty deque"),
        }

        match d.remove_front() {
            Some(data) => println!("remove front data {data}"),
            None => println!("empty deque"),
        }
        println!("empty: {}, len: {}", d.is_empty(), d.len());
        println!("full: {}, {:?}", d.is_full(), d);

        d.clear();
        println!("{:?}", d);
    }

    fn iter() {
        let mut d = Deque::new(4);
        let _r1 = d.add_front(1);
        let _r2 = d.add_front(2);
        let _r3 = d.add_rear(3);
        let _r4 = d.add_rear(4);

        let sum1 = d.iter().sum::<i32>();
        let mut addend = 0;
        for item in d.iter_mut() {
            *item += 1;
            addend += 1;
        }

        let sum2 = d.iter().sum::<i32>();
```

```
        println!("{sum1} + {addend} = {sum2}");
        assert_eq!(14, d.into_iter().sum::<i32>());
    }
}
```

运行结果如下：

```
add_front error: No space avaliable
Deque { cap: 4, data: [4, 3, 1, 2] }
remove rear data 4
remove front data 2
empty: false, len: 2
full: false, Deque { cap: 4, data: [3, 1] }
Deque { cap: 4, data: [] }
10 + 4 = 14
```

由此可见，deque 同队列和栈有相似之处，感觉就像两者的合集。具体的实现是可以商榷的，哪一端是首，哪一端是尾，应视情况而定。

4.4.3 回文检测

回文是一个字符串，其中距离首尾两端相同位置处的字符相同，例如 radar、sos、rustsur 这类字符串。下面我们尝试写一个算法来检查一个字符串是不是回文。一种方法是利用队列，先将整个字符串入队，再将字符出队。对出队的字符和原字符串倒序后的结果字符串中的字符进行比较，如果相等，就继续出队并比较下一个字符，直到所有字符都比较完为止。这种方式很直观，但是浪费内存。检测回文的另一种方法是使用 deque，如图 4.15 所示。

图 4.15　检测回文

获取输入后，从左到右处理字符串，将每个字符添加到 deque 的尾部。此时，deque 的首部保存着字符串中的第一个字符，尾部则保存着字符串中的最后一个字符。直接利用 deque 的双边出队特性，删除首尾字符并进行比较，只有当首尾字符相等时，才继续出队首尾字符。如果可以持续匹配首尾字符，那么最终要么用完字符，留下空队列，要么留下大小为 1 的队列。在这两种情况下，字符串均是回文，这取决于原字符串的长度是偶数还是奇数，其他的任何情况都说明字符串不是回文。回文检测的完整代码如下：

```
// palindrome_checker.rs

fn palindrome_checker(pal: &str) -> bool {
```

```
    // 数据入队
    let mut d = Deque::new(pal.len());
    for c in pal.chars() {
        let _r = d.add_rear(c);
    }

    let mut is_pal = true;
    while d.size() > 1 && is_pal {
        // 出队首尾字符
        let head = d.remove_front();
        let tail = d.remove_rear();

        // 比较首尾字符，若不同，则字符串非回文
        if head != tail {
            is_pal = false;
        }
    }

    is_pal
}

fn main() {
    let pal = "rustsur";
    let is_pal = palindrome_checker(pal);
    println!("{pal} is palindrome string: {is_pal}");
    // 输出 "rustsur is palindrome string: true"

    let pal = "panda";
    let is_pal = palindrome_checker(pal);
    println!("{pal} is palindrome string: {is_pal}");
    // 输出 "panda is palindrome string: false"
}
```

4.5　链表

　　有序的数据项集合能保证数据的相对位置，实现对数据的高效索引。数组和链表都能做到将数据有序地收集起来并保存在相对的位置，所以数组和链表都可用于实现有序数据类型，比如 Rust 默认实现的 Vec 就使用了数组这种有序集合。当然，本节研究的是链表，我们需要先实现链表，之后才能尝试用它来实现其他的有序数据类型。

　　数组会占用一片连续的内存，增删数组元素涉及内存复制和移动等操作，非常耗时。链表不要求元素保存在连续的内存中。如图 4.16 所示，这些项可以随机放置，只要每一项中都有下一项的位置，除了第一项，其他项的位置就可以通过简单地从该项到下一项的链接来表示，用不着像数组那样去分配整片内存，这样效率更高。

　　必须明确地指定链表中第一项的位置，一旦知道第一项在哪里，就可以知道第二项在哪里，直到整个链表结束。链表对外提供的通常是链表的头（Head），类似地，在最后一项中需要设置下一项为空（None），又称为接地。

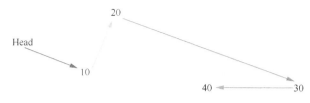

图 4.16 链表数据关系

4.5.1 链表的抽象数据类型

如前所述，链表被构造为节点项的有序集合，可以从头节点遍历整个链表。链表的结构很简单，一个节点内保存着元素和下一个节点的引用。链表的抽象数据类型由以下结构和操作定义。

- new()：创建一个新的头节点用于指向 Node，不需要参数，返回指针。
- push(item)：添加一个新的 Node，需要 item 作为参数，返回 None。
- pop()：删除链表的头节点，不需要参数，返回 Node。
- peek()：返回链表的头节点，不需要参数，返回对节点的引用。
- peek_mut()：返回链表的头节点，不需要参数，返回对节点的可变引用。
- is_empty()：测试当前链表是否为空，不需要参数，返回布尔值。
- size()：计算链表的长度，不需要参数，返回一个 usize 整数。
- iter()：返回链表的不可变迭代形式，链表不变，不需要参数。
- iter_mut()：返回链表的可变迭代形式，链表可变，不需要参数。
- into_iter()：改变链表为可迭代形式，链表被消费，不需要参数。

假设 1 是已创建的空链表，表 4.6 展示了一系列链表操作及操作结果，左端为头节点，注意 Link<num> 表示指向 num 所在节点的地址。

表 4.6　各种链表操作及操作结果

链表操作	链表的当前值	操作的返回值
l.is_empty()	[None->None]	true
l.push(1)	[1->None]	
l.push(2)	[2->1->None]	
l.push(3)	[3->2->1->None]	
l.peek()	[3->2->1->None]	Link<3>
l.pop()	[2->1->None]	3
l.size()	[2->1->None]	2
l.push(4)	[4->2->1->None]	

99

续表

链表操作	链表的当前值	操作的返回值
l.peek_mut()	[4->2->1->None]	mut Link<4>
l.iter()	[4->2->1->None]	[4,2,1]
l.is_empty()	[4->2->1->None]	false
l.size()	[4->2->1->None]	3
l.into_iter()	[None->None]	[4,2,1]

4.5.2   Rust 实现链表

链表中的每一项都可以抽象成一个节点，节点中保存了数据项和下一项的位置，如图 4.17 所示。当然，节点还提供了获取和修改数据项的方法。

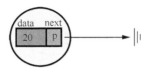

图 4.17　链表中的节点

Rust 中的 None 在 Node 和链表中发挥了重要作用，None 地址代表不存在下一个节点。注意，在 new 函数中，最初创建的节点的 next 被设置为 None，这个节点被称为接地节点。将 None 显式地分配给 next 是个好主意，这避免了 C/C++ 等编程语言中容易出现的悬荡指针。图 4.18 给出了链表的一个例子。

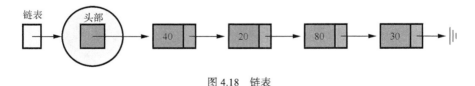

图 4.18　链表

下面是链表的实现代码。为了让代码整洁，这里将节点链接定义成了 Link。

```
// linked_list.rs
// 节点链接使用了 Box 指针（大小是确定的），因为确定大小后才能分配内存
type Link<T> = Option<Box<Node<T>>>;

// 定义链表
struct List<T> {
    size: usize,   // 链表中的节点数
    head: Link<T>, // 头节点
}
```

```
// 链表节点
struct Node<T> {
    elem: T,        // 数据
    next: Link<T>,  // 下一个节点链接
}

impl<T> List <T> {
    fn new() -> Self {
        Self {
            size: 0,
            head: None
        }
    }

    fn is_empty(&self) -> bool { 0 == self.size }

    fn len(&self) -> usize { self.size }

    fn clear(&mut self) {
        self.size = 0;
        self.head = None;
    }

    // 新节点总是被添加到头部
    fn push(&mut self, elem: T) {
        let node = Box::new(Node {
            elem: elem,
            next: self.head.take(),
        });
        self.head = Some(node);
        self.size += 1;
    }

    // take() 会取出数据, 留下空位
    fn pop(&mut self) -> Option<T> {
        self.head.take().map(|node| {
            self.head = node.next;
            self.size -= 1;
            node.elem
        })
    }

    // peek() 不改变值, 只能是引用
    fn peek(&self) -> Option<&T> {
        self.head.as_ref().map(|node| &node.elem )
    }

    // peek_mut() 可改变值, 是可变引用
    fn peek_mut(&mut self) -> Option<&mut T> {
        self.head.as_mut().map(|node| &mut node.elem )
    }

    // 以下是为链表实现的迭代功能
    // into_iter: 链表改变, 成为迭代器
```

```rust
    // iter: 链表不变,只得到不可变迭代器
    // iter_mut: 链表不变,得到可变迭代器
    fn into_iter(self) -> IntoIter<T> {
        IntoIter(self)
    }

    fn iter(&self) -> Iter<T> {
        Iter { next: self.head.as_deref() }
    }

    fn iter_mut(&mut self) -> IterMut<T> {
        IterMut { next: self.head.as_deref_mut() }
    }
}

// 实现三种迭代功能
struct IntoIter<T>(List<T>);
impl<T> Iterator for IntoIter<T> {
    type Item = T;
    fn next(&mut self) -> Option<Self::Item> {
        // (List<T>) 元组的第 0 项
        self.0.pop()
    }
}

struct Iter<'a, T: 'a> { next: Option<&'a Node<T>> }
impl<'a, T> Iterator for Iter<'a, T> {
    type Item = &'a T;
    fn next(&mut self) -> Option<Self::Item> {
        self.next.map(|node| {
            self.next = node.next.as_deref();
            &node.elem
        })
    }
}
struct IterMut<'a, T: 'a> { next: Option<&'a mut Node<T>> }
impl<'a, T> Iterator for IterMut<'a, T> {
    type Item = &'a mut T;
    fn next(&mut self) -> Option<Self::Item> {
        self.next.take().map(|node| {
            self.next = node.next.as_deref_mut();
            &mut node.elem
        })
    }
}

// 为链表实现自定义 Drop
impl<T> Drop for List<T> {
    fn drop(&mut self) {
        let mut link = self.head.take();
        while let Some(mut node) = link {
            link = node.next.take();
        }
    }
}
```

```
fn main() {
    basic_test();
    into_iter_test();
    iter_test();
    iter_mut_test();

    fn basic_test() {
        let mut list = List::new();
        list.push(1); list.push(2); list.push(3);

        assert_eq!(list.len(), 3);
        assert_eq!(list.is_empty(), false);
        assert_eq!(list.pop(), Some(3));
        assert_eq!(list.peek(), Some(&2));
        assert_eq!(list.peek_mut(), Some(&mut 2));

        list.peek_mut().map(|val| {
            *val = 4;
        });

        assert_eq!(list.peek(), Some(&4));
        list.clear();
        println!("basics test OK!");
    }

    fn into_iter_test() {
        let mut list = List::new();
        list.push(1); list.push(2); list.push(3);

        let mut iter = list.into_iter();
        assert_eq!(iter.next(), Some(3));
        assert_eq!(iter.next(), Some(2));
        assert_eq!(iter.next(), Some(1));
        assert_eq!(iter.next(), None);

        println!("into_iter test OK!");
    }

    fn iter_test() {
        let mut list = List::new();
        list.push(1); list.push(2); list.push(3);

        let mut iter = list.iter();
        assert_eq!(iter.next(), Some(&3));
        assert_eq!(iter.next(), Some(&2));
        assert_eq!(iter.next(), Some(&1));
        assert_eq!(iter.next(), None);
        println!("iter test OK!");
    }

    fn iter_mut_test() {
        let mut list = List::new();
        list.push(1); list.push(2); list.push(3);
```

```
        let mut iter = list.iter_mut();
        assert_eq!(iter.next(), Some(&mut 3));
        assert_eq!(iter.next(), Some(&mut 2));
        assert_eq!(iter.next(), Some(&mut 1));
        assert_eq!(iter.next(), None);
        println!("iter_mut test OK!");
    }
}
```

4.5.3　链表栈

前面使用 Vec 实现了栈，其实也可以用链表来实现栈，因为它们都是线性数据结构。假设链表的头部保存了栈的顶部元素，随着栈开始增长，新项将被添加到链表的头部，实现代码如下。注意，函数 push 和 pop 会改变链表中的节点，所以这里使用 take 函数来取出节点值。

```rust
// list_stack.rs

// 链表节点
#[derive(Debug, Clone)]
struct Node<T> {
    data: T,
    next: Link<T>,
}
// Node 自包含引用
type Link<T> = Option<Box<Node<T>>>;

impl<T> Node<T> {
    fn new(data: T) -> Self {
        Self {
            data: data,
            next: None // 初始化时无下一链接
        }
    }
}

// 链表栈
#[derive(Debug, Clone)]
struct LStack<T> {
    size: usize,
    top: Link<T>,        // 栈顶控制整个栈
}

impl<T: Clone> LStack<T> {
    fn new() -> Self {
        Self {
            size: 0,
            top: None
        }
    }
```

```rust
    fn is_empty(&self) -> bool {
        0 == self.size
    }

    fn len(&self) -> usize {
        self.size
    }

    fn clear(&mut self) {
        self.size = 0;
        self.top = None;
    }

    // 使用 take() 函数取出节点值，留下空位，可以回填
    fn push(&mut self, val: T) {
        let mut node = Node::new(val);
        node.next = self.top.take();
        self.top = Some(Box::new(node));
        self.size += 1;
    }

    fn pop(&mut self) -> Option<T> {
        self.top.take().map(|node| {
            let node = *node;
            self.top = node.next;
            self.size -= 1;
            node.data
        })
    }

    // 返回链表栈中的数据引用和可变引用
    fn peek(&self) -> Option<&T> {
        self.top.as_ref().map(|node| &node.data)
    }

    fn peek_mut(&mut self) -> Option<&mut T> {
        self.top.as_deref_mut().map(|node| &mut node.data)
    }
    // 以下是为链表栈实现的迭代功能
    // into_iter: 链表栈改变，成为迭代器
    // iter: 链表栈不变，只得到不可变迭代器
    // iter_mut: 链表栈不变，得到可变迭代器
    fn into_iter(self) -> IntoIter<T> {
        IntoIter(self)
    }

    fn iter(&self) -> Iter<T> {
        Iter { next: self.top.as_deref() }
    }

    fn iter_mut(&mut self) -> IterMut<T> {
        IterMut { next: self.top.as_deref_mut() }
    }
}
```

105

```rust
// 实现三种迭代功能
struct IntoIter<T: Clone>(LStack<T>);
impl<T: Clone> Iterator for IntoIter<T> {
    type Item = T;
    fn next(&mut self) -> Option<Self::Item> {
        self.0.pop()
    }
}
struct Iter<'a, T: 'a> { next: Option<&'a Node<T>> }
impl<'a, T> Iterator for Iter<'a, T> {
    type Item = &'a T;
    fn next(&mut self) -> Option<Self::Item> {
        self.next.map(|node| {
            self.next = node.next.as_deref();
            &node.data
        })
    }
}
struct IterMut<'a, T: 'a> { next: Option<&'a mut Node<T>> }
impl<'a, T> Iterator for IterMut<'a, T> {
    type Item = &'a mut T;
    fn next(&mut self) -> Option<Self::Item> {
        self.next.take().map(|node| {
            self.next = node.next.as_deref_mut();
            &mut node.data
        })
    }
}

fn main() {
    basic();
    iter();

    fn basic() {
        let mut s = LStack::new();
        s.push(1); s.push(2); s.push(3);

        println!("empty: {:?}", s.is_empty());
        println!("top: {:?}, size: {}", s.peek(), s.len());
        println!("pop: {:?}, size: {}", s.pop(), s.len());

        let peek_mut = s.peek_mut();
        if let Some(data) = peek_mut {
            *data = 4
        }
        println!("top {:?}, size {}", s.peek(), s.len());
        println!("{:?}", s);
        s.clear();
        println!("{:?}", s);
    }

    fn iter() {
        let mut s = LStack::new();
        s.push(1); s.push(2); s.push(3);
```

```
        let sum1 = s.iter().sum::<i32>();
        let mut addend = 0;
        for item in s.iter_mut() {
            *item += 1;
            addend += 1;
        }
        let sum2 = s.iter().sum::<i32>();
        println!("{sum1} + {addend} = {sum2}");

        assert_eq!(9, s.into_iter().sum::<i32>());
    }
}
```

运行结果如下：

```
\begin{lstlisting}[style=styleRes]
empty: false
top: Some(3), size: 3
pop: Some(3), size: 2
top Some(4), size 2
LStack { size: 2, top: Some(Node { data: 4,
        next: Some(Node { data: 1, next: None }) }) }
LStack { size: 0, top: None }
6 + 3 = 9
```

4.6　Vec

在本章前面的内容中，我们使用 Vec 这一基础数据类型实现了栈、队列、双端队列、链表等多种抽象数据类型。Vec 是一种强大但简单的数据容器，它提供了数据收集机制和各种各样的操作，这也是我们反复将其作为实现其他底层数据结构的原因。Vec 类似于 Python 中的 List，使用起来非常方便。然而，不是所有的编程语言都包括 Vec，或者说不是所有的数据类型都适合使用 Vec。在某些情况下，Vec 或类似的数据容器必须由程序员单独实现。

4.6.1　Vec 的抽象数据类型

如前所述，Vec 是项的集合，其中每一项都保持与其他项的相对位置。Vec 的抽象数据类型由以下结构和操作定义。

- new()：创建一个新的 Vec，不需要参数，返回一个空的 Vec。
- push(item)：将新项添加到 Vec 的末尾，需要 item 作为参数，不返回任何内容。
- pop()：删除 Vec 中的末尾项，不需要参数，返回删除的项。

- insert(pos,item)：在 Vec 中的指定位置插入项，需要 pos 和 item 作为参数，不返回任何内容。
- remove(index)：从 Vec 中删除第 index 项，需要 index 作为索引，返回删除的项。
- find(item)：在 Vec 中检查指定的项是否存在，需要 item 作为参数，返回一个布尔值。
- is_empty()：测试 Vec 是否为空，不需要参数，返回布尔值。
- size()：计算 Vec 中的项数，不需要参数，返回一个 usize 整数。
- iter()：返回 Vec 的不可变迭代形式，Vec 不变，不需要参数。
- iter_mut()：返回 Vec 的可变迭代形式，Vec 可变，不需要参数。
- into_iter()：改变 Vec 为可迭代形式，Vec 被消费，不需要参数。

假设 v 是一个已创建的空 Vec，表 4.7 展示了一系列 Vec 操作及操作结果，注意左侧为首部。

表4.7 各种Vec 操作及操作结果

Vec操作	Vec的当前值	操作的返回值
v.is_empty()	[]	true
v.push(1)	[1]	
v.push(2)	[1,2]	
v.push(3)	[1,2,3]	
v.size()	[1,2,3]	3
v.pop()	[1,2]	3
v.push(5)	[1,2,5]	
v.find(4)	[1,2,5]	false
v.insert(0,8)	[8,1,2,5]	
v.pop()	[8,1,2]	5
v.remove(0)	[1,2]	8
v.size()	[1,2]	2

4.6.2 Rust 实现 Vec

如前所述，Vec 是用一组链表节点来构建的，其中的每个节点可以通过显式引用链接到下一个节点。只要知道在哪里找到第一个节点，之后的每一个节点就可以通过连续获取下一个链接来找到。

考虑到引用在 Vec 中的作用，Vec 必须保持对第一个节点的引用。创建图 4.19 所示的链表，None 用于表示链表不引用任何内容。链表的头节点表示链表中的第一个节点，其中保存了下一个节点的地址。注意，Vec 本身不包含任何节点对象，而是仅包含对链表结构中第一个节点的引用。

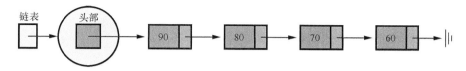

图 4.19　由链表节点组成的 Vec

那么，如何将新项添加到链表中呢？添加到首部还是尾部呢？链表结构只提供了一个入口，即链表头部。所有其他节点只能通过访问第一个节点，然后跟随下一个链接到达。这意味着添加新节点的最高效方式就是在链表的头部添加，换句话说，将新项作为链表的第一项，并将现有项链接到新项的后面。

此处实现的 Vec 是无序的，若要实现有序（包括全序和偏序）的 Vec，请添加数据比较函数。下面的 LVec 只实现了 Vec 标准库中的部分功能，print_lvec() 用于输出 LVec 中的数据项。

```rust
// lvec.rs

use std::fmt::Debug;

// 节点
#[derive(Debug)]
struct Node<T> {
    elem: T,
    next: Link<T>,
}

type Link<T> = Option<Box<Node<T>>>;

impl<T> Node<T> {
    fn new(elem: T) -> Self {
        Self {
            elem: elem,
            next: None
        }
    }
}

// 链表 Vec
#[derive(Debug)]
struct LVec<T> {
    size: usize,
    head: Link<T>,
```

```
}

impl<T: Copy + Debug> LVec<T> {
    fn new() -> Self {
        Self {
            size: 0,
            head: None
        }
    }

    fn is_empty(&self) -> bool {
        0 == self.size
    }

    fn len(&self) -> usize {
        self.size
    }

    fn clear(&mut self) {
        self.size = 0;
        self.head = None;
    }
    fn push(&mut self, elem: T) {
        let node = Node::new(elem);
        if self.is_empty() {
            self.head = Some(Box::new(node));
        } else {
            let mut curr = self.head.as_mut().unwrap();

            // 找到链表中的最后一个节点
            for _i in 0..self.size-1 {
                curr = curr.next.as_mut().unwrap();
            }

            // 在最后一个节点的后面插入新的数据
            curr.next = Some(Box::new(node));
        }

        self.size += 1;
    }

    // 在栈尾添加新的 LVec
    fn append(&mut self, other: &mut Self) {
        while let Some(node) = other.head.as_mut().take() {
            self.push(node.elem);
            other.head = node.next.take();
        }
        other.clear();
    }

    fn insert(&mut self, mut index: usize, elem: T) {
        if index >= self.size { index = self.size; }

        // 分三种情况插入新节点
        let mut node = Node::new(elem);
```

```
        if self.is_empty() {  // LVec 为空
            self.head = Some(Box::new(node));
        } else if index == 0 { // 在链表的头部插入
            node.next = self.head.take();
            self.head = Some(Box::new(node));
        } else { // 在链表的中间插入
            let mut curr = self.head.as_mut().unwrap();
            for _i in 0..index - 1 { // 找到插入位置
                curr = curr.next.as_mut().unwrap();
            }
            node.next = curr.next.take();
            curr.next = Some(Box::new(node));
        }
        self.size += 1;
    }

    fn pop(&mut self) -> Option<T> {
        if self.size < 1 {
            return None;
        } else {
            self.remove(self.size - 1)
        }
    }

    fn remove(&mut self, index: usize) -> Option<T> {
        if index >= self.size { return None; }

        // 分两种情况删除节点，头节点的删除最好处理
        let mut node;
        if 0 == index {
            node = self.head.take().unwrap();
            self.head = node.next.take();
        } else { // 对于其他节点，找到待删除节点并处理前后链接
            let mut curr = self.head.as_mut().unwrap();
            for _i in 0..index - 1 {
                curr = curr.next.as_mut().unwrap();
            }
            node = curr.next.take().unwrap();
            curr.next = node.next.take();
        }
        self.size -= 1;

        Some(node.elem)
    }

    // 以下是为栈实现的迭代功能
    // into_iter: 栈改变，成为迭代器
    // iter: 栈不变，只得到不可变迭代器
    // iter_mut: 栈不变，得到可变迭代器
    fn into_iter(self) -> IntoIter<T> {
        IntoIter(self)
    }

    fn iter(&self) -> Iter<T> {
```

111

```
            Iter { next: self.head.as_deref() }
    }

    fn iter_mut(&mut self) -> IterMut<T> {
        IterMut { next: self.head.as_deref_mut() }
    }

    // 输出 LVec 中的数据项
    fn print_lvec(&self) {
        if 0 == self.size {
            println!("Empty lvec");
        }

        for item in self.iter() {
            println!("{:?}", item);
        }
    }
}

// 实现三种迭代功能
struct IntoIter<T: Copy + Debug >(LVec<T>);
impl<T: Copy + Debug> Iterator for IntoIter<T> {
    type Item = T;
    fn next(&mut self) -> Option<Self::Item> {
        self.0.pop()
    }
}
struct Iter<'a, T: 'a> { next: Option<&'a Node<T>> }
impl<'a, T> Iterator for Iter<'a, T> {
    type Item = &'a T;
    fn next(&mut self) -> Option<Self::Item> {
        self.next.map(|node| {
            self.next = node.next.as_deref();
            &node.elem
        })
    }
}

struct IterMut<'a, T: 'a> { next: Option<&'a mut Node<T>> }
impl<'a, T> Iterator for IterMut<'a, T> {
    type Item = &'a mut T;
    fn next(&mut self) -> Option<Self::Item> {
        self.next.take().map(|node| {
            self.next = node.next.as_deref_mut();
            &mut node.elem
        })
    }
}

fn main() {
    basic();
    iter();

    fn basic() {
        let mut lvec1: LVec<i32> = LVec::new();
```

```
        lvec1.push(10); lvec1.push(11);
        lvec1.push(12); lvec1.push(13);
        lvec1.insert(0,9);

        lvec1.print_lvec();

        let mut lvec2: LVec<i32> = LVec::new();
        lvec2.insert(0, 8);
        lvec2.append(&mut lvec1);

        println!("len: {}", lvec2.len());
        println!("pop {:?}", lvec2.pop().unwrap());
        println!("remove {:?}", lvec2.remove(0).unwrap());

        lvec2.print_lvec();
        lvec2.clear();
        lvec2.print_lvec();
    }

    fn iter() {
        let mut lvec: LVec<i32> = LVec::new();
        lvec.push(10); lvec.push(11);
        lvec.push(12); lvec.push(13);

        let sum1 = lvec.iter().sum::<i32>();
        let mut addend = 0;
        for item in lvec.iter_mut() {
            *item += 1;
            addend += 1;
        }
        let sum2 = lvec.iter().sum::<i32>();
        println!("{sum1} + {addend} = {sum2}");

        assert_eq!(50, lvec.into_iter().sum::<i32>());
    }
}
```

运行结果如下：

```
9
10
11
12
13
len: 6
pop 13
remove 8
9
10
```

```
11
12
Empty lvec
46 + 4 = 50
```

LVec 是具有 *n* 个节点的链表，insert、push、pop、remove 等操作都需要遍历节点。虽然平均来说可能只需要遍历所有节点的一半，但总体上的时间复杂度都是 $O(n)$，因为在最坏的情况下，我们需要处理链表中的每个节点。

4.7　小结

本章主要介绍了栈、队列、双端队列、链表和 Vec 等线性数据结构。栈是维持后进先出（LIFO）排序的数据结构，其基本操作有 push、pop 和 isempty。栈对于设计表达式的计算解析算法非常有用。栈可以提供反转特性，它在实现操作系统函数调用、网页保存等方面非常有用。前缀、中缀和后缀表达式都可以用栈来处理，但计算机不使用中缀表达式。队列是维持先进先出（FIFO）排序的简单数据结构，其基本操作有 enqueue、dequeue 和 is_empty。队列在系统任务调度方面很实用，可以帮助我们构建定时任务仿真。双端队列是允许类似栈和队列混合行为的数据结构，其基本操作有 is_empty、add_front、add_rear、remove_front 和 remove_rear。虽然双端队列既可以当作栈使用，也可以当作队列使用，但还是推荐仅当作双端队列使用。链表是项的集合，其中的每一项都保存在链表的相对位置。链表的实现本身就能维持逻辑顺序，不需要按物理顺序存储。修改链表头部是一种特殊情况。Vec 是 Rust 自带的数据容器，默认实现使用的是动态数组，但本章使用链表实现了 Vec。

第 5 章 递　　归

本章主要内容

- 理解简单的递归解决方案
- 学习如何用递归写出程序
- 理解和应用递归三定律
- 将递归理解为一种迭代形式
- 将问题公式化地实现成递归
- 了解计算机如何实现递归
- 掌握动态规划及其与递归的关系

5.1　什么是递归

递归是一种解决问题的方法或者说思想。递归的核心思想是不断地将问题分解为更小的子问题，直至得到一个足够小的基本问题为止，这个基本问题可以被很简单地解决，然后合并基本问题的结果，就可以得到原问题的结果。因为这些基本问题都是类似的，所以它们的解决方案是可以重用的，这也是递归调用自身的原因。递归允许你编写非常优雅的解决方案来解决看起来可能很难的问题。

举个简单的例子。假设你想计算整数数组 [2,1,7,4,5] 中所有整数的和，最直观的方法就是用一个加法累加器，将所有的整数逐个相加，具体代码如下。

```
// 迭代求和
fn nums_sum(nums: Vec<i32>) -> i32 {
    let mut sum = 0;

    for num in nums {
        sum += num;
    }

    sum
}
```

上面的求和计算使用了 for 循环，当然使用 while 循环也行。现在假设一种编程语言不支持 while 循环或 for 循环，那么上面的求和代码就无法工作了，此时又该如何计算整数数组中所有整数的和呢？乍一看，没有了 while 循环和 for 循环，岂不是什么也干不了？其实是有办法的，没有这些循环也能计算。要解决这个问题，你得换个角度思考。当解决大问题（如数列求和）困难时，可考虑用小问题替代。加法是由两个操作数和一个加法符号组成的运算逻辑，这是任何复杂加法的基本问题，这个基本问题里并不包含循环。因此，如果能将数列求和分解为一个一个小的加法，就不必使用循环了，求和问题将总是能够得以解决。

构造小的加法需要用到完全括号表达式，这种括号表达式有多种形式。

$$2 + 1 + 7 + 4 + 5 = ((((2 + 1) + 7) + 4) + 5)$$
$$\text{sum} = (((3 + 7) + 4) + 5)$$
$$\text{sum} = ((10 + 4) + 5)$$
$$\text{sum} = (14 + 5)$$
$$\text{sum} = 19 \tag{5.1}$$
$$2 + 1 + 7 + 4 + 5 = (2 + (1 + (7 + (4 + 5))))$$
$$\text{sum} = (2 + (1 + (7 + 9)))$$
$$\text{sum} = (2 + (1 + 16))$$
$$\text{sum} = (2 + 17)$$
$$\text{sum} = 19$$

在上面的式（5.1）中，右侧的两种括号表达式都是正确的。运用括号优先、内部优先的规则，上述括号表达式就是一个一个小的加法。这个式子的部分模式和整体模式一样，是递归的，你完全可以不用 while 循环或 for 循环来模拟这种括号表达式。

观察以 sum 开头的计算式，从下往上看，先是 19，然后是（2+17），接下来是 (2 + (1 + 16))。你可以发现，sum 是第一项和右端数字项的和，而右端数字项又可以分解为其第一项和右端数字项的和：

$$\text{sum(nums)} = \text{first(nums)} + \text{sum(restR(nums))} \tag{5.2}$$

式（5.2）给出了式（5.1）中第二种括号表达式的计算方式，第一种括号表达式的计算方式如下：

$$\text{sum(nums)} = \text{last(nums)} + \text{sum(restL(nums))} \tag{5.3}$$

其中，first(nums) 返回数组中的第一个元素，restR(nums) 返回除了第一个元素之外的所有右端数字项，last(nums) 返回数组中的最后一个元素，restL(nums) 返回除了最后一个元素之外的所有左端数字项。

用 Rust 递归实现的两种括号表达式的计算方式如下：num_ssum1 函数使用 nums[0] 加剩下的所有项来求和，num_ssum2 函数则使用最后一项加前面的所有项来求和。这两种实现本身没有什么区别，时间复杂度和空间复杂度是一样的。

```
// nums_sum12.rs

fn nums_sum1(nums: &[i32]) -> i32 {
    if 1 == nums.len() {
        nums[0]
    } else {
        let first = nums[0];
        first + nums_sum1(&nums[1..])
    }
}

fn nums_sum2(nums: &[i32]) -> i32 {
    if 1 == nums.len() {
        nums[0]
    } else {
        let last = nums[nums.len() - 1];
        nums_sum2(&nums[..nums.len() - 1]) + last
    }
}

fn main() {
    let nums = [2,1,7,4,5];
    let sum1 = nums_sum1(&nums);
    let sum2 = nums_sum2(&nums);
    println!("sum1 = {sum1}, sum2 = {sum2}");
    // sum1 = 19, sum2 = 19

    let nums = [-1,7,1,2,5,4,10,100];
    let sum1 = nums_sum1(&nums);
    let sum2 = nums_sum2(&nums);
    println!("sum1 = {sum1}, sum2 = {sum2}");
    // sum1 = 128, sum2 = 128
}
```

上述代码中的关键部分是 if 语句和 else 语句及其形式。if 1 == nums.len() 检查是至关重要的，因为这是递归函数的转折点，这里直接返回数值，不用进行数学计算。递归函数在 else 语句中调用了自身，实现了类似逐层解括号并计算值的效果，这也是我们称之为递归函数的原因。递归函数总会调用自身，直至到达基本情况。

5.1.1 递归三定律

通过分析上面的代码可以看出，所有递归算法必须遵从以下 3 条基本定律。

(1) 递归算法必须具有基本情况。
(2) 递归算法必须向基本情况靠近。
(3) 递归算法必须以递归方式调用自身。

第一条是递归算法停止的情况，此处是 if 1 == nums.len()。第二条意味着问题的分解，在 else 语句中，我们返回了数字项，然后使用摒除了所返回数字项的数字集合再次进行计算，这减少了原来的 nums 中需要计算的元素个数。由此可见，总会有 nums.len() == 1 的时候，所以 else 语句确实在向基本情况靠近；第三条意味着递归函数调用自身，这也是在 else 语句中实现的。注意，调用自身不是循环，这里也没有出现 while 语句和 for 语句。综上所述，我们的求和递归算法是符合这 3 条基本定律的。

图 5.1 展示了上面的递归求和过程，一系列方框即函数调用关系图，每次递归都是解决一个小问题，直至小问题达到基本情况不能再分解为止，最后回溯这些中间计算值，得到原问题的结果。

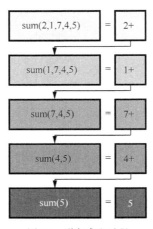

图 5.1　递归求和过程

5.1.2　到任意进制的转换

之前我们曾将整数转换成二进制数和十六进制数，其实使用递归也可以实现进制的转换。在使用递归设计进制转换算法时，也需要遵循递归三定律。

> (1) 将原始数字简化为一系列单个数字。
> (2) 使用查找法将单个数字转换为字符。
> (3) 将单个字符连接在一起，形成最终结果。

在改变数字状态并向基本情况靠近时，可以采用除法。用数字除以基数，当数字小于基数时停止运算，返回结果。

下面给出了十进制整数到二进制数、八进制数和十六进制数的转换算法，BASESTR 中保存着不同数字对应的字符形式，大于 10 的基数用字符 A ～ F 表示。

```
// num2str_rec.rs

// 不同数字对应的字符形式
const BASESTR: [&str; 16] = ["0","1","2","3","4","5","6","7",
```

```
                          "8","9","A","B","C","D","E","F"];
fn num2str_rec(num: i32, base: i32) -> String {
    if num < base {
        BASESTR[num as usize].to_string()
    } else {
        // 余数加在末尾
        num2str_rec(num/base, base) + BASESTR[(num % base) as usize]
    }
}

fn main() {
    let num = 100;
    let sb = num2str_rec(num,2);  // sb = str_binary
    let so = num2str_rec(num,8);  // so = str_octal
    let sh = num2str_rec(num,16); // sh = str_hexdecimal
    println!("{num} = b{sb}, o{so}, x{sh}");
    // 100 = b1100100, o144, x64

    let num = 1000;
    let so = num2str_rec(num,8);
    let sh = num2str_rec(num,16);
    println!("{num} = o{so}, x{sh}");
    // 1000 = o1750, x3E8
}
```

前面我们用栈实现了十进制整数到任意进制数的转换，这里用递归再次实现了类似的功能，这说明栈和递归是有关系的。实际上，我们可以把递归看成栈，只不过这种栈是由编译器为我们隐式调用的，代码中只出现了递归，但编译器使用栈来保存数据。上面的递归代码如果改用栈来实现的话，代码结构将如下所示，这和递归实现的代码结构非常相似。

```
// num2str_stk.rs

fn num2str_stk(mut num: i32, base: i32) -> String {
    let digits: [&str; 16] = ["0","1","2","3","4","5","6","7",
                              "8","9","A","B","C","D","E","F"];

    let mut rem_stack = Stack::new();
    while num > 0 {
        if num < base {
            rem_stack.push(num); // 不超过基数，直接入栈
        } else {                 // 超过基数，余数入栈
            rem_stack.push(num % base);
        }
        num /= base;
    }

    // 出栈余数并组成字符串
    let mut numstr = "".to_string();
    while !rem_stack.is_empty() {
        numstr += digits[rem_stack.pop().unwrap() as usize];
    }

    numstr
```

```
}

fn main() {
    let num = 100;
    let sb = num2str_stk(100, 2);
    let so = num2str_stk(100, 8);
    let sh = num2str_stk(100, 16);
    println!("{num} = b{sb}, o{so}, x{sh}");
    // 100 = b1100100, o144, x64
}
```

5.1.3　汉诺塔

汉诺塔是由法国数学家爱德华 • 卢卡斯在 1883 年发明的。他的灵感来自一个传说，在这个传说中，寺庙的住持给年轻的牧师们出了一个谜题。起初，牧师们拿到了 3 根杆和 64 个盘子（它们堆叠在其中的一根杆上），每个盘子都比自身下面的那个盘子小一点。他们的任务是将所有 64 个盘子从 3 根杆中的一根移到另一根。但移动是有限制的，一次只能移动一个盘子，并且大盘子不能放在小盘子的上面。换句话说，小盘子始终在上，越往下的盘子越大。假设牧师们日夜不停，每秒移动一个盘子，传说当他们完成工作时，寺庙会变成灰尘，宇宙将会消失。实际上，移动 64 个盘子的汉诺塔所需的时间是 $2^{64} - 1 = 18\,446\,744\,073\,709\,551\,615$ 秒 ≈ 5850 亿年，而宇宙存在的时间才大约 138 亿年。

图 5.2 展示了将盘子从第一根杆移到第三根杆的过程。注意，按照规则，每根杆上的盘子都会被堆叠起来，以使较小的盘子始终位于较大盘子的上方，这看起来和栈十分相似。如果你以前没有玩过这个游戏，现在不妨尝试一下。不需要盘子，砖头、书或纸都可以，也不需要 64 个那么多，10 个就够了，你可以试着看看是不是真有那么费时。

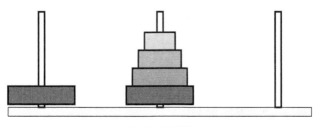

图 5.2　汉诺塔

如何用递归解决这个问题呢？回想递归三定律，基本情况是什么？假设有一个汉诺塔，有左、中、右三根杆，5 个盘子在左杆上。如果你已经知道如何将 4 个盘子移到中间的杆上，那你就可以轻松地将最底部的盘子移到右杆上，然后将 4 个盘子从中间的杆移到右杆上。但是，如果你不知道如何移动 4 个盘子到中间的杆上，怎么办呢？这时，你可以假设自己知道如何移动 3 个盘子到右杆上，于是很容易将第 4 个盘子移到中间的杆

120

上，并将右杆上的盘子移到中间杆上盘子的顶部。但是，如何移动 3 个盘子呢？假设你知道如何将两个盘子移到中间的杆上，于是很容易将第 3 个盘子移到右杆上。可是两个盘子如何移动呢？你仍然不知道，所以假设你知道如何移动一个盘子到右杆上。这看起来就是基本情况。实际上，上面的描述虽然有些绕，但这个过程其实就是对移动盘子过程的抽象，基本情况是移动一个盘子。

上面的操作过程可以抽象地描述并整理为如下算法。

```
(1) 借助目标杆，将 height - 1 个盘子移到中间杆。
(2) 将最后一个盘子移到目标杆。
(3) 借助起始杆，将 height - 1 个盘子从中间杆移到目标杆。
```

只要遵守移动规则，始终保持较大的盘子在栈的底部，就可以使用递归三定律处理任意多的盘子。最简单的情况就是只有一个盘子的汉诺塔，此时只需要将盘子移到目标杆就可以了，这就是基本情况。此外，上述算法在步骤（1）和步骤（3）中降低了汉诺塔的高度，旨在使汉诺塔趋向基本情况。下面是使用递归解决汉诺塔问题的 Rust 代码。

```rust
// hanoi.rs

// p: pole 杆
fn hanoi(height:u32, src_p:&str, des_p:&str, mid_p:&str) {
    if height >= 1 {
        hanoi(height - 1, src_p, mid_p, des_p);
        println!("move disk[{height}] from
                {src_p} to {des_p}");
        hanoi(height - 1, mid_p, des_p, src_p);
    }
}

fn main() {
    hanoi(1, "A", "B", "C");
    hanoi(2, "A", "B", "C");
    hanoi(3, "A", "B", "C");
    hanoi(4, "A", "B", "C");
    hanoi(5, "A", "B", "C");
    hanoi(6, "A", "B", "C");
}
```

你可以用几张纸和三支笔来模拟盘子在汉诺塔上的移动过程，并按照 height 等于 1、2、3、4 时 hanoi.rs 程序的输出来移动纸，看看最终是否能将所有纸移到其中的一支笔上。

5.2 尾递归

前面介绍的递归（称为普通递归）需要在计算过程中保存值，比如代码中的 first 和 last 变量。我们知道，函数调用参数被保存在栈上，如果递归调用过多，栈就会非常深。

由于内存是有限的，因此递归存在爆栈的风险。如果不单独处理这些中间值，而是直接将它们传递给递归函数作为参数，并在传递参数时先计算，则栈的内存消耗就不会猛增，代码也会更简洁。因为所有参数都被放到递归函数中，且递归函数的最后一行一定是递归语句，因此这种递归又称为尾递归。

尾递归就是把当前的运算结果（如 first、last 等变量）处理后，直接当成递归函数的参数用于下次调用。深层递归函数面对的参数是前面多个子问题的和，这在形式上看起来会越来越复杂，但因为参数的和可以先求出来，所以相当于减小了问题的规模，优化了算法，这种操作被称为尾递归优化。上面的普通递归版的 nums 求和代码可以改成下面这样的尾递归形式，代码看起来更简洁了。

```rust
// nums_sum34.rs

fn nums_sum3(sum: i32, nums: &[i32]) -> i32 {
    if 1 == nums.len() {
        sum + nums[0]
    } else { // 使用 sum 接收中间值
        nums_sum3(sum + nums[0], &nums[1..])
    }
}

fn nums_sum4(sum: i32, nums: &[i32]) -> i32 {
    if 1 == nums.len() {
        sum + nums[0]
    } else {
        nums_sum4(sum + nums[nums.len() - 1],
                &nums[..nums.len() - 1])
    }
}
fn main() {
    let nums = [2,1,7,4,5];
    let sum1 = nums_sum3(0, &nums);
    let sum2 = nums_sum4(0, &nums);
    println!("sum1 is {sum1}, sum2 is {sum2}");
    // 输出 "sum1 is 19, sum2 is 19"
}
```

尾递归代码虽然更简洁了，但看起来也更不好懂了，因为子问题的结果直接被当成参数用于下一次递归调用了。递归程序的实现要看程序员个人，如果尾递归不爆栈，而且能写得清晰明了，那么也可以使用尾递归。

递归和迭代

在计算数组 [2,1,7,4,5] 中所有整数的和时，我们采用了循环迭代、递归和尾递归三种方式，可见递归和迭代能实现相同的目的。那么，递归和迭代（见图 5.3）之间有没有什么关系呢？

- 递归：用来描述以自相似方法重复事务的过程，在数学和计算机科学中，指的是在函数定义中使用函数自身的方法。
- 迭代：重复反馈过程的活动，每一次迭代的结果将作为下一次迭代的初始值。

递归调用如果展开的话，将是一种类似于树的结构。从字面意思上，递归可以理解为重复递推和回溯的过程，当递推到达底部时就会开始回溯，整个过程相当于树的深度优先遍历。迭代则是环结构，从初始状态开始，每次迭代都遍历整个环并更新状态，多次迭代直到结束状态。所有的迭代都可以转换为递归，但递归不一定可以转换成迭代。毕竟环改成树一定可以，但树改成环未必行得通。

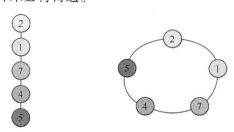

图 5.3 递归和迭代

5.3 动态规划

计算机科学中有许多求最值的问题。例如，顺风车为了规划两个地点的最短路线，就需要找到最适合的几段路，或找到满足某些标准的最小道路集，这对于实现"双碳"目标、节约能源以及提升乘客体验是至关重要的。本节旨在展示几种求最值问题的不同解决方案，以及证明动态规划法是解决此类最优化问题的好方法。

优化问题的一个典型例子是使用最少的纸币 / 硬币来找零，这在地铁购票、自动售货机上很常见。我们希望每笔交易都返回最少的纸币张数，比如找零 6 元这笔交易，应直接给一张 5 元加一张 1 元共两张纸币，而不是给 6 张一元纸币。

现在的问题是，怎么从一个总任务，比如找零 6 元，规划出如何返回不同面额的纸币。最直观的方法就是从最大面额的纸币开始找零，先尽可能使用大额纸币，再去找下一个面额小一点的纸币，并尽可能多地使用它们，直到完成找零。这种方法被称为贪婪法，因为其总是试图尽快解决大问题。

当使用人民币时，贪婪法工作正常。但假设某个国家使用的货币很复杂，除了通常的 1 元、5 元、10 元、50 元纸币外，还有面额为 22 元的纸币。在这种情况下，贪婪法找不到找零 66 元的最佳解决方案。随着 22 元纸币的加入，贪婪法仍然会找到一个解决方案，找零 4 张纸币（50 元纸币一张、10 元纸币一张、5 元纸币一张、1 元纸币一张），然而最佳方案是找零 3 张 22 元纸币。

如果采用递归法，那么找零问题就能很好地得到解决。首先要找准基本问题，那就是找零一种纸币，面额不定但是恰好等于要找零的金额，因为找零刚好只用一种纸币，所以数量是除零之外的最小值。如果金额不匹配，你可以设置多个选项。为便于理解，假如使用人民币来找零，有面额为 1 元、5 元、10 元、20 元、50 元的纸币。对于用 1 元纸币来找零的情况，找零时的纸币数量等于 1 加上总找零金额减去 1 元后所需的找零纸币数；对于用 5 元纸币来找零的情况，则是 1 加上总找零金额减去 5 元后所需的找零纸币数；对于用 10 元纸币来找零的情况，则是 1 加上原始金额减去 10 元后所需的找零纸币数，依此类推。因此，对总找零金额找零的纸币数量可以计算如下：

$$\text{numCoins}(amount) = \begin{cases} 1 + \text{numCoins}(amount-1) \\ 1 + \text{numCoins}(amount-5) \\ 1 + \text{numCoins}(amount-10) \\ 1 + \text{numCoins}(amount-20) \\ 1 + \text{numCoins}(amount-50) \end{cases} \tag{5.4}$$

numCoins( ) 用于计算找零纸币数，amount 为总找零金额。按照找零纸币的面额，找零任务分为 5 种情况，算法如下：首先检查基本情况，也就是说，判断当前找零金额是否和某个纸币的面值等额。如果没有等额的纸币，则递归调用小于找零金额的不同面额的情况，此时问题规模就减小了。注意，必须在递归调用前加 1，这说明我们需要将当前正在使用的一张纸币计算在内，因为要求的是纸币数量。

```
// rec_mc1.rs
fn rec_mc1(cashes: &[u32], amount: u32) -> u32 {
    // 全用 1 元纸币时的最少找零纸币数
    let mut min_cashes = amount;

    if cashes.contains(&amount) {
        return 1;
    } else {
        // 提取符合条件的币值（找零的币值肯定要小于找零金额）
        for c in cashes.iter()
                        .filter(|&&c| c <= amount)
                        .collect::<Vec<&u32>>() {
            // 对 amount 减 c，这表示使用了一张面额为 c 的纸币
            // 所以需要加 1
            let num_cashes = 1 + rec_mc1(&cashes, amount - c);

            // num_cashes 若比 min_cashes 小，则更新
            if num_cashes < min_cashes {
                min_cashes = num_cashes;
            }
        }
    }
}
```

```
    min_cashes
}

fn main() {
    // cashes 用于保存各种面额的纸币
    let cashes = [1,5,10,20,50];
    let amount = 31u32;
    let cashes_num = rec_mc1(&cashes, amount);
    println!("need refund {cashes_num} cashes");
    // 输出 "need refund 3 cashes"
}
```

若将找零金额从 31 元改成 90 元，你会发现要等很久程序才有结果返回。实际上，上述程序需要非常多的递归调用才能找到三张纸币的正确组合。为了理解递归方法中的缺陷，你可以看看下面这个递归调用，其中用了很多重复计算来找到正确的找零组合。程序在运行过程中计算了大量没用的组合，然后才返回唯一正确的答案。图 5.4 中的下画线加数字组合表示相应找零金额出现的次数，比如 11_3 表示找零 11 元这个任务是第 3 次出现。

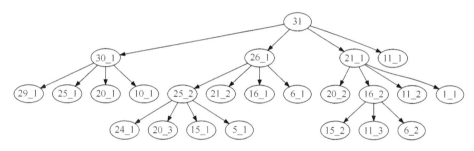

图 5.4　递归求解找零任务

为了减少程序的工作量，关键是要记住过去已经计算过的结果，这样可以避免重复计算。一种简单的解决方案是将当前的最小找零纸币数存储在切片中。然后在计算新的最小找零纸币数之前，检查切片，看看结果是否存在。如果结果已经有了，就直接使用切片中的值，而不是重新计算。这是算法设计中经常出现的用空间换时间的例子。

```
// rc_mc2.rs

fn rec_mc2(cashes: &[u32],
           amount: u32,
           min_cashes: &mut [u32]) -> u32 {
    // 全用 1 元纸币的最小找零纸币数
    let mut min_cashe_num = amount;

    if cashes.contains(&amount) {
        // 收集与当前待找零金额相同的币值
        min_cashes[amount as usize] = 1;
        return 1;
    } else if min_cashes[amount as usize] > 0 {
        // 找零金额 amount 有最小找零纸币数，直接返回
```

```
            return min_cashes[amount as usize];
    } else {
        for c in cashes.iter()
                        .filter(|&&c| c <= amount)
                        .collect::<Vec<&u32>>() {
            let cashe_num = 1 + rec_mc2(cashes,
                                       amount - c,
                                       min_cashes);
            // 更新最小找零纸币数
            if cashe_num < min_cashe_num {
                min_cashe_num = cashe_num;
                min_cashes[amount as usize] = min_cashe_num;
            }
        }
    }

    min_cashe_num
}

fn main() {
    let amount = 90u32;
    let cashes: [u32; 5] = [1,5,10,20,50];
    let mut min_cashes: [u32; 91] = [0; 91];
    let cashe_num = rec_mc2(&cashes, amount, &mut min_cashes);
    println!("need refund {cashe_num} cashes");
    // 输出 "need refund 3 cashes"
}
```

新的 rec_mc2.rs 程序的计算就没有那么耗时了，因为使用了变量 min_cashes 来保存中间值。上面的两个程序使用的都是递归而非动态规划，其中的第二个程序只是在递归中保存了中间值，这是一种记忆或缓存手段。

5.3.1 什么是动态规划

动态规划（Dynamic Programming，DP）是运筹学的一个分支，指的是实现决策过程最优化的数学方法。上面的找零问题就属于最优化问题，要求的是最小找零纸币数，因此数量就是优化目标。

动态规划是专门针对某类问题的解决方法，重点在于如何鉴定一类问题是动态规划可解的，而不是纠结于到底应该使用什么方法。在动态规划中，状态是非常重要的，这是计算的关键，通过状态的转移，可以实现问题的求解。当尝试使用动态规划法解决问题时，其实就是思考如何将问题表达成状态以及如何在状态间转移。

贪婪法是从大到小凑值，这种方法太笨拙了。动态规划法则总是假设当前已取得最好结果，并据此推导下一步行动。递归法将大问题分解为小问题，然后调用自身。动态规划法则从小问题推导到大问题，在推导过程中，中间值需要缓存起来，推导过程被称为状态转移。以找零问题为例，动态规划法将首先求出找零一元所需的纸币数并保存，两元找零问题等于两个一元找零问题，将计算得到的值保存起来，三元找零问题等于一个两元找零问题加一个一元找零问题，此时查表可得到具体值。通过这种从小到大的步骤，就可以逐步构建出任何金额的找零问题。

找零问题如果采用动态规划法来解决，则需要三个参数：可用纸币列表 cashes，找零金额 amount，以及一个包含各种面额所需最小找零纸币数的列表 min_cashes。当函数完成计算时，这个列表中将包含从零到找零金额的所有面额的最小找零纸币数。下面是具体的实现代码，其中使用动态规划代替了迭代。

```
// dp_rec_mc.rs

fn dp_rec_mc(cashes: &[u32], amount: u32,
            min_cashes: &mut [u32]) -> u32 {
    // 动态收集从 1 到 amount 的所有面额的最小找零纸币数
    // 然后从小到大凑出找零纸币数
    for denm in 1..=amount {
        let mut min_cashe_num = denm;
        for c in cashes.iter()
                        .filter(|&&c| c <= denm)
                        .collect::<Vec<&u32>>() {
            let index = (denm - c) as usize;

            let cashe_num = 1 + min_cashes[index];
            if cashe_num < min_cashe_num {
                min_cashe_num = cashe_num;
            }
        }
        min_cashes[denm as usize] = min_cashe_num;
    }

    // 因为收集了各种面额的最小找零纸币数，所以直接返回
    min_cashes[amount as usize]
}

fn main() {
    let amount = 90u32;
    let cashes = [1,5,10,20,50];
    let mut min_cashes: [u32; 91] = [0; 91];
    let cash_num = dp_rec_mc(&cashes,amount,&mut min_cashes);
    println!("Refund for ¥{amount} need {cash_num} cashes");
    // 输出 "Refund for ¥90 need 3 cashes"
}
```

动态规划代码相比递归代码简洁不少，因为前者减少了栈的使用。但你要意识到，能为一个问题写递归解决方案并不意味着递归解决方案就是最好的解决方案。

虽然上面的动态规划法找出了所需纸币的最小数量，但没有显示到底是哪些面额的纸币。如果希望得到具体的面额，你可以扩展上面的程序，使之记住使用的纸币面额及数量。为此，你需要添加一个用于记录所使用纸币的列表 cashes_used。你只需要记住为每种面额添加它所需的最后一张纸币的金额到这个列表中，然后不断地从中找前一种面额的最后一

127

张纸币，直到结束即可。

```rust
// dp_rc_mc_show.rs

// 使用 cashes_used 收集使用过的各种面额的纸币
fn dp_rec_mc_show(cashes: &[u32],
                  amount: u32,
                  min_cashes: &mut [u32],
                  cashes_used: &mut [u32]) -> u32 {
    for denm in 1..=amount {
        let mut min_cashe_num = denm ;
        let mut used_cashe = 1; // 最小面额是 1 元
        for c in cashes.iter()
                       .filter(|&c| *c <= denm)
                       .collect::<Vec<&u32>>() {
            let index = (denm - c) as usize;
            let cashe_num = 1 + min_cashes[index];
            if cashe_num < min_cashe_num {
                min_cashe_num = cashe_num;
                used_cashe = *c;
            }
        }

        // 更新各种面额对应的最小找零纸币数
        min_cashes[denm as usize] = min_cashe_num;
        cashes_used[denm as usize] = used_cashe;
    }

    min_cashes[amount as usize]
}

// 输出各种面额的纸币
fn print_cashes(cashes_used: &[u32], mut amount: u32) {
    while amount > 0 {
        let curr = cashes_used[amount as usize];
        println!(" ¥{curr}");
        amount -= curr;
    }
}

fn main() {
    let amount = 81u32; let cashes = [1,5,10,20,50];
    let mut min_cashes: [u32; 82] = [0; 82];
    let mut cashes_used: [u32; 82] = [0; 82];
    let cs_num = dp_rec_mc_show(&cashes, amount,
                                &mut min_cashes,
                                &mut cashes_used);
    println!("Refund for ¥{amount} need {cs_num} cashes:");
    print_cashes(&cashes_used, amount);
}
```

输出结果如下。可以看出，如果需要找零 90 元，用三张纸币就够了。

```
Refund for ¥90 requires 3 cashes:
```

```
¥20
¥20
¥50
```

5.3.2 动态规划与递归

递归是一种调用自身并通过分解大问题为小问题来解决问题的技术，而动态规划则是一种利用小问题解决大问题的技术。递归费栈，容易爆内存；动态规划则不好找准转移规则和起始条件，而它们又是必需的。所以动态规划好用，代码很简单，但不好理解。同样的问题，有时使用递归和动态规划都能解决，比如斐波那契数列问题。

```rust
// fibnacci_dp_rec.rs

fn fibnacci_dp(n: u32) -> u32 {
    // 只用两个位置保存值，以节约内存
    let mut dp = [1, 1];
    for i in 2..=n {
        let idx1 = (i % 2) as usize;
        let idx2 = ((i - 1) % 2) as usize;
        let idx3 = ((i - 2) % 2) as usize;
        dp[idx1] = dp[idx2] + dp[idx3];
    }

    dp[((n-1) % 2) as usize]
}

fn fibnacci_rec(n: u32) -> u32 {
    if n == 1 || n == 2 {
        return 1;
    } else {
        fibnacci_rec(n-1) + fibnacci_rec(n-2)
    }
}

fn main() {
    println!("fib(10): {}", fibnacci_dp(10));
    println!("fib(10): {}", fibnacci_rec(10));
    // fib(10): 55
    // fib(10): 55
}
```

注意，能用递归解决的问题，用动态规划不一定都能解决，因为两者本身就是不同的方法，动态规划需要满足的条件，递归时不一定能满足。这一点一定要牢记。

5.4 小结

在本章中，我们讨论了递归算法和迭代算法。所有递归算法必须满足递归三定律，递归在某些情况下可以代替迭代，但迭代不一定能代替递归。递归算法通常可以自然地被映射到所要解决的问题的表达式上，看起来很直观、简洁。递归并不总是好的解决方案，有时递归算法可能比迭代算法在计算成本上更高。尾递归是递归的优化形式，它能从一定程度上减少对栈资源的使用。动态规划可用于解决最优化问题，旨在通过小问题逐步构建大问题来解决问题，而递归则旨在通过分解大问题为小问题来逐步解决问题。

第 6 章　查　　找

本章主要内容

- 能够实现顺序查找和二分查找
- 理解哈希查找算法的思想
- 使用 Vec 实现 HashMap

6.1　什么是查找

在实现了多种数据结构（栈、队列、链表）后，现在我们利用这些数据结构来解决一些实际问题，如查找和排序问题。查找和排序是计算机科学中的重要内容，大量的软件和算法都是围绕这两个任务展开的。回忆你自己使用过的各种软件的查找功能，对此你应该不会感到陌生。比如，在 Word 文档中用查找功能查找某些字符，在浏览器的搜索栏中键入要搜索的内容，搜索引擎就会返回查找到的数据。

查找是在项的集合中找到特定项的过程，查找通常对于项是否存在返回 true 或 false，有时也返回项的位置。在 Rust 中，有一个非常简单的函数被用来查询一个项是否在集合中，它就是 contains() 函数。

```
fn main() {
    let data = vec![1,2,3,4,5];
    if data.contains(&3) {
        println!("Yes");
    } else {
        println!("No");
    }
}
```

这种查找算法很容易写，Vec 的 contains() 函数替我们完成了查找工作。查找算法不止一种，事实上，有很多不同的算法可用来进行查找，包括顺序查找、二分查找、哈希查找等。我们感兴趣的是这些不同的查找算法如何工作以及它们的复杂度如何。

6.2 顺序查找

当数据项存储在诸如 Vec、数组和切片的集合中时，数据具有线性关系，因为每个数据项都存储在相对于其他数据项的位置。在切片中，这些相对位置就是数据项的索引值。由于索引值是有序的，可以按顺序访问，因此这样的数据结构也是线性的。你在前面学习的栈、队列和链表都是线性的。基于这种和物理世界相同的线性逻辑，一种很自然的查找技术就是线性查找，或者叫顺序查找。

图 6.1 展示了这种查找的工作原理。查找从切片中的第一项开始，按照顺序从一项移到另一项，直至找到目标所在的项或遍历完整个切片为止。如果遍历完整个切片后还没有找到，则说明要查找的项不存在。

图 6.1　顺序查找

6.2.1　Rust 实现顺序查找

Rust 实现的线性查找代码如下。

```rust
// sequential_search.rs

fn sequential_search(nums: &[i32], num: i32) -> bool {
    let mut pos = 0;
    let mut found = false;  // found用来表示是否找到

    // 如果pos在索引范围内且未找到，就继续循环
    while pos < nums.len() && !found {
        if num == nums[pos] {
            found = true;
        } else {
            pos += 1;
        }
    }

    found
}
```

下面是查询示例和结果。

```rust
fn main() {
    let num = 8;
    let nums = [9,3,7,4,1,6,2,8,5];
    let found = sequential_search(&nums, num);
```

```
    println!("nums contains {num}: {found}");
    // nums contains 8: true
}
```

当然，顺序查找也可以返回查找项的具体位置。如果没有找到，就返回 None。

```
// sequential_search_pos.rs

fn sequential_search_pos(nums:&[i32], num:i32)
    -> Option<usize>
{
    let mut pos: usize = 0;
    let mut found = false;
    while pos < nums.len() && !found {
        if num == nums[pos] {
            found = true;
        } else {
            pos += 1;
        }
    }

    if found { Some(pos) } else { None }
}

fn main() {
    let num = 8;
    let nums = [9,3,7,4,1,6,2,8,5];
    match sequential_search_pos(&nums, num) {
        Some(pos) => println!("{num}'s index: {pos}"),
        None => println!("nums does not contain {num}"),
    }
    // 8's index: 7
}
```

6.2.2　顺序查找的复杂度

为了分析顺序查找的复杂度，我们需要设定一个基本计算单位。对于查找来说，比较操作是主要操作，所以统计比较的次数是最重要的。数据项是随机放置且无序的，每次比较都有可能找到目标项。从概率论角度来说，数据项在集合中处于任何位置的概率都是一样的。

如果目标项不在集合中，那么获取结果的唯一方法就是对目标项与集合中的所有数据项进行比较。如果集合中有 n 个数据项，则顺序查找需要进行 n 次比较，此时算法的复杂度是 $O(n)$。如果目标项在集合中，那么复杂度是多少呢？还是 $O(n)$ 吗？

这种情况下的分析不像前一种情况那么简单，实际上有三种不同的可能。在最好的情况下，目标项就在集合的开头，因此只需要比较一次就可以了，此时复杂度是 $O(1)$。在最坏的情况下，目标项在集合的最后，此时就需要比较 n 次，复杂度为 $O(n)$。除此之外，目标项还可能分布在集合的中间，且目标项在集合中任何位置的概率都相同。此时，复杂度有 $n-2$ 种可能。如果集合中的第二项就是目标项，则复杂度为 $O(2)$，直到 $O(n-1)$。综合来看，当目标项在集合中时，查找操作可能进行的比较次数为 $1 \sim n$，复杂度平均来说等于所有可能的复杂度之和除以总的比较次数。

$$\sum_{i=1}^{n} O(i) / n = O(n/2) = O(n) \tag{6.1}$$

当 n 很大时，1/2 可以不考虑，针对随机序列的顺序查找的复杂度就是 $O(n)$。如果数据项不是随机放置而是有序的，那么查找算法的性能是否就会好一些呢？假设集合中的数据项是按升序排列的，且假设目标项存在于集合中，其在集合中任意位置的概率依旧相同。如果目标项不存在，则可以通过一些技巧来加快查找的速度。如图 6.2 所示，假如查找目标项 50。此时，比较将按顺序进行，直到 56。我们可以确定的是，后面一定没有目标项 50 了，因为是升序排列，所以后面的数据项肯定比 56 大，算法停止查找。

图 6.2　在有序集合中顺序查找目标项

下面是用在已排序数据集上的顺序查找算法，其通过设置 stop 变量来控制当查找超出范围时立即停止以节约时间，这算是对查找算法进行了一次优化。

```rust
// ordered_sequential_search.rs

fn ordered_sequential_search(nums:&[i32], num:i32) -> bool {
    let mut pos = 0;
    let mut found = false;
    let mut stop = false; // 用于控制当遇到有序数据时退出
    while pos < nums.len() && !found && !stop {
        if num == nums[pos] {
            found = true;
        } else if num < nums[pos] {
            stop = true;  // 数据有序，退出
        } else {
            pos += 1;
        }
    }

    found
}

fn main() {
    let nums = [1,3,8,10,15,32,44,48,50,55,60,62,64];
    let num = 44;
    let found = ordered_sequential_search(&nums, num);
```

```
    println!("nums contains {num}: {found}");
    // nums contains 44: true

    let num = 49;
    let found = ordered_sequential_search(&nums, num);
    println!("nums contains {num}: {found}");
    // nums contains 49: false
}
```

在数据有序的情况下，如果要查找的目标项不在集合中且小于第一项，那么只需要比较一次就知道结果了。在最坏的情况下，需要比较 n 次，平均需要比较 $n/2$ 次，复杂度都是 $O(n)$。数据有序情况下的复杂度要好于数据无序情况，因为大多数情况下的查找符合平均情况，当数据有序时，查找速度能提高一倍。由此可见，排序对于提高查找算法的性能很有帮助，排序一直是计算机科学中的重要议题。综合数据无序和有序时顺序查找的复杂度，我们得到了表 6.1。

表 6.1 顺序查找的复杂度

情况	最少比较次数	平均比较次数	最多比较次数	查找类型
目标项存在	1	$n/2$	n	无序查找
目标项不存在	n	n	n	无序查找
目标项存在	1	$n/2$	n	有序查找
目标项不存在	1	$n/2$	n	有序查找

6.3 二分查找

有序数据对于查找算法是很有利的。当在有序数据中进行顺序查找时，可以首先与第一项进行比较，如果第一项不是要查找的目标项，则还有 $n-1$ 个数据项待比较。当遇到超过范围的值时，可以停止查找。综合来看，这种查找的速度还是比较慢。对于排好序的数据集，有没有更快的查找算法呢？当然有，那就是二分查找，这是一种非常重要的查找算法。下面我们仔细分析并用 Rust 实现二分查找。

6.3.1 Rust 实现二分查找

其实，二分查找说白了就是把数据集分成两部分来查找，并通过 low、mid、high 来控制查找的范围。从中间项 mid 开始查找，而不是按顺序查找。如果中间项就是正在寻找的目标项，则完成查找。如果不是，则可以使用数据集的有序性质来消除剩余的一半数据。如果正在查找的目标项大于中间项，则可以消除中间项以及比中间项小的一半数据，也就是说，从第一项到中间项都不用再比较了。因为目标项大于中间项，所以无论目标项是否

135

在集合中，它都肯定不会在前一半数据中。相反，如果目标项小于中间项，则后面的一半数据就都不用比较了。去除了一半数据后，在剩下的另一半数据中继续查看新的中间项，重复上面的比较和省略过程。这种查找的速度是比较快的，而且也非常形象，所以叫二分查找。

如图 6.3 所示，初始时，low 和 high 分居最左和最右。假设要查找 60，我们可以先和中间值 44 做比较，60 大于 44，将 low 移到 56 处，并将 mid 移到 66 处。将 60 和 66 做比较，发现小于 66，于是将 high 移到 58 处，并将 mid 移到 56 处，mid 和 low 重合。60 大于 56，所以将 low 移到 58 处，将 mid 也移到 58 处。此时，low、high、mid 重合。接下来，将 low 移到 66 处，发现下标大于 high，不满足条件，查找停止，退出。根据上面的描述，我们可以用 Rust 写出如下二分查找代码。

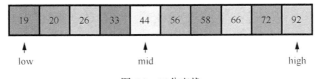

图 6.3　二分查找

```rust
// binary_search.rs

fn binary_search1(nums: &[i32], num: i32) -> bool {
    let mut low = 0;
    let mut high = nums.len() - 1;
    let mut found = false;

    // 注意是 <= 而不是 <
    while low <= high && !found {
        let mid: usize = (low + high) >> 1;

        // 若 low + high 可能溢出，则转换为减法
        //let mid: usize = low + ((high - low) >> 1);

        if num == nums[mid] {
            found = true;
        } else if num < nums[mid] {
            // num 小于中间值，省去后半部分的数据
            high = mid - 1;
        } else {
            // num 大于或等于中间值，省去前半部分的数据
            low = mid + 1;
        }
    }

    found
}

fn main() {
    let nums = [1,3,8,10,15,32,44,48,50,55,60,62,64];
```

```
    let target = 3;
    let found = binary_search1(&nums, target);
    println!("nums contains {target}: {found}");
    // nums contains 3: true

    let target = 63;
    let found = binary_search1(&nums, target);
    println!("nums contains {target}: {found}");
    // nums contains 63: false
}
```

二分法其实是把大问题分解成了一个一个的小问题，然后采取分而治之的策略来解决。前面我们学习了分解大问题为小问题可用递归来解决，那么二分法和递归是否有相似之处呢？二分法是否能用递归来实现呢？

我们发现在进行二分查找时，找到或没找到是最终的结果，这是基本情况。二分查找也是在不断减小问题的规模，向基本情况靠近，且二分查找也在不断重复自身的步骤。因此，二分法满足递归三定律，我们可以用递归来实现二分查找，具体实现如下。

```
// binary_search.rs

fn binary_search2(nums: &[i32], num: i32) -> bool {
    // 基本情况1：目标项不存在
    if 0 == nums.len() { return false; }

    let mid: usize = nums.len() >> 1;

    // 基本情况2：目标项存在
    if num  == nums[mid] {
        return true;
    } else if num < nums[mid] {
        // 减小问题规模
        return binary_search2(&nums[..mid], num);
    } else {
        return binary_search2(&nums[mid+1..], num);
    }
}

fn main() {
    let nums = [1,3,8,10,15,32,44,48,50,55,60,62,64];

    let target = 3;
    let found = binary_search2(&nums, target);
    println!("nums contains {target}: {found}");
    // nums contains 3: true

    let target = 63;
    let found = binary_search2(&nums, target);
    println!("nums contains {target}: {found}");
    // nums contains 63: false
}
```

用递归实现的二分查找涉及数据切片，在查找时中间项需要舍去，所以上述代码使用了 mid + 1。递归算法总是涉及栈的使用，有爆栈风险。一般来说，二分查找最好用迭代法来解决。

6.3.2　二分查找的复杂度

对于二分查找，最好的情况是，中间项就是目标项，此时复杂度为 $O(1)$。由于每次比较都能消除一半的数据，因此计算出最多的比较次数，即可得到最坏情况下的复杂度。第一次比较后剩 $n/2$，第二次比较后剩 $n/4$，直到剩 $n/8$、$n/16$、$n/2^i$，等等。当 $n/2^i = 1$ 时，查找结束。

$$\frac{n}{2^i} = 1$$
$$i = \log_2(n) \tag{6.2}$$

因此，二分查找最多比较 $\log_2(n)$ 次，复杂度为 $O(\log_2(n))$，这显然比复杂度为 $O(n)$ 的顺序查找优秀。但要注意，在二分查找的递归版中，默认栈的使用是会消耗内存的，因而性能不如迭代版。

二分查找看起来很好，但如果 n 很小，就不值得先排序再二分了，此时直接使用顺序查找可能更好。此外，对于很大的数据集，排序十分耗时且耗内存，直接采用顺序查找可能更好。好在实际项目中大量的数据集不大也不小，非常适合采用二分查找，这也是我们花大量篇幅阐述二分查找的原因。

6.3.3　内插查找

内插查找是二分查找的一种变体，适合在有序数据中进行查找。如果数据是均分的，那么使用内插查找可以快速逼近待搜索区域，从而提高查找效率。

内插查找不像二分查找那样直接使用中间项来定界，而是通过插值算法找到上 / 下界。回忆你在数学课上学过的线性内插法，给定直线上的两点 (x_0, y_0) 和 (x_1, y_1)，就可以求出 $[x_0, x_1]$ 范围内任意点 x 对应的值 y 或者任意值 y 对应的点 x。

$$\frac{y - y_0}{x - x_0} = \frac{y_1 - y_0}{x_1 - x_0}$$
$$x = \frac{(y - y_0)(x_1 - x_0)}{y_1 - y_0} + x_0 \tag{6.3}$$

比如，要在 [1,9,10,15,16,17,19,23,27,28,29,30,32,35] 这个已排序的包含 14 个元素的集合 nums 中查找元素值 27，你可以将索引当作 x 轴，并将元素值当作 y 轴。由于 $x_0 = 0$、$x_1 = 13$，且 $y_0 = 1$、$y_1 = 35$，因此可以计算出 $y = 27$ 对应的 x 值。

$$x = \frac{(27 - 1)(13 - 0)}{35 - 1} + 0 \tag{6.4}$$
$$x = 9$$

查看 nums[9]，发现元素值为 28，大于 27，于是将 28 当作上界。元素 28 的下标为 9，因此搜索 [0,8] 索引范围内的元素，继续执行插值算法。

$$x = \frac{(27-1)(8-0)}{27-1} + 0$$
$$x = 8$$

(6.5)

查看 nums[8]，发现元素值恰为 27，找到目标项，算法停止。具体实现代码如下。

```rust
// interpolation_search.rs

fn interpolation_search(nums: &[i32], target: i32) -> bool {
    if nums.is_empty() {
        return false;
    }

    let mut low  = 0usize;
    let mut high = nums.len() - 1;
    loop {
        let low_val  = nums[low];
        let high_val = nums[high];

        if high <= low
            || target < low_val
            || target > high_val {
            break;
        }


        // 计算插值位置
        let high_val = nums[high];

        if high <= low
            || target < low_val
            || target > high_val {
            break;
        }
        let offset = (target - low_val)*(high - low) as i32
                    / (high_val - low_val);
        let interpolant = low + offset as usize;

        // 更新上/下界 high 和 low
        if nums[interpolant] > target {
            high = interpolant - 1;
        } else if nums[interpolant] < target {
            low = interpolant + 1;
        } else {
            break;
        }
    }

    // 判断最终确定的上界是不是 target
    target == nums[high]
}
```

下面是内插查找的应用示例。

```
fn main() {
    let nums = [1,9,10,15,16,17,19,23,27,28,29,30,32,35];
    let target = 27;
    let found = interpolation_search(&nums, target);
    println!("nums contains {target}: {found}");
    // nums contains 27: true

    let nums = [0,1,2,10,16,19,31,35,36,38,40,42,43,55];
    let found = interpolation_search(&nums, target);
    println!("nums contains {target}: {found}");
    // nums contains 27: false
}
```

仔细分析代码可以发现，除了插值的计算方式不同，其他的和二分查找几乎一样。内插查找在数据均分情况下的复杂度为 $O(\log \log(n))$，具体证明较复杂，详见参考文献 [11]。内插查找在最坏情况和平均情况下的复杂度均为 $O(n)$。

6.3.4　指数查找

指数查找是二分查找的另一种变体，其划分数据的方法不是使用平均值或插值，而是使用指数函数进行估计，这样可以快速找到上界，加快查找速度。指数查找适合已排序且无边界的数据。在查找过程中，不断比较 2^0、2^1、2^2、2^k 位置上的值和目标值的关系，进而确定搜索区域，之后在搜索区域内进行二分查找。

假设要在 [2,3,4,6,7,8,10,13,15,19,20,22,23,24,28] 这个包含 15 个元素的已排序集合中查找 22，你可以首先查看 2^0=1 位置上的数字是否超过 22，得到 3 < 22，所以继续查找 2^1、2^2、2^3 位置上的数字，发现对应的值 4、7、15 均小于 22。继续查找 $2^4 = 16$ 位置上的数字，可是 16 已经大于集合中元素的个数，超出范围，因此查找上界就是最后一个索引 14。

下面是实现的指数查找代码。注意下界是上界的一半，此处用的是移位操作。我们能找到一个上界，这说明上一次访问的值一定小于待查找的值，将上界的一半作为下界是合理的。当然，将 0 作为下界也可以，但是效率太低了。

```
// exponential_search.rs

fn exponential_search(nums: &[i32], target: i32) -> bool {
    let size = nums.len();
    if size == 0 { return false; }

    // 逐步找到上界
    let mut high = 1usize;
    while high < size && nums[high] < target {
        high <<= 1;
    }
    // 上界的一半一定可以作为下界
```

```
    let low = high >> 1;

    // 使用前面介绍的二分查找
    binary_search(&nums[low..size.min(high+1)], target)
}

fn main() {
    let nums = [1,9,10,15,16,17,19,23,27,28,29,30,32,35];
    let target = 27;
    let found = exponential_search(&nums, target);
    println!("nums contains {target}: {found}");
    // nums contains 27: true
}
```

分析上面的代码可以发现，指数查找分为两部分：第一部分是找到上界用于划分区间；第二部分是进行二分查找。划分区间的复杂度和查找目标 i 相关，复杂度为 $O(\log i)$；而二分查找的复杂度为 $O(\log n)$，n 为区间长度。区间长度为 $\text{high} - \text{low} = 2^{\log i} - 2^{\log i - 1} = 2^{\log i - 1}$，复杂度为 $O(\log(2^{\log i - 1})) = O(\log i)$。因此，总的复杂度为 $O(\log i + \log i) = O(\log i)$。

6.4 哈希查找

前面介绍的查找算法都是利用数据项在集合中相对于彼此存储的位置信息来进行查找的。通过排序数据，我们可以使用二分查找在对数时间内查找到数据项。这些数据项在集合中的位置信息由集合的有序性质提供，查找算法无从得知，因此需要不断地进行比较。

如果我们的算法能对不同数据项的保存地址有先验知识，那么查找时就不用依次比较了，而是可以直接获取。这种通过数据项直接获得其保存地址的方法被称为哈希查找（Hash Search）。哈希查找是一种复杂度为 $O(1)$ 的查找算法，也是速度最快的查找算法。

为了做到这一点，当我们在集合中查找数据项时，数据项的地址首先要存在，因此我们必须提供一种用于保存数据项且方便获取地址的数据结构，这就是哈希表（又称散列表）。哈希表以容易找到数据项的方式存储数据项，每个数据项位置通常被称为一个槽（地址）。这些槽可以从 0 开始命名，当然也可以是其他值。一旦选定了首槽，就对后续所有的槽相应地加 1。最初，哈希表不包含数据项，因此每个槽都是空的。可通过 Vec 来实现一个哈希表，并将其中的每个元素初始化为 None。图 6.4 展示了一个大小为 $m = 11$ 的哈希表，换句话说，这个哈希表有 11 个槽，它们分别被命名为 0 ~ 10。

图 6.4 哈希表

数据项及其在哈希表中所属槽之间的映射关系被称为哈希函数或散列函数。哈希函数接收集合中的任何数据项，并返回具体的槽名，这个动作被称为哈希或散列。假设我们有数据项 [24, 61, 84, 41, 56, 31] 和一个容量为 11 的哈希槽，只要将每一项输入哈希函数，就能得到它们在哈希表中的位置。一种简单的哈希函数就是求余，因为任何数对 11 求余，余数一定在 11 以内，也就是在 11 个槽的范围内，这能保证数据总是有槽来存放。

$$\text{hash(item)} = \text{item} \% 11 \tag{6.6}$$

结果如图 6.5 所示。

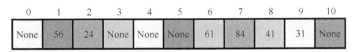

0	1	2	3	4	5	6	7	8	9	10
None	56	24	None	None	None	61	84	41	31	None

图 6.5　存储在哈希表中的数据

一旦计算了哈希值，就可以将数据项插入指定的槽中，见图 6.5。注意，11 个槽中的 6 个现在已被占用，此时哈希表的负载可用占用的槽数除以总槽数的比值来度量，称为负载因子，用 λ 表示，λ = 项数 / 哈希表大小，此处 λ = 6/11。负载因子可以作为评估指标，尤其当程序需要保存很多数据项时。若负载因子太大，则剩下的槽肯定不够用，可根据负载因子控制是否将哈希表扩容。Rust、Go 等语言就是通过这种机制来扩容哈希表的。当负载因子超过阈值时，哈希表就开始扩容，为后面插入数据做准备。

从图 6.5 中可以看出，哈希表中保存的数据不是有序的，而是无序的，并且非常乱。我们有哈希函数，不管数据怎么乱，都可以通过计算哈希值获取存储它们的槽。比如，要查询 56 是否存在，通过哈希计算，我们得到 hash(56) = 1，查看槽 1，发现数据为 56，所以 56 存在。上述查找操作的复杂度为 $O(1)$，因为只用在恒定时间内算出槽的位置并查看数据。哈希查找非常优秀，但也要注意冲突。假如现在插入 97，那么 hash(97) = 9，查看槽 9，发现数据是 31，不等于 97，此时发生冲突。冲突必须解决，不然哈希表就无法使用。

6.4.1　哈希函数

哈希函数直接对数据项求余，并使余数在一定范围内。由此可见，一个算法只要能根据数据项求得一个在一定范围内的数，这个算法就可以看成哈希函数。通过对哈希函数进行改进，我们就能减小发生冲突的概率，实现可用的哈希表。

第一种改进方法是分组求和法：首先将数据项划分为大小相等的块（最后一块除外），然后将这些数据项加起来并求余。例如，如果数据项是电话号码 316-545-0134，则可以将电话号码分成两位数，不足的补 0，于是得到 [31,65,45,01,34]。先求和得到 176，再对 11 求余，便可得到哈希值（槽）为 0。当然，电话号码也可以分成三位数，甚至反转数字，最后对 11 求余。哈希函数的种类非常多，因为只要能得出一个值并求余就行，而这个值可以采用各种方法得到。

分组求和法可以求哈希值，平方取中法也可以，这是另一种哈希算法。首先对数据项求平方，然后提取平方的中间部分作为值来求余。比如，数字 36 的平方为 1296，取中间部分 29，求余得到 hash(29) = 7，所以 36 应该保存在槽 7 处。

如果保存的是字符串，则可以基于字符的 ASCII 值来求余。字符串 "rust" 包含 4 个字符，它们的 ASCII 值分别为 114、117、115、116，求和得到 462，求余得到 hash(462) = 0。当然，"rust" 这个字符串看起来很巧，你也可以选择其他的字符串试试。比如 "Java"，其中 4 个字符的 ASCII 值分别为 74、97、118、97，求和得到 386，求余得到 hash(386) = 1，所以字符串 "Java" 应保存在槽 1 处，如图 6.6 所示。

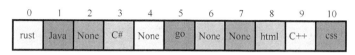

图 6.6 字符串 "Java" 保存在槽 1 处

ASCII 哈希函数的实现如下。

```rust
// hash.rs

fn hash1(astr: &str,  size: usize) -> usize {
    let mut sum = 0;
    for c in astr.chars() {
        sum += c as usize;
    }

    sum % size
}

fn main() {
    let s1 = "rust"; let s2 = "Rust";
    let size = 11;

    let p1 = hash1(s1, size);
    let p2 = hash1(s2, size);
    println!("{s1} in slot {p1}, {s2} in slot {p2}");
    // rust in slot 0, Rust in slot 1
}
```

当使用这个函数时，哈希冲突比较严重，你可以稍微修改一下。例如，在对 11 求余时，将字符串 "Rust" 中不同字符的位置作为权重。

$$
\begin{aligned}
\text{hash(rust)} &= (0 \times 114 + 1 \times 117 + 2 \times 115 + 3 \times 116) \% 11 \\
&= 695 \% 11 \\
&= 2
\end{aligned}
$$

(6.7)

当然，下标不一定从 0 开始，从 1 开始比较好。因为如果从 0 开始，那么第一个字符对总和没有贡献。

$$hash(rust) = (1 \times 114 + 2 \times 117 + 3 \times 115 + 4 \times 116) \% 11$$
$$= 1157 \% 11 \qquad\qquad (6.8)$$
$$= 2$$

```rust
// hash.rs

fn hash2(astr: &str,  size: usize) -> usize {
    let mut sum = 0;
    for (i, c) in astr.chars().enumerate() {
        sum += (i + 1) * (c as usize);
    }
    sum % size
}

fn main() {
    let s1 = "rust"; let s2 = "Rust";
    let size = 11;

    let p1 = hash2(s1, size);
    let p2 = hash2(s2, size);
    // rust in slot 2, Rust in slot 3
}
```

重要的是，哈希函数必须非常高效，以免耗时成为主要部分。如果哈希函数太复杂，甚至比顺序查找或二分查找还耗时，比如打破哈希表的 $O(1)$ 复杂度，那就得不偿失了。

6.4.2　解决哈希冲突

前面我们没有处理哈希冲突的问题，比如上面以位置为权重的哈希函数。若下标从 0 开始，则字符串 "rust" 和 "Rust" 就会发生哈希冲突。当两项被散列到同一个槽时，我们必须通过某种方法将冲突项也放入哈希表中，这个过程被称为冲突解决。

若哈希函数是完美的，则永远不会发生哈希冲突。然而，由于内存有限且真实情况复杂，完美的哈希表并不存在。解决哈希冲突的一种直观方法就是查找哈希表并尝试找到下一个空槽来保存冲突项。最简单的方法则是从原哈希冲突处开始，以顺序方式查找空槽，直至遇到第一个空槽为止。注意，到达末尾后，可以从头开始查找。这类冲突解决方法被称为开放寻址法，线性探测法是典型代表，其试图在哈希表中线性地探测到下一个空槽。图 6.7 所示是槽为 11 的哈希表。

图 6.7　槽为 11 的哈希表

144

当我们尝试插入 35 时，插入位置应为槽 2，但我们发现槽 2 处存在 24，所以此时从槽 2 开始查找空槽。我们发现槽 3 是空的，所以在此处插入 35，如图 6.8 所示。

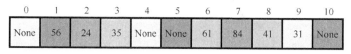

图 6.8　在槽 3 处插入 35

继续插入 47，我们发现槽 3 处存在 35，所以需要查找下一个空槽。我们发现槽 4 是空的，所以在槽 4 处插入 47，如图 6.9 所示。

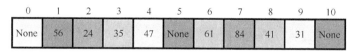

图 6.9　在槽 4 处插入 47

一旦使用开放寻址法建立了哈希表，后面就必须遵循相同的方法来查找数据项。假设查找 56，计算哈希为 1，查表发现刚好是 56，所以返回 true。如果查找 35，计算哈希为 2，查表发现是 24，不是 35，此时不能返回 false。因为可能发生过哈希冲突，所以需要进行顺序查找，直至找到 35 或空槽，抑或循环一圈再次回到 24 时才能停止并返回结果。

线性查找的缺点在于数据项聚集。数据项在哈希表中聚集，这意味着如果在相同的哈希槽处发生多次冲突，那么在通过线性探测填充多个后续槽之后，结果原本该插入这些槽的值被迫插入其他地方，而这种顺序查找非常费时，复杂度不止 O(1)。处理数据项聚集的一种方法是使用扩展开放寻址技术，在发生哈希冲突时，不是顺序查找下一个开放槽，而是跳过若干槽，从而更均匀地分散引起哈希冲突的数据项。比如，当插入 35 时，发生哈希冲突，那么从此处开始，查看第 3 个槽，也就是每隔 3 个槽查看一次，这样就将冲突分散开了。此时插入 47，就没有冲突了，这种方式有一定的效果，能缓解数据项聚集，如图 6.10 所示。

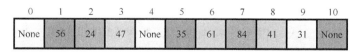

图 6.10　使用扩展开放寻址技术解决哈希冲突

在哈希表发生冲突后，寻找另一个槽的过程被称为重哈希（再哈希、重散列等），计算方法如下：

$$\text{rehash}(pos) = (pos + n) \% size \qquad (6.9)$$

注意，跳过的大小必须使得哈希表中的所有槽最终都能被访问。为确保这一点，建议哈希表的大小是素数，这也是示例中使用 11 作为哈希表大小的原因。

解决哈希冲突的另一种方法是拉链法。也就是说，对于每个冲突的位置，设置一个冲突链表来保存数据项，如图 6.11 所示。查找时，发现冲突后，就到冲突链上进行顺序查找，此时复杂度为 $O(n)$。当然，冲突链上的数据可以排序，然后借助二分查找，此时复杂度为 $O(\log_2(n))$。如果冲突链太长，你还可以将冲突链改成红黑树，这样结构会更加稳定。拉链法是许多编程语言内置的解决哈希冲突的默认实现。

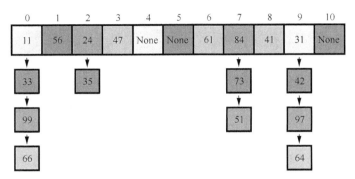

图 6.11 使用拉链法解决哈希冲突

6.4.3 Rust 实现 HashMap

Rust 集合类型中最有用的是 HashMap，这是一种关联数据类型，可在其中存储键–值对。键用于查找位置，因为数据位置不定，这种查找类似于在地图上查找地点，所以这种数据结构被称为 HashMap。

HashMap 的抽象数据类型由以下结构和操作定义。HashMap 是键值间关联的无序集合，其中的键都是唯一的，键和值之间存在一对一关系。

- new()：创建一个新的 HashMap，不需要参数，返回一个空的 HashMap。
- insert(k,v)：向 HashMap 中添加一个新的键–值对，需要参数 k 和 v。如果键 k 存在，则用新值 v 替换旧值。无返回值。
- remove(k)：从 HashMap 中删除某个键，需要参数 k，返回与所删除的键对应的值。
- get(k)：给定键 k，返回存储在 HashMap 中的值 v（可能为 None），需要参数 k。
- contains(k)：如果键 k 存在，则返回 true，否则返回 false，需要参数 k。
- len()：返回存储在 HashMap 中的键–值对的数量，不需要参数。

假设 h 是一个新创建的 HashMap，初始时无值，用 {} 表示。表 6.2 展示了各种 HashMap 操作及操作结果。

表 6.2　各种 HashMap 操作及操作结果

HashMap 操作	HashMap 的当前值	操作的返回值
h.is_empty()	{}	true
h.insert("a", 1)	{a:1}	
h.insert("b", 2)	{a:1, b:2}	
h.insert("c", 3)	{a:1, b:2, c:3}	
h.get("b")	{a:1, b:2, c:3}	Some(2)
h.get("d")	{a:1, b:2, c:3}	None
h.len()	{a:1, b:2, c:3}	3
h.contains("c")	{a:1, b:2, c:3}	true
h.contains("e")	{a:1, b:2, c:3}	false
h.remove("a")	{b:2, c:3}	Some(1)
h.remove("a")	{b:2, c:3}	None
h.insert("a", 1)	{b:2, c:3, a:1}	
h.contains("a")	{b:2, c:3, a:1}	true
h.len()	{b:2, b:3, a:1}	3
h.get("a")	{b:2, c:3, a:1}	Some(1)
h.remove("c")	{b:2, a:1}	Some(3)
h.contains("c")	{b:2, a:1}	false

　　当然，在实际实现时，可采用两个 Vec（slot 和 data）来分别保存键和值，data 保存值，slot 保存键。下标从 1 开始，0 为槽中默认的数据。HashMap 是用结构体封装的，为了控制容量，我们可以添加 cap 参数。

```
// hashmap.rs

// slot 保存键
// data 保存值
// cap  控制容量
#[derive(Debug, Clone, PartialEq)]
struct HashMap <T> {
    cap: usize,
    slot: Vec<usize>,
    data: Vec<T>,
}
```

　　重哈希函数 rehash 可以设置为加 1 的线性探索法（简单且易于实现）。HashMap 的初始大小可以设置为 11，当然也可以设置为其他素数，比如 13、17、19、23、29 等。下面是 HashMap 的完整实现代码。

```rust
// hashmap.rs

impl<T: Clone + PartialEq + Default> HashMap<T> {
    fn new(cap: usize) -> Self {
        // 初始化 slot 和 data
        let mut slot = Vec::with_capacity(cap);
        let mut data = Vec::with_capacity(cap);
        for _i in 0..cap{
            slot.push(0);
            data.push(Default::default());
        }

        HashMap { cap, slot, data }
    }

    fn len(&self) -> usize {
        let mut len = 0;
        for &d in self.slot.iter() {
            // 槽中的数据不为 0，表示有数据，对 len 加 1
            if 0 != d  {
                len += 1;
            }
        }
        len
    }

    fn is_empty(&self) -> bool {
        let mut empty = true;
        for &d in self.slot.iter() {
            if 0 != d  {
                empty = false;
                break;
            }
        }

        empty
    }

    fn clear(&mut self) {
        let mut slot = Vec::with_capacity(self.cap);
        let mut data = Vec::with_capacity(self.cap);
        for _i in 0..self.cap{
            slot.push(0);
            data.push(Default::default());
        }

        self.slot = slot;
        self.data = data;
    }

    fn hash(&self, key: usize) -> usize {
        key % self.cap
    }
```

```rust
fn rehash(&self, pos: usize) -> usize {
    (pos + 1) % self.cap
}

fn insert(&mut self, key: usize, value: T) {
    if 0 == key { panic!("Error: key must > 0"); }

    let pos = self.hash(key);
    if 0 == self.slot[pos] {
        // 槽中没有数据，直接插入
        self.slot[pos] = key;
        self.data[pos] = value;
    } else {
        // 要插入的槽中有数据，寻找下一个可行的插入位置
        let mut next = self.rehash(pos);
        while 0 != self.slot[next]
            && key != self.slot[next] {
            next = self.rehash(next);

            // 槽满了就退出
            if next == pos {
                println!("Error: slot is full!");
                return;
            }
        }

        // 在找到的槽中插入数据
        if 0 == self.slot[next] {
            self.slot[next] = key;
            self.data[next] = value;
        } else {
            self.data[next] = value;
        }
    }
}

fn remove(&mut self, key: usize) -> Option<T> {
    if 0 == key { panic!("Error: key must > 0"); }

    let pos = self.hash(key);
    if 0 == self.slot[pos] {
        // 槽中无数据，返回 None
        None
    } else if key == self.slot[pos] {
        // 找到相同的键，更新 slot 和 data
        self.slot[pos] = 0;
        let data = Some(self.data[pos].clone());
        self.data[pos] = Default::default();
        data
    } else {
        let mut data: Option<T>  = None;
        let mut stop = false;
        let mut found = false;
        let mut curr = pos;
```

```
                while 0 != self.slot[curr] && !found && !stop {
                    if key == self.slot[curr] {
                        // 找到了值, 删除数据
                        found = true;
                        self.slot[curr] = 0;
                        data = Some(self.data[curr].clone());
                        self.data[curr] = Default::default();
                    } else {
                        // 哈希回到最初的位置, 说明找了一圈仍没有找到
                        curr = self.rehash(curr);
                        if curr == pos {
                            stop = true;
                        }
                    }
                }
            }
            data
        }
    }

    fn get_pos(&self, key: usize) -> usize {
        if 0 == key {
            panic!("Error: key must > 0");
        }

        // 计算数据的位置
        let pos = self.hash(key);
        let mut stop = false;
        let mut found = false;
        let mut curr = pos;

        // 循环查找数据
        while 0 != self.slot[curr] && !found && !stop {
            if key == self.slot[curr] {
                found = true;
            } else {
                // 哈希回到最初的位置, 说明找了一圈仍没有找到
                curr = self.rehash(curr);
                if curr == pos {
                    stop = true;
                }
            }
        }

        curr
    }

    // 获取 val 的普通引用及可变引用
    fn get(&self, key: usize) -> Option<&T> {
        let curr = self.get_pos(key);
        self.data.get(curr)
    }

    fn get_mut(&mut self, key: usize) -> Option<&mut T> {
        let curr = self.get_pos(key);
```

150

```
            self.data.get_mut(curr)
        }

        fn contains(&self, key: usize) -> bool {
            if 0 == key {
                panic!("Error: key must > 0");
            }

            self.slot.contains(&key)
        }

        // 为 HashMap 实现的迭代及可变迭代功能
        fn iter(&self) -> Iter<T> {
            let mut iterator = Iter { stack: Vec::new() };
            for item in self.data.iter() {
                iterator.stack.push(item);
            }

            iterator
        }

        fn iter_mut(&mut self) -> IterMut<T> {
            let mut iterator = IterMut { stack: Vec::new() };
            for item in self.data.iter_mut() {
                iterator.stack.push(item);
            }

            iterator
        }
    }

// 实现迭代功能
struct Iter<'a, T: 'a> { stack: Vec<&'a T>, }
impl<'a, T> Iterator for Iter<'a, T> {
    type Item = &'a T;
    fn next(&mut self) -> Option<Self::Item> {
        self.stack.pop()
    }
}

struct IterMut<'a, T: 'a> { stack: Vec<&'a mut T>, }
impl<'a, T> Iterator for IterMut<'a, T> {
    type Item = &'a mut T;
    fn next(&mut self) -> Option<Self::Item> {
        self.stack.pop()
    }
}

fn main() {
    basic();
    iter();

    fn basic() {
        let mut hmap = HashMap::new(11);
        hmap.insert(2,"dog");
```

```
        hmap.insert(3,"tiger");
        hmap.insert(10,"cat");

        println!("empty: {}, size: {:?}",
                    hmap.is_empty(), hmap.len());
        println!("contains key 2: {}", hmap.contains(2));
        println!("key 3: {:?}", hmap.get(3));
        let val_ptr = hmap.get_mut(3).unwrap();
        *val_ptr = "fish";
        println!("key 3: {:?}", hmap.get(3));
        println!("remove key 3: {:?}", hmap.remove(3));
        println!("remove key 3: {:?}", hmap.remove(3));

        hmap.clear();
        println!("empty: {}, size: {:?}",
                    hmap.is_empty(), hmap.len());
    }

    fn iter() {
        let mut hmap = HashMap::new(11);
        hmap.insert(2,"dog");
        hmap.insert(3,"tiger");
        hmap.insert(10,"cat");

        for item in hmap.iter() {
            println!("val: {item}");
        }

        for item in hmap.iter_mut() {
            *item = "fish";
        }

        for item in hmap.iter() {
            println!("val: {item}");
        }
    }
}
```

运行结果如下:

```
empty: false, size: 3
contains key 2: true
key 3: Some("tiger")
key 3: Some("fish")
remove key 3: Some("fish")
remove key 3: None
empty: true, size: 0
val: cat
val:
val:
val:
val:
val:
val:
val: tiger
```

```
val: dog
val:
val:
val: fish
val: fish
val: fish
val: fish
val: fish
val: fish
val: fish
val: fish
val: fish
val: fish
val: fish
```

6.4.4 HashMap 的复杂度

在最好的情况下，哈希表可以提供 $O(1)$ 的查找复杂度。然而，由于哈希冲突，查找过程中比较的次数通常会变动。这种冲突越激烈，查找算法的性能越差。一种好的评估指标是负载因子 λ。负载因子小，则发生冲突的可能性也小，这意味着数据项更可能在它们所属的槽中。负载因子大，则意味着哈希表快填满，冲突越来越多。同时，这也意味着冲突解决更复杂，需要进行更多的比较才能找到一个空槽。即便使用拉链法，冲突增加也意味着冲突链上数据项的增加，在进行查找的时候，在冲突链上花费的时间将占主要部分。

每次查找的结果都是成功或不成功。对于使用线性探测的开放寻址法进行的查找，成功时的平均比较次数约为 $\dfrac{1+\dfrac{1}{1-\lambda}}{2}$，不成功时的比较次数约为 $\dfrac{1+\left(\dfrac{1}{1-\lambda}\right)^2}{2}$。如果使用拉链法，则查找成功时的平均比较次数为 $1+\lambda/2$，查找不成功时的比较次数为 λ。总体来说，哈希表的查找复杂度约为 $O(\lambda)$。

6.5 小结

本章主要介绍了各种查找算法，包括顺序查找、二分查找和哈希查找。顺序查找是最简单和直观的查找算法，其复杂度为 $O(n)$。二分查找每次都去掉一半的数据，速度比较快，但要求数据有序，其复杂度为 $O(\log_2(n))$。基于二分查找，业内衍生出了类似内插查找和指数查找这样的查找算法，它们适合的数据分布类型不同。哈希查找是利用 HashMap 实现的一种复杂度为 $O(1)$ 的查找算法。需要注意的是，哈希表容易冲突，你需要采取合理的措施来解决冲突，比如开放寻址法、拉链法。在学习查找算法的过程中，我们发现排序对于查找算法加快查找速度很有帮助。接下来，我们将学习排序算法。

第7章 排　　序

本章主要内容

- 了解排序思想
- 能用 Rust 实现十大基本排序算法

7.1　什么是排序

排序是以某种顺序在集合中放置元素的过程。例如，在玩"斗地主"游戏时，大家在拿到自己的牌之后，都会抽来抽去地将各种牌按顺序或花色放到一起，这样做是为了思考和出牌；一堆散乱的单词，可以按字母顺序或长度排序；城市则可按人口、地区排序。使事物有序是人类的一项基本生存能力，有序才能使一切进展顺利。

在计算机科学中，排序是一个重要的研究领域。众多计算机科学先驱对排序算法的研究及使用做出了杰出贡献，推动了计算机科学和社会的发展。我们已经见过许多能够从有序数据中获益的算法，包括顺序查找和二分查找等，这证明了排序的重要性。与查找算法一样，排序算法的效率与处理的项数有关。一方面，对于小的数据集，复杂的排序算法开销太大。另一方面，对于大的数据集，简单的算法性能又太差。在本章中，我们将讨论多种排序算法，并对它们的性能进行比较。

在分析特定的排序算法之前，你首先需要知道排序涉及的核心操作就是比较，因为序列、顺序、有序是靠比较得出的。说白了，比较就是查看哪个更大，哪个更小。比较其实是针对某个指标而言的，这个指标可以很简单，如数字大小；也可以很抽象，如健康指数。另外，如果比较时发现顺序不对，则需要对数据的位置进行交换。在计算机科学中，交换数据被视为一种代价高昂的操作，交换的总次数对于评估算法的效率很关键。前面我们学习过大 O 分析法，本章的所有算法都将使用大 O 分析法来分析，这是评价排序算法最直观的指标。

排序还存在稳定与否的问题。例如，数据集 [1,4,9,8,5,5,2,3,7,6] 中有两个 5，不同的排序可能会将这两个 5 交换顺序，虽然它们仍然紧挨着，但原有的次序关系已经被破坏了。当然，对于纯数字这是无所谓的，但如果这些数字是数据结构中的某个键，比如下面这样的数据结构（其中包含个人信息），虽然 amount 参数的值都是 5，但显然两个人的姓名和年龄都不同，贸然排序会改变次序。

```
person {              person {
    amount: 5,            amount: 5,
    name: 张三,           name: 王五,
    phone: 133xx,         phone: 133xx,
    age: 20,              age: 24,
}                     }
```

例如，张三如果原本在前，排序后却被排到后面，就会出现问题。尤其是，有的算法依赖序列的稳定性，比如扣款这样的操作。因此，评价排序算法时不仅要看时间复杂度和空间复杂度，还要看稳定性。

对于集合的排序，存在各种各样的排序算法，但有十大基本排序算法是其他各种排序算法的基础，它们分别是冒泡排序、快速排序、选择排序、堆排序、插入排序、希尔排序、归并排序、计数排序、桶排序和基数排序。基于这十大基本排序算法还衍生出了许多改进算法，如鸡尾酒排序、梳子排序、二分插入排序、Flash 排序、蒂姆排序等。

7.2 冒泡排序

冒泡排序需要多次遍历集合，从而比较相邻的项并交换那些无序的项。每次遍历集合时，都将最大的值放在正确的位置。这类似于水烧开时，壶底的水泡往上冒的过程，因此被称为冒泡排序。

图 7.1 展示了冒泡排序的第一轮遍历，带灰色底纹的项正在比较是否乱序。如果数据集中有 n 项，则第一轮遍历时需要进行 $n-1$ 次比较。在第二轮遍历时，数据集中的最大值已经在正确的位置，剩下的 $n-1$ 项还需要排序，这意味着需要进行 $n-2$ 次比较。每一轮遍历的目的都是将下一个最大值放在适当的位置，所需的遍历轮数是 $n-1$。在完成 $n-1$ 轮遍历比较后，最小的项肯定在正确的位置，不需要做进一步处理。

仔细看图 7.1 中的对角线，可以发现最大值在不断地往最右侧移动，就像冒泡一样。冒泡排序涉及频繁的交换操作，交换是比较过程中常用的辅助操作。在 Rust 中，Vec 数据结构默认实现了 swap() 函数。当然，你也可以实现如下交换操作。

92	84	66	56	44	31	72	19	24
84	92	66	56	44	31	72	19	24
84	66	92	56	44	31	72	19	24
84	66	56	92	44	31	72	19	24
84	66	56	44	92	31	72	19	24
84	66	56	44	31	92	72	19	24
84	66	56	44	31	72	92	19	24
84	66	56	44	31	72	19	92	24
84	66	56	44	31	72	19	24	92

图 7.1 冒泡排序的第一轮遍历

```
// 交换
let temp = data[i];
data[i] = data[j];
data[j] = temp;
```

有的编程语言可以不用临时变量就直接交换值，如"data[i], data[j] = data[j], data[i]"，这是此类编程语言实现的特性，但在内部，它们还是使用了变量，只不过是同时操作两个值，如图 7.2 所示。

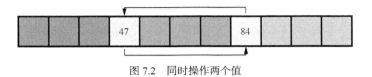

图 7.2　同时操作两个值

在 Rust 中，我们可以用 Vec 来实现冒泡排序。注意，为简化算法的设计，本章所有的待排序集合中保存的都是数字。

```rust
// bubble_sort.rs

fn bubble_sort1(nums: &mut [i32]) {
    if nums.len() < 2 {
        return;
    }

    for i in 1..nums.len() {
        for j in 0..nums.len()-i {
            if nums[j] > nums[j+1] {
                nums.swap(j, j+1);
            }
        }
    }
}
```

排序结果如下。

```rust
fn main() {
    let mut nums = [54,26,93,17,77,31,44,55,20];
    bubble_sort1(&mut nums);
    println!("sorted nums: {:?}", nums);
    // sorted nums: [17, 20, 26, 31, 44, 54, 55, 77, 93]
}
```

如果不想使用嵌套的 for 循环，也可以用 while 循环来实现冒泡排序。

```rust
// bubble_sort.rs

fn bubble_sort2(nums: &mut [i32]) {
```

156

```
    let mut len = nums.len() - 1;

    while len > 0 {
        for i in 0..len {
            if nums[i] > nums[i+1] {
                nums.swap(i, i+1);
            }
        }

        len -= 1;
    }
}

fn main() {
    let mut nums = [54,26,93,17,77,31,44,55,20];
    bubble_sort2(&mut nums);
    println!("sorted nums: {:?}", nums);
    // sorted nums: [17, 20, 26, 31, 44, 54, 55, 77, 93]
}
```

注意，不管数据项在初始集合中如何排列，算法都将进行 $n-1$ 轮遍历以排序 n 个数字。第一轮遍历需要比较 $n-1$ 次，第二轮遍历需要比较 $n-2$ 次，直到只需要比较 1 次为止。总的比较次数为

$$1+2+\cdots+n-1=\frac{n^2}{2}-\frac{n}{2} \tag{7.1}$$

式（7.1）计算的是前 $n-1$ 个整数的和，所以冒泡排序的时间复杂度是 $O\left(\frac{n^2}{2}-\frac{n}{2}\right)=O(n^2)$。

上面的两个冒泡排序算法虽然都实现了排序，但仔细分析就会发现，即便初始序列已经有序，算法也仍在不断地比较数据项，并在必要时交换值。实际上，对于有序的集合，就不应该再排序了，所以我们需要对算法进行优化。修改上面的算法，添加 compare 变量以控制是否继续比较，在遇到已排序集合时直接退出。

```
// bubble_sort.rs
fn bubble_sort3(nums: &mut [i32]) {
    // compare 变量用于控制是否继续比较
    let mut compare = true;
    let mut len = nums.len() - 1;

    while len > 0 && compare {
        compare = false;
        for i in 0..len {
            if nums[i] > nums[i+1] {
                // 数据无序，仍需要继续比较
                nums.swap(i, i+1);
                compare = true;
            }
        }
```

```
        len -= 1;
    }
}

fn main() {
    let mut nums = [54,26,93,17,77,31,44,55,20];
    bubble_sort3(&mut nums);
    println!("sorted nums: {:?}", nums);
    // sorted nums: [17, 20, 26, 31, 44, 54, 55, 77, 93]
}
```

　　冒泡排序从第一个数开始，依次往后进行比较。冒泡排序需要对所有相邻的元素进行两两比较，并根据大小交换元素的位置。在这个过程中，元素是单向交换的，也就是说，只能从左往右交换。那么，是否可以从右往左排序呢？从左往右是升序排列，如果从右往左进行降序排列，那么这种双向排序法也一定能完成排序。这种排序被称为鸡尾酒排序，它是冒泡排序的一种变体。鸡尾酒排序稍微优化了冒泡排序，但其复杂度仍是 $O(n^2)$。若序列已经排序，则鸡尾酒排序的复杂度接近 $O(n)$。

```
// cocktail_sort.rs

fn cocktail_sort(nums: &mut [i32]) {
    if nums.len() <= 1 { return; }

    // bubble 变量用于控制是否继续冒泡
    let mut bubble = true;
    let len = nums.len();
    for i in 0..(len >> 1) {
        if bubble {
            bubble = false;
            // 从左往右冒泡
            for j in i..(len - i - 1) {
                if nums[j] > nums[j+1] {
                    nums.swap(j, j+1);
                    bubble = true
                }
            }
            // 从右往左冒泡
            for j in (i+1..=(len - i - 1)).rev() {
                if nums[j] < nums[j-1] {
                    nums.swap(j-1, j);
                    bubble = true
                }
            }
        } else {
            break;
        }
    }
}

fn main() {
    let mut nums = [1,3,2,8,3,6,4,9,5,10,6,7];
    cocktail_sort(&mut nums);
```

```
    println!("sorted nums {:?}", nums);
    // sorted nums [1, 2, 3, 3, 4, 5, 6, 6, 7, 8, 9, 10]
}
```

冒泡排序只比较相邻项，元素间距为 1。梳排序的比较间距则可以大于 1。梳排序的比较间距刚开始时被设置为序列的长度，然后在循环中以固定的比例递减，通常递减率为 1.3，这是我们通过实验得到的最有效递减率。当比较间距为 1 时，梳排序便退化为冒泡排序。梳排序旨在尽量把逆序的数字往前移动并保证当前间隔内的数字有序，类似于用梳子理顺头发，间隔则类似于梳齿之间的间隙。梳排序的时间复杂度为 $O(n \log n)$、空间复杂度为 $O(1)$，属于不稳定的排序算法。

```rust
// comb_sort.rs

fn comb_sort(nums: &mut [i32]) {
    if nums.len() <= 1 { return; }
    let mut i;
    let mut gap: usize = nums.len();
    // 大致排序，数据基本有序
    while gap > 0 {
        gap = (gap as f32 * 0.8) as usize;
        i = gap;
        while i < nums.len() {
            if nums[i-gap] > nums[i] {
                nums.swap(i-gap, i);
            }
            i += 1;
        }
    }
    // 细致地调节部分无序数据，exchange 变量用于控制是否继续交换数据
    let mut exchange = true;
    while exchange {
        exchange = false;
        i = 0;
        while i < nums.len() - 1 {
            if nums[i] > nums[i+1] {
                nums.swap(i, i+1);
                exchange = true;
            }
            i += 1;
        }
    }
}

fn main() {
    let mut nums = [1,2,8,3,4,9,5,6,7];
    comb_sort(&mut nums);
    println!("sorted nums {:?}", nums);
    // sorted nums [1, 2, 3, 4, 5, 6, 7, 8, 9]
}
```

冒泡排序还有一个问题，就是需要合理安排好边界下标值，如 i、j、$i+1$、$j+1$，一点儿都不能错。下面是 2021 年发布的一种不需要处理边界下标值的排序算法[12]，非常直观。乍

一看以为是冒泡排序，但它实际上类似于插入排序，并且看起来是降序排列，但实际上是升序排列。

```rust
// CantBelieveItCanSort.rs

fn cbic_sort1(nums: &mut [i32]) {
    for i in 0..nums.len() {
        for j in 0..nums.len() {
            if nums[i] < nums[j] { nums.swap(i, j); }
        }
    }
}

fn main() {
    let mut nums = [54,32,99,18,75,31,43,56,21,22];
    cbic_sort1(&mut nums);
    println!("sorted nums {:?}", nums);
    // sorted nums [18, 21, 22, 31, 32, 43, 54, 56, 75, 99]
}
```

当然，你也可以实现降序排列，像下面这样改小于符号为大于符号就行。

```rust
// CantBelieveItCanSort.rs

fn cbic_sort2(nums: &mut [i32]) {
    for i in 0..nums.len() {
        for j in 0..nums.len() {
            if nums[i] > nums[j] { nums.swap(i, j); }
        }
    }
}

fn main() {
    let mut nums = [54,32,99,18,75,31,43,56,21,22];
    cbic_sort2(&mut nums);
    println!("sorted nums {:?}", nums);
    // sorted nums [99, 75, 56, 54, 43, 32, 31, 22, 21, 18]
}
```

上面这种算法只用了两个 for 循环，边界下标值也不用处理，直接用就行了。这看起来确实非常像冒泡排序，或者说，它才是我们下意识里认为冒泡排序该有的样子。然而，这种算法只是直觉上很像冒泡排序定义的排序算法，实际上却不是。

7.3　快速排序

快速排序和冒泡排序有相似之处，应该说，快速排序是冒泡排序的升级版。快速排序使用分而治之的策略来加快排序速度，这又和二分思想、递归思想有些类似。

快速排序只有两个步骤，一是选择中枢值，二是分区排序。从集合中选择某个值作为中枢值是为了帮助拆分集合。注意，中枢值不一定要选集合中间位置的值，中枢值应该是在最终排序集合中处于中间位置或靠近中间位置的值，这样排序速度才快。有很多不同的方法可用于选择中枢值，这里只为说明原理，不考虑算法优化，因此直接选择第一项作为中枢值。如图 7.3 所示，选择 84 作为中枢值，实际上，排好序后，84 并不在中间，而是处于倒数第二的位置。56 才在中间。因此，如果能选到 56 作为中枢值，算法就会非常高效。

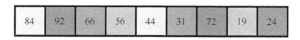

图 7.3　集合中的数据

选好中枢值（深灰色值）后，还需要设置左、右两个标记用于比较。这两个标记处于除中枢值外的最左端和最右端。图 7.4 展示了不同中枢值对应的不同标记位置。

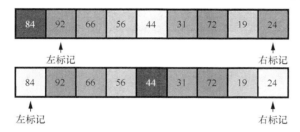

图 7.4　不同中枢值对应的不同标记位置

可以看到，左、右标记要尽可能相互远离，处于左、右两个极端最好。分区的目标是移动相对于中枢值错位的值，通过比较左、右标记和中枢位置的值，交换小值到左标记处，并交换大值到右标记处，如图 7.5 所示。通过这种重复交换的方式，就可以快速实现数据的基本有序。

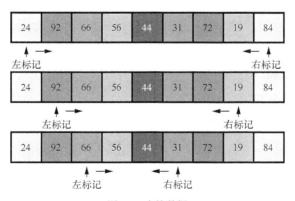

图 7.5　交换数据

首先右移左标记，直到找到一个大于或等于中枢值的值为止。然后左移右标记，直到找到一个小于或等于中枢值的值为止。如果左标记处的值大于右标记处的值，就交换这两个值。此处，84 和 24 恰好满足条件，所以直接交换它们。重复上述过程，直到左、右标记相互越过对方。继续比较左、右标记处的值，若后者小于前者，将后者和中枢值交换，否则将前者和中枢值交换。右标记处的值可以作为分裂点，用于将集合分为左、右两个区间，如图 7.6 所示。在左、右区间递归地进行快速排序，直到最终完成排序为止。

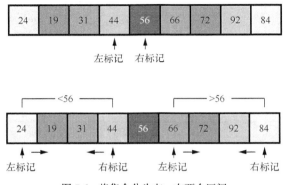

图 7.6　将集合分为左、右两个区间

可以看到，只要对左、右两个区间分别执行快速排序，最终就能完成排序。如果集合的长度小于或等于 1，则说明已经完成排序，直接退出。具体实现如下，我们为分区设置了专门的分区函数 partition，此处取集合中的第一项作为中枢值。

```rust
// quick_sort.rs
fn quick_sort1(nums: &mut [i32], low: usize, high: usize) {
    if low < high {
        let split = partition(nums, low, high);
        // 防止越界 (split <= 1) 和语法错误
        if split > 1 {
            quick_sort1(nums, low, split - 1);
        }
        quick_sort1(nums, split + 1, high);
    }
}

fn partition(nums:&mut[i32], low:usize,high:usize) -> usize {
    let mut lm = low; let mut rm = high; // 左、右标记

    loop {
        // 将左标记不断右移
        while lm <= rm && nums[lm] <= nums[low] {
            lm += 1;
        }
        // 将右标记不断左移
        while lm <= rm && nums[rm] >= nums[low] {
            rm -= 1;
```

```
            }
            // 当左标记越过右标记时退出并交换左、右标记处的值
            if lm > rm {
                break;
            } else {
                nums.swap(lm, rm);
            }
        }
        nums.swap(low, rm);
        rm
}

fn main() {
    let mut nums = [54,26,93,17,77,31,44,55,20];
    let high = nums.len() - 1;
    quick_sort1(&mut nums, 0, high);
    println!("sorted nums: {:?}", nums);
    // sorted nums: [17, 20, 26, 31, 44, 54, 55, 77, 93]
}
```

当然，也可以不单独设置分区函数，而是直接用递归方法完成快速排序。

```
// quick_sort.rs

fn quick_sort2(nums: &mut [i32], low: usize, high: usize) {
    if low >= high { return; }

    let mut lm = low;
    let mut rm = high;
    while lm < rm {
        // 将右标记不断左移
        while lm < rm && nums[low] <= nums[rm] {
            rm -= 1;
        }
        // 将左标记不断右移
        while lm < rm && nums[lm] <= nums[low] {
            lm += 1;
        }
        // 交换左、右标记处的值
        nums.swap(lm, rm);
    }
    // 交换分割点数据
    nums.swap(low, lm);

    if lm > 1 { quick_sort2(nums, low, lm - 1); }
    quick_sort2(nums, rm + 1, high);
}

fn main() {
    let mut nums = [54,26,93,17,77,31,44,55,20];
    let high = nums.len() - 1;
    quick_sort2(&mut nums, 0, high);
    println!("sorted nums: {:?}", nums);
    // sorted nums: [17, 20, 26, 31, 44, 54, 55, 77, 93]
}
```

对于长度为 n 的集合，如果总在中间分区，则会出现 $\log_2(n)$ 个分区。为了找到分割点，我们需要针对中枢值检查 n 项中的每一项，复杂度为 $n \log_2(n)$。在最坏的情况下，分割点不在中间，而是偏左或偏右。此时需要不断地对第 1 项和第 n-1 项重复排序 n 次，复杂度为 $O(n^2)$。

快速排序需要递归，递归太深的话，性能就会下降。一种名为内观排序的算法可以克服这个缺陷，递归深度超过 $\log(n)$ 后，快速排序会转为堆排序。当项数较少（ $n < 20$ ）时，则转为插入排序。这种由不同排序算法混合而成的排序算法既能在常规数据集上实现快速排序的高性能，又能在最坏情况下保持复杂度为 $O(n \log(n))$。内观排序是 C++ 内置的排序算法。快速排序总是将待排序的集合分成两个区域来排序，如果有大量重复元素，则快速排序会重复进行比较，浪费资源。解决方法是将集合分成三个区域来排序，重复元素被放到第三个区域，排序时只对另外两个区域排序。选择重复数据作为中枢值，小于中枢值的放到左区，大于中枢值的放到右区，等于中枢值的放到中区，然后对左、右区域递归地进行快速排序。

7.4　插入排序

插入排序通过插入数据项来实现排序。尽管复杂度仍为 $O(n^2)$，但其工作方式略有不同。插入排序始终在数据集的较低位置维护一个有序的子序列，然后将新项插入子序列，使子序列扩大，最终实现对整个数据集的排序。

假设刚开始时子序列中只有一项，位置为 0。下次遍历时，对于第 1 项～第 n-1 项，将其与子序列中的每一项做比较，如果小于该项，将其插到该项的前面。如果大于该项，则增长子序列，使长度加 1。接着重复比较过程，从剩余的未排序项中取数据进行比较。结果要么插入子序列中的某个位置，要么增长子序列，最终便可得到排好序的数据集，如图 7.7 所示。深灰色的代表有序区域，浅灰色的代表无序区域，每一行代表一次排序操作，底部是排序结果。

84	92	66	56	44	31	72	19	24	假设84已排序
84	92	66	56	44	31	72	19	24	仍然有序
66	84	92	56	44	31	72	19	24	插入66
56	66	84	92	44	31	72	19	24	插入56
44	56	66	84	92	31	72	19	24	插入44
31	44	56	66	84	92	72	19	24	插入31
31	44	56	66	72	84	92	19	24	插入72
19	31	44	56	66	72	84	92	24	插入19
19	24	31	44	56	66	72	84	92	插入24

图 7.7　插入排序

```
// insertion_sort.rs
fn insertion_sort(nums: &mut [i32]) {
    if nums.len() < 2 { return; }
    for i in 1..nums.len() {
        let mut pos = i;
        let curr = nums[i];
        while pos > 0 && curr < nums[pos-1] {
            nums[pos] = nums[pos-1]; // 向后移动数据
            pos -= 1;
        }
        nums[pos] = curr;             // 插入数据
    }
}
fn main() {
    let mut nums = [54,32,99,18,75,31,43,56,21];
    insertion_sort(&mut nums);
    println!("sorted nums: {:?}", nums);
    // sorted nums: [18, 21, 31, 32, 43, 54, 56, 75, 99]
}
```

上面实现的插入排序需要和已排序元素逐个进行比较，第 6 章介绍的二分查找可以快速找到元素在已排序子序列中的位置，我们可以利用二分查找来加快插入排序的排序速度。

```
// binary_insertion_sort.rs

fn binary_insertion_sort(nums: &mut [i32]) {
    let mut temp;
    let mut left;
    let mut mid;
    let mut right;

    for i in 1..nums.len() {
        left = 0; right = i - 1;  // 已排序数据的左、右边界
        temp = nums[i];            // 待排序数据

        // 利用二分查找，找到 temp 的位置
        while left <= right {
            mid = (left + right) >> 1;
            if temp < nums[mid] {
                // 防止出现 right = 0 - 1
                if 0 == mid { break; }
                right = mid - 1;
            } else {
                left = mid + 1;
            }
        }
        // 将数据后移，留出空位
        for j in (left..=i-1).rev() { nums.swap(j, j+1); }
        // 将 temp 插入空位
        if left != i { nums[left] = temp; }
    }
}
```

```
fn main() {
    let mut nums = [1,3,2,8,6,4,9,7,5,10];
    binary_insertion_sort(&mut nums);
    println!("sorted nums: {:?}", nums);
    // sorted nums: [1, 2, 3, 4, 5, 6, 7, 8, 9, 10]
}
```

7.5 希尔排序

希尔排序又称为递减增量排序。作为一种非稳定排序算法，希尔排序会将原始集合划分为多个较小的子集合，然后对每个子集合进行插入排序。选择子集合的方式是希尔排序的关键。希尔排序不是将集合均匀地拆分为连续项的子列表，而是每隔几项就选择一项加入子集合，隔开的距离被称为增量（gap）。

如图 7.8 所示，假设原始集合有 9 项，如果使用 3 作为增量，则共有 3 个子集合，每个子集合包含 3 项，同一子集合中的项的颜色一样。这些隔开的元素可以看成连接在一起，这样就可以通过插入排序对同颜色的元素进行排序了。

84	92	66	56	44	31	72	19	24
84	92	66	56	44	31	72	19	24
84	92	66	56	44	31	72	19	24

图 7.8　以 3 作为增量

完成排序后，总体仍无序，如图 7.9 所示。虽然总体无序，但子集合并非完全无序，你可以看到，同一种颜色的子集合是有序的。只要再对整个集合进行插入排序，则很快就能将整个集合完全排好序。你会发现，此时的插入排序移动次数非常少，因为挨着的几项都处于自身所在子集合的有序位置，这些挨着的项也几乎有序，所以只需要进行少量次数的插入就能完成排序。

图 7.9　总体仍无序

在希尔排序中，增量是关键。你可以使用不同的增量，但增量是几，子集合就有几个。下面是希尔排序的实现，这里通过不断调整 gap 变量实现了排序。

```
// shell_sort.rs
```

```rust
fn shell_sort(nums: &mut [i32]) {
    // 插入排序（内部），数据相隔的距离为 gap
    fn ist_sort(nums: &mut [i32], start: usize, gap: usize) {
        let mut i = start + gap;
        while i < nums.len() {
            let mut pos = i;
            let curr = nums[pos];
            while pos >= gap && curr < nums[pos - gap] {
                nums[pos] = nums[pos - gap];
                pos -= gap;
            }

            nums[pos] = curr;
            i += gap;
        }
    }
    // 每次将 gap 减少一半，直到为 1 为止
    let mut gap  = nums.len() / 2;
    while gap > 0 {
        for start in 0..gap {
            ist_sort(nums, start, gap);
        }
        gap /= 2;
    }
}

fn main() {
    let mut nums = [54,32,99,18,75,31,43,56,21,22];
    shell_sort(&mut nums);
    println!("sorted nums: {:?}", nums);
    // sorted nums: [18, 21, 22, 31, 32, 43, 54, 56, 75, 99]
}
```

乍一看，希尔排序并不比插入排序好，因为最后一步还是进行了完整的插入排序。然而，希尔排序在划分好子集合并对子集合完成排序后，最后一步在进行插入排序时，需要执行的插入操作就非常少了，因为整个集合已经被较早的增量插入排序预先排好序了。换句话说，随着增量向 1 靠拢，整个集合都比上一次更有序，这使得总的排序操作非常高效。

希尔排序的复杂度稍微复杂一些，大致在 $O(n)$ 和 $O(n^2)$ 之间。如果修改增量，使其按照 $2^k - 1$ 变化（比如 1、3、7、15、31 等），那么希尔排序的复杂度大约为 $O(n^{1.5})$，排序速度也是非常快的。前面介绍的插入排序可以用二分查找加以改进，同样，希尔排序也可以用二分查找加以改进。思路同前面的插入排序一样，只不过下标处理不是连续的，需要加上增量。

7.6 归并排序

归并排序和快速排序一样，也是一种采用分而治之策略来提高性能的递归算法。归并

排序通过不断将集合折半来进行排序。如果集合为空或只有一项，则按基本情况进行排序。如果有多项，则划分集合，并递归地进行两个区间的归并排序。一旦对这两个区间完成排序，就执行合并操作。合并是获取两个子排序集合并将它们组合成单个排序新集合的过程。因为结合了递归和合并操作，所以这种排序被称为归并排序，如图 7.10 和图 7.11 所示。

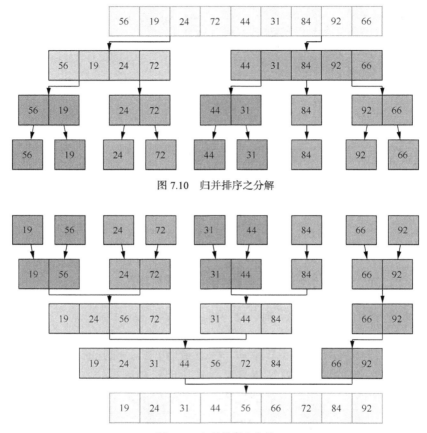

图 7.10　归并排序之分解

图 7.11　归并排序之合并

在进行归并排序时，需要将集合递归地分解到只有两个元素或一个元素的基本情况，以便于直接比较。完成分解后，在合并过程中，首先对基本情况的最小子序列进行排序，然后将所有的子序列两两合并，直至完成对整个集合的排序。在划分集合时，有可能无法均分，因为数据不一定是偶数，但最多差一个元素，不影响性能。合并操作其实很简单，因为每一次合并时，子序列都已经排好序，只需要逐个比较，先取小的，最终组合而成的序列一定是有序的。下面是 Rust 实现的归并排序代码，逻辑看起来很简单，就是两次排序加一次合并。

```
// merge_sort.rs

fn merge_sort(nums: &mut [i32]) {
    if nums.len() > 1 {
        let mid = nums.len() >> 1;
        merge_sort(&mut nums[..mid]); // 排序前半部分
        merge_sort(&mut nums[mid..]); // 排序后半部分
        merge(nums, mid);             // 合并排序结果
    }
}

fn merge(nums: &mut [i32], mid: usize) {
    let mut i = 0;   // 标记前半部分数据
    let mut k = mid; // 标记后半部分数据
    let mut temp = Vec::new();

    for _j in 0..nums.len() {
        if k == nums.len() || i == mid {
            break;
        }

        // 将数据放到临时集合 temp 中
        if nums[i] < nums[k] {
            temp.push(nums[i]);
            i += 1;
        } else {
            temp.push(nums[k]);
            k += 1;
        }
    }

    // 合并的两部分数据大概率长度不一样
    // 因此需要将集合中未处理完的数据全部加入
    if i < mid && k == nums.len() {
        for j in i..mid {
            temp.push(nums[j]);
        }
    } else if i == mid && k < nums.len() {
        for j in k..nums.len() {
            temp.push(nums[j]);
        }
    }

    // 将 temp 中的数据放回 nums, 完成排序
    for j in 0..nums.len() {
        nums[j] = temp[j];
    }
}

fn main() {
    let mut nums = [54,32,99,22,18,75,31,43,56,21];
    merge_sort(&mut nums);
    println!("sorted nums: {:?}", nums);
    // sorted nums: [18, 21, 22, 31, 32, 43, 54, 56, 75, 99]
}
```

为了分析归并排序的时间复杂度，我们可以将归并排序分成两部分，一部分是排序，另一部分是合并。二分查找的时间复杂度为 $\log_2(n)$，因此排序部分的时间复杂度为 $\log_2(n)$。原始集合中的每一项最终都将被放置在排好序的列表中，对于 n 个数据，最多放 n 次，因此合并部分的时间复杂度为 $O(n)$。递归和合并操作是结合在一起的，所以归并排序的时间复杂度为 $O(n \log_2(n))$。

归并排序的空间复杂度为 $O(n)$，这是比较高的，我们很自然的想法就是减少对空间的使用。通过前面的学习，我们知道插入排序的空间复杂度为 $O(1)$，非常低，可考虑利用插入排序来优化归并排序。一种可行的思路是，当数据长度小于某个阈值时直接采用插入排序，而当数据长度大于该阈值时采用归并排序，这种排序又叫插入归并排序，它能在一定程度上优化归并排序算法的性能。

7.7　选择排序

选择排序是对冒泡排序的改进，每次遍历集合时只进行一次数据交换。为了做到这一点，选择排序在遍历时只寻找最大值的下标，并在完成遍历后，将最大值交换到正确的位置。与冒泡排序一样，在第一轮遍历后，集合中的最大值将处在最后一个位置；在第二轮遍历后，次大值将处在倒数第二的位置，以此类推。

选择排序与冒泡排序需要进行相同次数的比较，因此时间复杂度也是 $O(n^2)$。然而，由于选择排序每轮只进行一次数据交换，因此速度相比冒泡排序更快。图 7.12 展示了选择排序的整个排序过程，每次遍历时，选择未排序的最大值，然后将其放置在正确的位置，而不是像冒泡排序那样对数据进行两两交换。

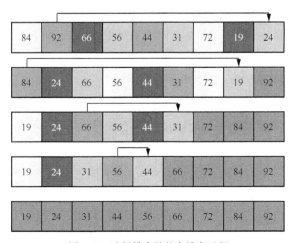

图 7.12　选择排序的整个排序过程

下面是 Rust 实现的选择排序代码。

```
// selection_sort.rs

fn selection_sort(nums: &mut Vec<i32>) {
    let mut left = nums.len() - 1; // 待排序数据的下标
    while left > 0 {
        let mut pos_max = 0;
        for i in 1..=left {
            if nums[i] > nums[pos_max] {
                pos_max = i;              // 选择最大值的下标
            }
        }
        // 交换数据，完成一轮数据的排序，将待排序的数据个数减 1
        nums.swap(left, pos_max);
        left -= 1;
    }
}

fn main() {
    let mut nums = vec![54,32,99,18,75,31,43,56,21,22];
    selection_sort(&mut nums);
    println!("sorted nums: {:?}", nums);
    // sorted nums: [18, 21, 22, 31, 32, 43, 54, 56, 75, 99]
}
```

你可以看到，虽然选择排序的复杂度和冒泡排序一样，但仍然有可以优化的地方。这一点对于我们今后的学习和研发很有启发意义：要在看起来很复杂的问题中尽可能找出可以优化的地方并加以优化。前面介绍的鸡尾酒排序可以实现双向同时排序，选择排序也可以实现双向同时排序。这种改进的选择排序的复杂度并未发生变化，唯一有变化的是复杂度的系数。

7.8　堆排序

前面介绍了栈、队列这些线性数据结构并用它们实现了各种算法。除了线性数据结构，还有非线性数据结构，其中一种就是堆。堆是一种非线性的完全二叉树，具有左、右子节点。包含 n 个节点的树的高度为 $\log n$。虽然第 7 章才开始介绍树，但了解一下树有助于你理解堆的性质。堆有两种形式：大顶堆和小顶堆。若堆的每个节点值都小于或等于其左、右子节点值，则称为小顶堆；若堆的每个节点值都大于或等于其左、右子节点值，则称为大顶堆。图 7.13 给出了一个小顶堆。

堆排序是利用堆数据结构设计的一种排序算法。作为一种选择排序，堆排序通过不断选择堆顶元素到末尾，然后重建堆实现了排序。堆排序在最坏、最好和平均情况下的时间复杂度均为 $O(n \log_2(n))$。堆排序是不稳定排序。从图 7.13 可以看出，堆类似于具有多个连接的链表。如果对堆中的节点按层进行编号，并将这种逻辑结构映射到数组中，则结果如图 7.14 所示。其中，第一位的下标为 0，此处用 0 来占位。

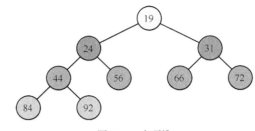

图 7.13 小顶堆

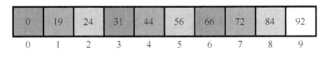

图 7.14 小顶堆的数组表示形式

由此可见，不一定非得用树，用 Vec 或数组也能表示堆。其实，堆的字面意思就是将一堆东西聚在一起，所以数组或 Vec 相比二叉树更贴近堆本身的含义。注意此处的下标从 1 开始，这样左、右子节点的下标就可以表示为 $2i$ 和 $2i+1$，以便于计算。当然，从 0 开始也没问题，只要确定好数据项的下标，不出错就行。

借助堆的数组表示形式，按照二叉树的节点关系，堆应该满足如下要求。

- 大顶堆：$arr[i] \geqslant arr[2i]$ 且 $arr[i] \geqslant arr[2i+1]$。
- 小顶堆：$arr[i] \leqslant arr[2i]$ 且 $arr[i] \leqslant arr[2i+1]$。

堆排序的基本思想是，将待排序的序列构造成一个小顶堆，此时整个序列的最小值就是堆顶节点。将其与末尾元素交换，此时末尾元素即为最小值。这个最小值不再计算到堆内，将剩余的 $n-1$ 个元素重新构造成一个堆，这样就会得到一个新的最小值。将这个最小值再次交换到新堆的末尾，于是就有了两个排好序的值。重复这个过程，直至得到一个有序序列。当然，小顶堆得到的是降序排列结果，大顶堆得到的才是升序排列结果。

为便于你理解堆排序，图 7.15 展示了整个排序过程。其中，最小元素为深灰色，是用 92 从顶部替换到这里的，不再计入堆内。当 92 位于堆顶时，由于不再是小顶堆，因此需要重新构建小顶堆，使得最小值 24 在堆顶。之后交换 24 和堆中的最后一个元素，于是倒数第二个元素变为深灰色。注意，虚线表示元素已经不属于堆。继续交换下去，深灰色的子序列将从最后一层倒序着逐步填满整个堆，最终实现从大到小的逆序排列。若要实现从小到大排序，则应构建大顶堆，你只需要将小顶堆中相应的判断逻辑修改一下就行了。

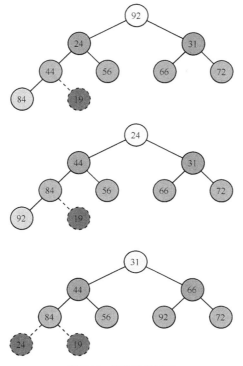

图 7.15　堆排序的过程

按照图 7.14，我们可以实现如下堆排序算法。

```rust
// heap_sort.rs

macro_rules! parent {          // 计算父节点的下标
    ($child:ident) => {
        $child >> 1
    };
}
macro_rules! left_child {    // 计算左子节点的下标
    ($parent:ident) => {
        $parent << 1
    };
}
macro_rules! right_child { // 计算右子节点的下标
    ($parent:ident) => {
        ($parent << 1) + 1
    };
}

fn heap_sort(nums: &mut [i32]) {
    if nums.len() < 2 { return; }

    let len = nums.len() - 1;
    let last_parent = parent!(len);
    for i in (1..=last_parent).rev() {
```

```
            move_down(nums, i);              // 第一次构建小顶堆，下标从 1 开始
    }

    for end in (1..nums.len()).rev() {
        nums.swap(1, end);
        move_down(&mut nums[..end], 1); // 重建堆
    }
}

// 将大的数据项下移
fn move_down(nums: &mut [i32], mut parent: usize) {
    let last = nums.len() - 1;
    loop {
        let left = left_child!(parent);
        let right = right_child!(parent);
        if left > last { break; }

        // right ≤ last, 确保存在右子节点
        let child = if right <= last
                    && nums[left] < nums[right] {
            right
        } else {
            left
        };
        // 子节点大于父节点，交换数据
        if nums[child] > nums[parent] {
            nums.swap(parent, child);
        }

        // 更新父子关系
        parent = child;
    }
}

fn main() {
    let mut nums = [0,54,32,99,18,75,31,43,56,21,22];
    heap_sort(&mut nums);
    println!("sorted nums: {:?}", nums);
    // sorted nums: [0, 18, 21, 22, 31, 32, 43, 54, 56, 75, 99]
}
```

堆就是二叉树，时间复杂度为 $O(n \log n)$。时间主要消耗在构建堆和调整堆（n 次）上。构建堆需要处理 n 个元素，时间复杂度为 $O(n)$。每次调整堆的最长路径都是从根节点到叶节点进行的，也就是堆的高度 $\log n$，所以调整堆（n 次）的时间复杂度为 $O(n \log n)$，于是总的时间复杂度为 $O(n \log n)$。上述代码使用宏来获取节点的下标，当然也可以用函数来实现，这里就当复习 Rust 基础知识了。堆排序和选择排序有些类似，思路都是从集合中找出最值。

7.9　桶排序

前面介绍的排序算法多涉及比较操作，其实还有一些排序算法不用比较，只要按照数

学规律，就能自动映射数据到正确位置。此类排序算法包括桶排序、计数排序和基数排序。

非比较排序通过确定每个元素之前有多少个元素来排序。比如对于集合 nums，只需要计算 nums[i] 之前有多少个元素，就可以唯一确定 nums[i] 在排序集合中的位置。非比较排序由于只需要确定每个元素之前已有元素的个数，因此一次遍历即可完成排序，时间复杂度为 O(n)。

虽然非比较排序的时间复杂度低，但由于需要占用额外的空间来确定位置，因此非比较排序对数据规模和数据分布有一定的要求。不是所有数据都适合这类排序，数据本身必须包含可索引的信息用于确定位置。比较排序的优势在于能够适用于各种规模的数据，也不在乎数据的分布，都能进行排序。可以说，比较排序适用于一切需要排序的情况，而非比较排序只适合特殊数据（尤其是数字）的排序。

第一种非比较排序是桶排序，桶和哈希表中槽的概念是类似的，但槽只能装一个元素，而桶可以装若干元素。槽用于保存元素，桶用于排序元素。桶排序的基本思路如下。

- 第一步，将待排序元素划分到不同的桶中。为此，先遍历求出 maxV 和 minV，并设桶的个数为 k；再把区间 [minV, maxV] 均匀划分成 k 个子区间，每个子区间就是一个桶。序列中的元素将通过哈希函数被散列到各个桶中。
- 第二步，对每个桶中的元素进行排序，排序时可使用任意排序算法。
- 第三步，将各个桶中的有序元素合并成一个大的有序集合。

在 Rust 中，我们可以定义桶为一个结构体，其中包含哈希函数和数据容器。

```
// bucket_sort.rs

struct Bucket<H, T> {
    hasher: H,      // hasher 是一个哈希函数，在计算时传入
    values: Vec<T>, // values 是数据容器，用于保存数据
}
```

图 7.16 给出了桶排序的示意图，首先散列数据到桶中，然后对桶中的数据进行排序，最后合并得到有序集合。

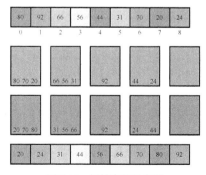

图 7.16　桶排序的示意图

下面是 Rust 实现的桶排序代码。

```rust
// bucket_sort.rs

use std::fmt::Debug;

impl<H, T> Bucket<H, T> {
    fn new(hasher: H, value: T) -> Bucket<H, T> {
        Bucket {
            hasher: hasher,
            values: vec![value]
        }
    }
}

// 桶排序
fn bucket_sort<H, T, F>(nums: &mut [T], hasher: F)
    where H: Ord,
          T: Ord + Clone + Debug,
          F: Fn(&T) -> H,
{
    let mut buckets: Vec<Bucket<H, T>> = Vec::new(); // 备桶
    for val in nums.iter() {
        let hasher = hasher(&val);

        // 对桶中的数据进行二分查找并排序
        match buckets.binary_search_by(|bct|
                bct.hasher.cmp(&hasher)) {
            Ok(idx) => buckets[idx].values.push(val.clone()),
            Err(idx) => buckets.insert(idx,
                    Bucket::new(hasher, val.clone())),
        }
    }

    // 拆桶，将所有排序数据合并到一个 Vec 中
    let ret = buckets.into_iter().flat_map(|mut bucket| {
        bucket.values.sort();
        bucket.values
    }).collect::<Vec<T>>();

    nums.clone_from_slice(&ret);
}

fn main() {
    let mut nums = [0,54,32,99,18,75,31,43,4,56,21,22,1,100];
    bucket_sort(&mut nums, |t| t / 5);
    println!("{:?}", nums);
    // [0, 1, 4, 18, 21, 22, 31, 32, 43, 54, 56, 75, 99, 100]
}
```

桶排序的实现相对复杂一些，因为需要首先实现桶这种结构，然后才能基于这种结构实现排序算法。在这里，数据被放到各个桶中的依据是除以 5，当然除数也可以是其他值，但桶的个数就要相应做出改变。上述代码中的 hasher 采用的是闭包函数。

假设数据是均匀分布的，则每个桶中元素的平均个数为 n/k。如果使用快速排序对每个桶中的元素进行排序，则每次排序的时间复杂度为 $O(n/k \log(n/k))$，总的时间复杂度为 $O(n) + kO(n/k \log(n/k)) = O(n + n \log(n/k)) = O(n + n \log n - n \log k)$。当 k 接近于 n 时，桶排序的时间复杂度就可以认为是 $O(n)$。换言之，桶越多，时间效率越高，空间越大，但也越费内存，这是在用空间换时间。

如上所述，桶排序的缺点是桶太多了。以待排序数组 [1,100,20,9,4,8,50] 为例，按照桶排序算法，我们需要创建 100 个桶，然而其中的大部分桶实际用不上，从而造成空间浪费。Flash 排序是一种优化的桶排序，其思路很简单，就是减少桶的数量。对于待排序数组 [1,100,20,9,4,8,50]，我们可以先找到最大值和最小值（$A_{\max}$ 和 $A_{\min}$），再用这两个值来估算大概需要的桶数。具体的做法是，如果按照桶排序计算出的桶数大于待排序元素的个数，则通过 $m = f * n$ 来计算桶数，f 是一个小数，比如 0.2。元素入桶的规则如下：

$$K(A_i) = 1 + \mathrm{int}\left((m-1)\frac{A_i - A_{\min}}{A_{\max} - A_{\min}}\right) \tag{7.2}$$

假设有 n 个元素，桶数为 m，则每个桶平均有 n/m 个元素，对每个桶使用插入排序，总的时间复杂度为 $O(n^2/m)$。我们通过实验发现，当 $m = 0.42n$ 时，性能最优，复杂度为 $O(n)$。当 $m = 0.1n$ 时，只要 $n > 80$，桶排序就比快速排序快，当 $n = 10\ 000$ 时，速度快两倍左右。当 $m = 0.2n$ 时，速度相比 $m = 0.1n$ 时还快 15%。即便 $m = 0.05n$，当 $n > 200$ 时，桶排序的速度也显著地比快速排序快。

7.10　计数排序

第二种非比较排序是计数排序。计数排序是桶排序的特殊情况，其中的桶只处理同种数据，所以比较费空间，基本思路如下。

- 第一步，初始化长度为 maxV - minV + 1 的计数器集合，值全为 0。其中，maxV 为待排序集合中的最大值，minV 为最小值。
- 第二步，扫描待排序集合，以当前值减 minV 作为下标，并对计数器集合中处于该下标的值加 1。
- 第三步，扫描一遍计数器集合，按顺序把值写回原始集合，完成排序。

举个例子，假设待排序集合 nums=[0,7,1,7,3,1,5,8,4,4,5]。首先遍历 nums，获取最小值和最大值（maxV=8、minV=0），然后初始化一个长度为 8 - 0 + 1 的计数器集合 counter。

counter = [0,0,0,0,0,0,0,0,0]

接下来扫描 nums，用当前值减 minV，将得到的值作为下标。例如，若扫描到 0，则下标为 0 - 0 = 0，所以对 counter 中下标为 0 的值加 1。此时，counter = [1,0,0,0,0,0,0,0,0]。

若扫描到 7，则下标为 $7-0=7$，所以对 counter 中下标为 7 的值加 1。此时，counter $= [1,0,0,0,0,0,0,1,0]$。继续扫描 nums，最终得到的计数器集合 counter 如下。

$$[1,2,0,1,2,2,0,2,1]$$

在遍历 counter 时，只要下标处的数字不为 0，就将对应的下标值写入 nums，并将 counter 中的数字减 1。比如，counter 中下标 0 处的数字为 1，这说明 nums 中有一个 0，此时写入 nums；继续扫描 counter，下标 1 处的数字为 2，这说明 nums 中有两个 1，将它们写入 nums。依此类推，最终 nums 为

$$[0,1,1,3,4,4,5,5,7,7,8]$$

扫描完 counter，原始集合 nums 也就排好序了，且排序过程中不涉及比较、交换等操作，速度很快。下面是 Rust 实现的计数排序代码。

```rust
// counting_sort.rs

fn counting_sort(nums: &mut [usize]) {
    if nums.len() <= 1 {
        return;
    }

    // 桶的数量等于 nums 中的最大值加 1，以保证所有数据都有桶来存放
    let max_bkt_num = 1 + nums.iter().max().unwrap();

    // 将数据标记到桶中
    let mut counter = vec![0; max_bkt_num];
    for &v in nums.iter() {
        counter[v] += 1;
    }

    // 将数据写回 nums 切片
    let mut j = 0;
    for i in 0..max_bkt_num {
        while counter[i] > 0 {
            nums[j] = i;
            counter[i] -= 1;
            j += 1;
        }
    }
}

fn main() {
    let mut nums = [54,32,99,18,75,31,43,56,21,22];
    counting_sort(&mut nums);
    println!("sorted nums: {:?}", nums);
    // sorted nums: [18, 21, 22, 31, 32, 43, 54, 56, 75, 99]
}
```

7.11 基数排序

第三种非比较排序是基数排序。基数排序利用正数的进制规律来排序，基本的思路就是收集、分配，具体如下。

- 第一步，找到待排序集合 nums 中的最大值，得到位数，将数据统一为相同的位数，不够的补 0。
- 第二步，从最低位开始，依次进行稳定排序、收集，直到最高位完成排序为止。

举个例子，对整数序列 [1,134,532,45,36,346,999,102] 进行基数排序的过程如图 7.17 所示。首先找到最大值 999，这是一个三位数，因此需要进行个位、十位、百位三轮排序。然后对不足三位的数字补 0，得到图 7.16 中第二列所示的数字集合。第一轮对个位排序，第二轮对十位排序，第三轮对百位排序，三轮排序下来，所有数据就排好序了。

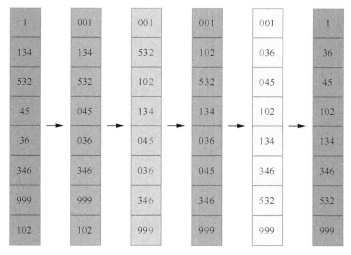

图 7.17 基数排序

下面是 Rust 实现的基数排序代码。

```rust
// radix_sort.rs

fn radix_sort(nums: &mut [usize]) {
    if nums.len() <= 1 { return; }

    // 找到最大值，得到位数
    let max_num = match nums.iter().max() {
        Some(&x) => x,
        None => return,
    };

    // 寻找最接近且大于等于 nums 序列长度的 2 的幂值作为桶大小，例如:
```

```
    // 最接近且大于等于 10 的 2 的幂值是 2^4 = 16
    // 最接近且大于等于 17 的 2 的幂值是 2^5 = 32
    let radix = nums.len().next_power_of_two();

    // digit 代表桶内元素的个数
    // 个、十、百、千分别对应 1、2、3、4
    // 排序从个位开始，所以 digit 为 1
    let mut digit = 1;
    while digit <= max_num {
        // 计算数据在桶中的哪个位置
        let index_of = |x| x / digit % radix;
        // 计数器
        let mut counter = vec![0; radix];
        for &x in nums.iter() {
            counter[index_of(x)] += 1;
        }
        for i in 1..radix {
            counter[i] += counter[i-1];
        }
        // 排序
        for &x in nums.to_owned().iter().rev() {
            counter[index_of(x)] -= 1;
            nums[counter[index_of(x)]] = x;
        }
        // 跨越桶
        digit *= radix;
    }
}
fn main() {
    let mut nums = [0,54,32,99,18,75,31,43,56,21,22,100];
    radix_sort(&mut nums);
    println!("sorted nums: {:?}", nums);
    // sorted nums: [18, 21, 22, 31, 32, 43, 54, 56, 75, 99]
}
```

为什么同一数位的排序要用稳定排序呢？因为稳定排序能将上一次排序的结果保留下来。例如，十位数的排序过程能保留个位数的排序结果，百位数的排序过程能保留十位数的排序结果。能不能用二进制呢？能。待排序序列中的每个整数都可看成由 0 和 1 组成的二进制数。这样任意一个非负的整数序列就可以用基数排序来排序了。假设待排序序列中的最大整数是 64 位的，则排序的时间复杂度为 $O(64n)$。

既然任意一个非负的整数序列都可以在线性时间内完成排序，那么基于比较的排序算法还有什么意义呢？基于比较的排序算法的时间复杂度为 $O(n \log n)$，看起来相比 $O(64n)$ 更慢了。其实不然，只有当序列非常长 ($n = 2^{64}$) 时，$\log n$ 才会达到 64，所以 64 这个系数太大了，基于比较的排序算法更快。上面没有把 $O(64n)$ 中的系数 64 舍掉而写成 $O(n)$，就是这个原因。$O(64n)$ 不可以理解成 $O(n)$。

当使用二进制时，$k = 2$ 最小，位数最多，时间复杂度 $O(nd)$ 会变大，空间复杂度 $O(n + k)$ 会变小。当使用最大值作为基数时，$k = \mathrm{maxV}$ 最大，位数最小，此时时间复杂度 $O(nd)$ 变小，但是空间复杂度 $O(n + k)$ 会急剧增大，此时基数排序退化成计数排序。

综合来看，以上三种非比较排序相互是有关系的。计数排序是桶排序的特殊情况，基数排序若采用最少的位来排序，则退化成计数排序。所以，基数排序和计数排序都可以看作桶排序，计数排序是桶数取最大值时的桶排序；基数排序则是每个数位上的桶排序，是多轮桶排序。当使用最大值作为基数时，基数排序退化成计数排序。桶排序适合元素分布均匀的场景；计数排序要求 maxV 和 minV 相差不大；基数排序只能处理正数，也要求 maxV 和 minV 尽可能接近。因此，这三种非比较排序只能排序少量的数据，数据量最好小于 10 000。

7.12 蒂姆排序

我们已经学习了十大基础排序算法，然而这些算法各有优缺点，并不能很好地适用于各种情况。为此，Tim Peters 提出了结合多种排序的混合排序算法——蒂姆排序（TimSort）。这种排序算法高效、稳定且自适应数据分布，要比大多数排序算法优秀。

Tim Peters 在 2002 年提出了 TimSort，并首先在 Python 中实现为 sort 操作的默认算法。目前，许多编程语言和平台都将 TimSort 或其改进版作为默认排序算法，包括 Java、Python、Rust、Android 等。

TimSort 是一种混合稳定排序算法，其结合了归并排序和插入排序，旨在更好地处理多种数据。对于待排序集合，若元素的个数小于 64，则 TimSort 直接利用插入排序。只有当元素的个数大于 64 时，TimSort 才会结合利用插入排序和归并排序。

现实中需要排序的数据往往有部分已经排好序（包括逆序），如图 7.18 所示，相同灰度的数据是有序的。TimSort 正是利用数据的这种特性来排序，待排序数据存在部分有序区块是 TimSort 的核心。

图 7.18 相同灰度的数据是有序的

TimSort 称这些排好序的区块为 run，可视为一个个分区或运算单元。在排序时，TimSort 会迭代数据元素并将它们放到不同的 run 中，同时针对这些 run，按规则将它们合并到只剩下一个，这个仅剩的 run 即为排好序的结果。当然，为了设置合适的区块大小，TimSort 需要设置 minrun 参数。每个区块中数据的个数不能小于 minrun。如果小于 minrun，就利用插入排序扩充 run 的个数至 minrun，然后合并。

蒂姆排序的大致过程如下。

- 扫描待排序集合，判断元素的个数是否大于 64。

- 若小于或等于 64，则利用插入排序对数据进行排序并返回。
- 若大于 64，则扫描待排序集合，计算出 minirun 并找出各种有序区块（比如图 7.19 中的 4 个区块）。
- 对区块两两合并。若某区块中元素的个数小于 minirun，则利用插入排序扩充区块的个数，然后合并。
- 重复合并过程，直至只剩下一个区块，这个区块就是排好序后的结果。

图 7.19　找出各种有序区块

对于 TimSort，有三点很重要。首先是如何计算 minrun 的值，其次是如何找出各种有序区块，最后是如何扩充及合并区块。解决了这三个问题，TimSort 也就完成了。

minrun 的值是如何确定的？ TimSort 会选择待排序集合长度 n 的 6 个二进制位为 minrun，若剩余标志位不为 0，则对 minrun 加 1。下面的两个例子展示了如何计算 minrun 的值。

- 集合长度 $n = 189$，其二进制表示为 10111101，前 6 位 101111 = 47，剩余位是 01，minrun = 47 + 1 = 48。
- 集合长度 $n = 976$，其二进制表示为 1111010000，前 6 位 111101 = 61，剩余位是 0000，minrun = 61。

实际上，前 6 位的二进制表示最大为 111111 = 63，最小为 100000 = 32，所以 minrun 最小为 32，最大为 63 + 1 = 64，minrun 的取值区间为 [32, 64]。

如何找出有序区块？其实，找有序区块就是在集合中找递增或递减序列，这个问题早就有解决方法了，只需要判断连续数据的大小关系就可以知道是不是有序区块。

如何扩充及合并区块？前面计算出了 minrun 的值，那么针对当前区块，若区块是逆序的，则原地调整为正序。接下来，判断区块中元素的个数是否小于 minrun，若小于，就将紧接着的元素利用插入排序插到当前区块中，实现区块扩充。扩充到等于 minrun 时停止，然后判断当前区块 C 和前面两个区块 A 和 B 的关系。若这三个区块的大小不满足 A > B + C 和 B > C，则视情况利用插入排序合并区块 A 和 B 或合并区块 B 和 C，否则继续找下一个区块并重复进行区块的扩充和合并。最终，整个集合会成为若干有序区块，而且这些合并后的区块是从大到小排列的，第一个区块最大，最后一个区块最小。区块划分完毕后，就从集合的末尾向开头对区块两两合并，最终得到一个大区块，此时集合完成排序。

前两点好理解，但第三点可能有点绕，为此我们分别解释一下。首先，将逆序调整成正序没什么好讲的。扩充就是将后面的元素插入当前区块，这也好理解。最难的是合并，因为有 6 种情况。当只有两个区块时，只考虑 A > B 这个条件是否满足即可。当有三个区块时，就需要考虑 A > B + C 和 B > C 两个条件是否满足。下面是 6 种分区情况的图示，区块 A 位于栈底，区块 B 或 C 位于栈顶。

```
\begin{lstlisting}[style=styleRes]
情况1: A > B, 不合并                    情况2: A < B, B 和 A 合并
      |                |                     |                |
B ->  | [xxxxxxxxx]    |               B ->  | [xxxxxxxxxxxx] |
      |                |                     |                |
A ->  | [xxxxxxxxxxxx] |               A ->  |   [xxxxxxxxx]  |
      |                |                     |                |

情况3: A > B + C、B > C, 不合并          情况4: A > B + C、B < C, B 和 C 合并
      |                |                     |                |
C ->  |     [xxx]      |               C ->  |   [xxxxxxx]    |
      |                |                     |                |
B ->  |   [xxxxxxx]    |               B ->  |     [xxx]      |
      |                |                     |                |
A ->  | [xxxxxxxxxxxx] |               A ->  | [xxxxxxxxxxxx] |
      |                |                     |                |

情况5: A < B + C、A > C, B 和 C 合并       情况6: A < B + C、C > A, B 和 A 合并
      |                |                     |                |
C ->  |   [xxxxxx]     |               C ->  | [xxxxxxxxxxxx] |
      |                |                     |                |
B ->  |  [xxxxxxx]     |               B ->  | [xxxxxxxxxxxx] |
      |                |                     |                |
A ->  | [xxxxxxxxxxxx] |               A ->  |   [xxxxxxxxx]  |
      |                |                     |                |
```

在上面的图示中，区块 A、B、C 指向的 [xxx] 代表 run，竖线代表临时栈，用于合并区块 A、B、C。在合并时，需要判断这三个区块的大小以决定是否合并以及合并的区块是哪些。合并后的理想状态如以上图示中的情况 1 和情况 3 所示。其他 4 种情况的合并都是为了向这两种情况靠拢。

图 7.20 给出了区块合并的一种情况。这个集合被分为三个有序区块，minrun = 3。现在分析为何这三个区块的大小关系需要满足条件 A > B + C 和 B > C。比如，对于区块 [6,7,8]，如果直接与区块 [0,1,2,3,4,9] 合并，就会导致最终有两个区块剩下，一个是 [0,1,2,3,4,6,7,8,9]，另一个是 [5]。这两个区块的大小相差悬殊，插入排序时效率低。相反，若两个区块的大小相差不大，则合并起来会非常快。因此，区块 [5] 暂不合并，而是等到最后，才反向合并区块 [6,7,8] 和 [5]，并最终合并区块 [0,1,2,3,4,9] 和 [5,6,7,8]。

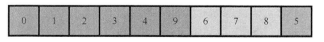

图 7.20　区块合并的一种情况

实际上，若 run 的大小等于 64，则 minrun = 64，此时可以直接利用二分查找进行插入排序。当 run 的大小大于 64 时，选择区间 [32,64] 上的某个值为 minrun，使得 $k = \dfrac{n}{minrun}$ 小于或等于 2 的某个幂值。k 就是扫描一遍并处理后剩下的区块数，这些剩下的区块都已经从大到小排好序，这样就可以从尾部开始两两合并，使得区块越来越大，合并越来越快，就像二分法一样，效率非常高，这也是我们让 k 小于或等于 2 的某个幂值的原因。

为了帮助你理解区块的扩容和合并机制，图 7.21 给出了 TimSort 示意图，假设 minrun = 5，每一行代表一个操作轮次，最左侧是轮次序号，方框内是待排序的元素。

1	2	4	7	8	23	19	16	14	13	12	10	20	18	17	15	11	9	0	5	6	1	3	21	22
2	2	4	7	8	23	19	16	14	13	12	10	20	18	17	15	11	9	0	5	6	1	3	21	22
3	2	4	7	8	23	19	16	14	13	12	10	20	18	17	15	11	9	0	5	6	1	3	21	22
4	2	4	7	8	23	10	12	13	14	16	19	20	18	17	15	11	9	0	5	6	1	3	21	22
5	2	4	7	8	10	12	13	14	16	19	23	20	18	17	15	11	9	0	5	6	1	3	21	22
6	2	4	7	8	10	12	13	14	16	19	23	20	18	17	15	11	9	0	5	6	1	3	21	22
7	2	4	7	8	10	12	13	14	16	19	23	9	11	15	17	18	20	0	5	6	1	3	21	22
8	2	4	7	8	10	12	13	14	16	19	23	9	11	15	17	18	20	0	5	6	1	3	21	22
9	2	4	7	8	10	12	13	14	16	19	23	9	11	15	17	18	20	0	1	3	5	6	21	22
10	2	4	7	8	10	12	13	14	16	19	23	9	11	15	17	18	20	0	1	3	5	6	21	22
11	2	4	7	8	10	12	13	14	16	19	23	9	11	15	17	18	20	0	1	3	5	6	21	22
12	2	4	7	8	10	12	13	14	16	19	23	0	1	3	5	6	9	11	15	17	18	20	21	22
13	0	1	2	3	4	5	6	7	8	9	10	11	12	13	14	15	16	17	18	19	20	21	22	23

图 7.21　TimSort 示意图

第 1 轮旨在进行初始化，相当于 TimSort 通过参数获取待排序集合。第 2 轮开始查找区块，刚好找到大小等于 minrun 的区块 [2,4,7,8,23]。第 3 轮找下一个区块，发现逆序 [19,16,14,13,12,10]，所以第 4 轮将其调整成正序 [10,12,13,14,16,19]。第 5 轮判断当前区块和前一个区块的大小，发现当前区块大于前一个区块，所以利用插入排序将它们合并成 [2,4,7,8,10,12,13,14,,16,19,23]。第 6 轮找下一个区块 [20,18,17,15,11,9]，发现逆序，在第 7 轮调整成正序，通过比较大小，发现比前一个区块小，所以继续找下一个区块。第 8 轮找到新的区块 C = [0,5,6]，因为小于 minrun，所以用插入排序进行扩充，将后面的 1、3 插入，然后和前两个区块比较大小，发现满足条件 A > B + C 和 B > C，所以不合并，结果如第 9 轮所示。接着继续寻找区块，找到最后一个区块 [21,22]，和前两个区块比较大小，发现也满足条件 A > B + C 和 B > C，所以也不合并。10 轮操作过后，整个集合划分完毕。第 11 轮开始从末尾的区块向开头两两合并，首先合并区块 [0,1,3,5,6] 和 [21,22]，然后第 12 轮合并区块 [9,11,15,17,18,20] 和 [0,1,3,5,6,21,22]，此时合并到只剩下两个区块且它们的大小差不多，于是进行最后一次合并，第 13 轮就是排序后的结果。

结合上述内容，下面用 Rust 来实现 TimSort。当然，这里只为介绍原理，所以此处实现的是仅针对数字排序的简化版 TimSort。实现 TimSort 需要准备好原始数据 list，各个 run 和对应的起始位置，以及最少的合并元素个数 MIN_MERGE。此外，归并排序涉及临时栈和对两个 run 的处理，你可以将这些以及与排序任务相关的数据实现到同一个结构体中。

```rust
// tim_sort_without_gallop.rs
// 参与区块合并的元素的最少个数，否则采用插入排序
const MIN_MERGE: usize = 64;

// 排序状态体
struct SortState<'a> {
    list: &'a mut [i32],
    runs: Vec<Run>,        // 保存各个区块
    pos: usize,
}

// 定义 Run 实体，保存 run 在 list 中的起始下标和区块大小
#[derive(Debug, Copy, Clone)]
struct Run {
    pos: usize,
    len: usize,
}

// merge_lo 排序状态体，用于归并排序区块 A 和 B
struct MergeLo<'a> {
    list_len: usize,        // 待排序集合的大小
    first_pos: usize,       // run1 的起始位置
    first_len: usize,       // run1 的大小
    second_pos: usize,      // run2 的起始位置
    dest_pos: usize,        // 排序结果的下标位置
    list: &'a mut [i32],    // 待排序集合的部分区间
    temp: Vec<i32>,         // 将临时栈的大小设置为 run1 和 run2 中的较小者
}

// merge_hi 排序状态体，用于归并排序区块 B 和 C
struct MergeHi<'a> {
    first_pos: isize,
    second_pos: isize,
    dest_pos: isize,
    list: &'a mut [i32],
    temp: Vec<i32>,         // 临时存储，放后面是为了便于对齐内存
}
```

对于元素个数小于 MIN_MERGE 的区块，则需要采用插入排序。为了加快速度，可以采用二分插入排序。前面已经实现过二分插入排序，此处不再给出代码。

为了进行蒂姆排序，我们还需要计算出 minrun 的值并找出有序（包括逆序）区块 run。如果区块是逆序的，则需要调整为正序。

```rust
// tim_sort_without_gallop.rs

// 计算 minrun，实际的取值区间为 [32, 64]
```

```rust
fn calc_minrun(len: usize) -> usize {
    // 如果 len 的低位中有任何一位为 1, r 就会被设置为 1
    let mut r = 0;
    let mut new_len = len;
    while new_len >= MIN_MERGE {
        r |= new_len & 1;
        new_len >>= 1;
    }

    new_len + r
}

// 计算 run(run 表示区块 ) 的起始下标，并将逆序的区块调整为正序
fn count_run(list: &mut [i32]) -> usize {
    let (ord, pos) = find_run(list);
    if ord { // 逆序转正序
        list.split_at_mut(pos).0.reverse();
    }

    pos
}
// 根据 list[i] 与 list[i+1] 的关系
// 判断是升序还是降序，同时返回序列关系转折点的下标
fn find_run(list: &[i32]) -> (bool, usize) {
    let len = list.len();
    if len < 2 {
        return (false, len);
    }

    let mut pos = 1;
    if list[1] < list[0] {
        // 降序, list[i+1] <  list[i]
        while pos < len - 1 && list[pos + 1] < list[pos] {
            pos += 1;
        }
        (true, pos + 1)
    } else {
        // 升序, list[i+1] >= list[i]
        while pos < len - 1 && list[pos + 1] >= list[pos] {
            pos += 1;
        }
        (false, pos + 1)
    }
}
```

下面为 SortState 实现构造函数和排序函数。当区块的大小不满足规则时，我们需要通过归并排序来实现区块的合并。

```rust
// tim_sort_without_gallop.rs

impl<'a> SortState<'a> {
    fn new(list: &'a mut [i32]) -> Self {
        SortState {
            list: list,
```

```
                runs: Vec::new(),
                pos: 0,
            }
        }

    fn sort(&mut self) {
        let len = self.list.len();
        // 计算 minrun
        let minrun = calc_minrun(len);

        while self.pos < len {
            let pos = self.pos;
            let mut run_len = count_run(self.list
                                        .split_at_mut(pos)
                                        .1);

            // 判断剩下元素的个数是否小于 minrun
            // 如果小于 minrun, 则设置 run_minlen = len - pos
            let run_minlen = if minrun > len - pos {
                len - pos
            } else {
                minrun
            };

            // 如果 run 很小, 则扩充其大小至 run_minlen
            // 同时, 扩充后的 run 是有序的, 因此可以采用二分插入排序
            if run_len < run_minlen {
                run_len = run_minlen;
                let left = self.list
                               .split_at_mut(pos).1
                               .split_at_mut(run_len).0;
                binary_insertion_sort(left);
            }

            // 将 run 入栈, 各个 run 的大小不同
            self.runs.push(Run {
                pos: pos,
                len: run_len,
            });

            // 找到下一个 run 的位置
            self.pos += run_len;

            // run 的大小各不相同, 合并不满足条件
            // A > B + C 和 B > C 的 run
            self.merge_collapse();
        }

        // 不管合并规则如何, 强制从栈顶开始合并剩下的所有 run
        // 直到只剩下一个 run, 结束蒂姆排序过程
        self.merge_force_collapse();
    }

    // 合并 run, 使得 A > B + C 且 B > C
    // 如果 A ≤ B + C, 则区块 B 与区块 A 和 C 中较小的那个合并
```

```
    // 如果只有区块 A 和 B，那么当 A ≤ B 时，合并区块 A 和 B
fn merge_collapse(&mut self) {
    let runs = &mut self.runs;
    while runs.len() > 1 {
        let n = runs.len() - 2;

        // 判断区块 A、B、C、D 之间的关系，区块 D 的存在是为了预防特殊情况
        // A <= B + C || D <= A + B
        if (n >= 1 && runs[n - 1].len
            <= runs[n].len + runs[n + 1].len)
            || (n >= 2 && runs[n - 2].len
                <= runs[n].len + runs[n - 1].len)
        {
            // 判断三个连续区块 ( 区块 A、B、C) 的大小关系并合并
            // n - 1 对应区块 A、 n 对应区块 B、n + 1 对应区块 C
            let (pos1, pos2) = if runs[n-1].len
                                    < runs[n+1].len {
                (n - 1, n) // 区块A和B 合并
            } else {
                (n, n + 1) // 区块B和C 合并
            };

            // 取出待合并的 run1 和 run2
            let (run1, run2) = (runs[pos1], runs[pos2]);
            debug_assert_eq!(run1.pos+run1.len, run2.pos);

            // 合并 run 到 run1，即更新 run1 并删除 run2
            // run1 的下标不变，但大小变为 run1 和 run2 的大小之和
            runs.remove(pos2);
            runs[pos1] = Run {
                pos: run1.pos,
                len: run1.len + run2.len,
            };

            // 取出合并后的 run1 并进行归并排序
            let new_list = self.list
                .split_at_mut(run1.pos).1
                .split_at_mut(run1.len + run2.len).0;
            merge_sort(new_list, run1.len, run2.len);
        } else {
            break;
        }
    }
}

// 在所有的 run 都处理完毕后，强制合并剩余的 run，直至只剩下一个 run
fn merge_force_collapse(&mut self) {
    let runs = &mut self.runs;
    while runs.len() > 1 {
        let n = runs.len() - 2;
        // 判断三个连续区块 ( 区块 A、B、C) 的大小关系并合并
        // n - 1 对应区块 A、 n 对应区块 B、n + 1 对应区块 C
        let (pos1, pos2) = if n > 0
                && runs[n - 1].len < runs[n + 1].len {
            (n - 1, n)
```

188

```
            } else {
                (n, n + 1)
            };

            // 取出待合并的区块 run1 和 run2
            let (run1, run2) = (runs[pos1], runs[pos2]);
            debug_assert_eq!(run1.len, run2.pos);

            // 合并 run 到 run1，即更新 run1 并删除 run2
            // run1 的下标不变，但大小变为 run1 和 run2 的大小之和
            runs.remove(pos2);
            runs[pos1] = Run {
                pos: run1.pos,
                len: run1.len + run2.len,
            };

            // 取出合并后的 run1 并进行归并排序
            let new_list = self.list
                .split_at_mut(run1.pos).1
                .split_at_mut(run1.len + run2.len).0;
            merge_sort(new_list, run1.len, run2.len);
        }
    }
}
```

根据分区的 6 种情况，有可能需要合并区块 A 和 B 或合并区块 B 和 C。由于区块 A、B、C 在内存中是挨着的，因此可以利用位置关系分别实现合并区块 A 和 B 的 merge_lo 函数以及合并区块 B 和 C 的 merge_hi 函数。

```
// tim_sort_without_gallop.rs

// 对区块 A、B、C 进行归并排序
fn merge_sort(
    list: &mut [i32],
    first_len: usize,
    second_len: usize)
{
    if 0 == first_len || 0 == second_len { return; }

    if first_len > second_len {
        // 区块 B 和 C 合并，借助 temp，从 list 的末尾开始合并
        merge_hi(list, first_len, second_len);
    } else {
        // 区块 B 和 A 合并，借助 temp，从 list 的开头开始合并
        merge_lo(list, first_len);
    }
}

// 合并区块 A 和 B 为一个区块
fn merge_lo(list: &mut [i32], first_len: usize) {
    unsafe {
        let mut state = MergeLo::new(list, first_len);
        state.merge();
```

```rust
        }
    }
}

impl<'a> MergeLo<'a> {
    unsafe fn new(list: &'a mut [i32], first_len: usize) -> Self {
        let mut ret_val = MergeLo {
            list_len: list.len(),
            first_pos: 0,
            first_len: first_len,
            second_pos: first_len,  // run1 和 run2 挨着
                                    // run2 的起始位置 = run1 的大小
            dest_pos: 0,            // 从 run1 的起始位置开始
                                    // 将排序结果写回原始集合
            list: list,
            temp: Vec::with_capacity(first_len),
        };

        // 把 run1 复制到 temp 中
        ret_val.temp.set_len(first_len);
        for i in 0..first_len {
            ret_val.temp[i] = ret_val.list[i];
        }

        ret_val
    }

    // 进行归并排序
    fn merge(&mut self) {
        while self.second_pos > self.dest_pos
            && self.second_pos < self.list_len {
            debug_assert!((self.second_pos - self.first_len) +
                self.first_pos == self.dest_pos);

            if self.temp[self.first_pos]
                > self.list[self.second_pos] {
                self.list[self.dest_pos]
                    = self.list[self.second_pos];
                self.second_pos += 1;
            } else {
                self.list[self.dest_pos]
                    = self.temp[self.first_pos];
                self.first_pos += 1;
            }
            self.dest_pos += 1;
        }
    }
}

// 清理临时栈
impl<'a> Drop for MergeLo<'a> {
    fn drop(&mut self) {
        unsafe {
            // 将 temp 中剩余的值放到 list 的高位
            if self.first_pos < self.first_len {
                for i in 0..(self.first_len - self.first_pos) {
```

```
                        self.list[self.dest_pos + i]
                            = self.temp[self.first_pos + i];
                }
            }

            // 将临时栈的大小设置为 0
            self.temp.set_len(0);
        }
    }
}

// 合并区块 B 和 C 为一个区块
fn merge_hi(
    list: &mut [i32],
    first_len: usize,
    second_len: usize)
{
    unsafe {
        let mut state = MergeHi::new(list,first_len,second_len);
        state.merge();
    }
}

impl<'a> MergeHi<'a> {
    unsafe fn new(
        list: &'a mut [i32],
        first_len: usize,
        second_len: usize) -> Self
    {
        let mut ret_val = MergeHi {
            first_pos: first_len as isize - 1,
            second_pos: second_len as isize - 1,
            dest_pos: list.len() as isize - 1, // 从末尾开始排序
            list: list,
            temp: Vec::with_capacity(second_len),
        };

        // 把 run2 复制到 temp 中
        ret_val.temp.set_len(second_len);
        for i in 0..second_len {
            ret_val.temp[i] = ret_val.list[i + first_len];

        }

        ret_val
    }

    // 进行归并排序
    fn merge(&mut self) {
        while self.first_pos < self.dest_pos
            && self.first_pos >= 0 {
            debug_assert!(self.first_pos+self.second_pos+1
                == self.dest_pos);
            if self.temp[self.second_pos as usize]
                >= self.list[self.first_pos as usize] {
```

```
                    self.list[self.dest_pos as usize]
                        = self.temp[self.second_pos as usize];
                    self.second_pos -= 1;
                } else {
                    self.list[self.dest_pos as usize]
                        = self.list[self.first_pos as usize];
                    self.first_pos -= 1;
                }
                self.dest_pos -= 1;
            }
        }
    }
}
// 清理临时栈
impl<'a> Drop for MergeHi<'a> {
    fn drop(&mut self) {
        unsafe {
            // 将 temp 中剩余的值放到 list 的低位
            if self.second_pos >= 0 {
                let size = self.second_pos + 1;
                let src  = 0;
                let dest = self.dest_pos - size;
                for i in 0..size {
                    self.list[(dest + i) as usize]
                        = self.temp[(src + i) as usize];
                }
            }

            // 将临时栈的大小设置为 0
            self.temp.set_len(0);
        }
    }
}
```

下面是蒂姆排序的主函数。

```
// TimSort 入口

fn tim_sort(list: &mut [i32]) {
    if list.len() < MIN_MERGE {
        binary_insertion_sort(list);
    } else {
        let mut sort_state = SortState::new(list);
        sort_state.sort();
    }
}
```

下面是蒂姆排序的使用示例。

```
fn main() {
    let mut nums: Vec<i32> = vec![
        2,  4,  7,  8, 23, 19, 16, 14, 13, 12, 10, 20,
       18, 17, 15, 11,  9, -1,  5,  6,  1,  3, 21, 40,
       22, 39, 38, 37, 36, 35, 34, 33, 24, 30, 31, 32,
       25, 26, 27, 28, 29, 41, 42, 43, 44, 45, 46, 47,
```

```
        48, 49, 50, 51, 52, 53, 54, 55, 56, 57, 58, 59,
        60, 80, 79, 78, 77, 76, 75, 74, 73, 72, 71, 70,
        61, 62, 63, 64, 65, 66, 67, 68, 69, 95, 94, 93,
        92, 91, 90, 85, 82, 83, 84, 81, 86, 87, 88, 89,
    ];
    tim_sort(&mut nums);
    println!("sorted nums: {:?}", nums);
}
```

下面是蒂姆排序的结果。

```
sorted nums: [-1,  1,  2,  3,  4,  5,  6,  7,  8,  9, 10, 11,
             12, 13, 14, 15, 16, 17, 18, 19, 20, 21, 22, 23,
             24, 25, 26, 27, 28, 29, 30, 31, 32, 33, 34, 35,
             36, 37, 38, 39, 40, 41, 42, 43, 44, 45, 46, 47,
             48, 49, 50, 51, 52, 53, 54, 55, 56, 57, 58, 59,
             60, 61, 62, 63, 64, 65, 66, 67, 68, 69, 70, 71,
             72, 73, 74, 75, 76, 77, 78, 79, 80, 81, 82, 83,
             84, 85, 86, 87, 88, 89, 90, 91, 92, 93, 94, 95]
```

此处实现的 TimSort 只能处理 i32 类型的数字，可通过泛型将其扩展成支持各种数字的排序算法。此外，归并时可能有部分数据已经排好序了，而上面实现的 TimSort 还是会对数据逐个进行比较。其实，我们可以通过一些策略来加快归并的速度。此处实现的 TimSort 在本书配套源代码的 timsort_without_gallop.rs 中，是非加速版。本书还实现了加速版的 TimSort，它被保存在 tim_sort.rs 中，你可以自行查阅并比较它们的不同之处。

你可能会问，TimSort 是怎么确定待排序数据是分区有序的呢？其实 TimSort 并不能确定，而是 Tim Peters 发现了待排序数据部分有序的特性。物理学中有熵 [13] 的概念，熵指的是物理系统的混乱程度。越混乱，熵越大；反过来，越有序，熵越小。现实中大部分事物的熵并非无穷大，它们总是存在某种程度的有序性，比如人就是逆熵的有序动物，只有死了，熵增才会变得无序。另一个例子就是访问局部性原理 [14]。在访问硬盘上的数据时，CPU 会指示读取需要的数据，并且会把周围的数据也读到内存中，因为你很可能接下来就要访问它们。这两种现象都是自然规律，符合统计学原理，Tim Peters 正是基于这种规律才写出了 TimSort。这也证明了数据结构非常重要，不一样的理解会产生完全不一样的算法。

7.13　小结

本章介绍了十大基本排序算法。冒泡排序、选择排序和插入排序的复杂度都是 $O(n^2)$，其余排序算法的复杂度大多为 $O(n \log_2(n))$。选择排序是对冒泡排序的改进，希尔排序是对插入排序的改进，堆排序是对选择排序的改进，快速排序和归并排序则利用了分而治之的思想。以上排序算法都通过比较来进行排序，也有不需要通过比较，而只依靠数值规律进行排序的算法，这类排序算法是非比较排序算法，包括桶排序、计数排序和基数排序。它们的复杂度都是 $O(n)$，适合对少量数据进行排序。计数排序是特殊的桶排序，基数排序是多轮桶排序，基数排序可以退化成计数排序。除了这十大基本排序算法，本章还介绍了部分算法的改进版，尤其是蒂姆排序。蒂姆排序是高效稳定的混合排序算法，其改进版已经是许多编程语言和平台的默认排序算法。表 7.1 对各种排序算法做了总结，你可以自行对照理解，以便加深印象。

表 7.1 各种排序算法的时间复杂度和空间复杂度

排序算法	最坏情况下的时间复杂度	最好情况下的时间复杂度	平均情况下的时间复杂度	空间复杂度	稳定性	综合类别
冒泡排序	$O(n^2)$	$O(n)$	$O(n^2)$	$O(1)$	稳定	交换比较类
快速排序	$O(n^2)$	$O(n \log(n))$	$O(n \log(n))$	$O(n \log(n))$	不稳定	交换比较类
选择排序	$O(n^2)$	$O(n^2)$	$O(n^2)$	$O(1)$	不稳定	选择比较类
堆排序	$O(n \log(n))$	$O(n \log(n))$	$O(n \log(n))$	$O(1)$	不稳定	选择比较类
插入排序	$O(n^2)$	$O(n)$	$O(n^2)$	$O(1)$	稳定	插入比较类
希尔排序	$O(n^2)$	$O(n)$	$O(n1.3)$	$O(1)$	不稳定	插入比较类
归并排序	$O(n \log(n))$	$O(n \log(n))$	$O(n \log(n))$	$O(n)$	稳定	分治比较类
计数排序	$O(n + k)$	$O(n + k)$	$O(n + k)$	$O(n + k)$	稳定	非比较类
桶排序	$O(n^2)$	$O(n)$	$O(n+k)$	$O(n + k)$	稳定	非比较类
基数排序	$O(nk)$	$O(nk)$	$O(nk)$	$O(n + k)$	稳定	非比较类
蒂姆排序	$O(n \log(n))$	$O(n)$	$O(n \log(n))$	$O(n)$	稳定	分治比较类

第 8 章 树

本章主要内容

- 理解树及其使用方法
- 用二叉堆实现优先级队列
- 理解二叉查找树和平衡二叉树
- 实现二叉查找树和平衡二叉树

8.1 什么是树

前面介绍了栈、队列、链表等数据结构，这些数据结构都是线性的，一个数据项连接着另一个数据项，如图 8.1 所示。

图 8.1 线性数据结构

如果对这种线性数据结构进行拓展，为数据节点连接多个数据项，则可以得到一种新的数据结构，如图 8.2 所示。

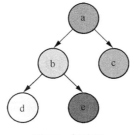

图 8.2 树结构

这种新的数据结构就像树一样，由根生长出枝条和叶子，并且相互连接在一起，这种新的数据结构被称为树结构。自然界中的树和计算机科学中的树结构之间的区别在于，树

195

结构的根在顶部，叶子在底部。树结构在计算机科学的许多领域都有应用，包括操作系统、图形、数据库和计算机网络等。为简化行文，后面简称树结构为树。

在开始研究树之前，我们先来看几个常见的例子。例如，生物学中的分类树，如图 8.3 所示。从中可以看出人所处的位置（图 8.3 的左下侧），这对研究事物关系和性质非常有帮助。

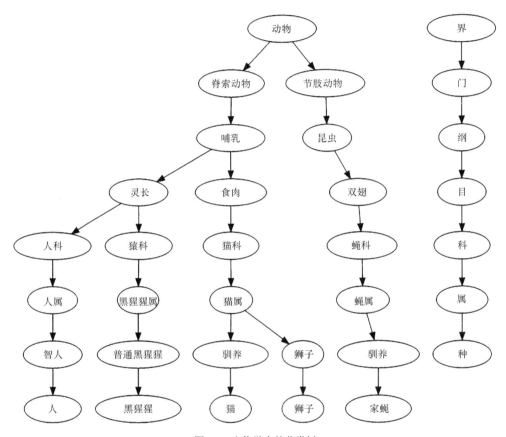

图 8.3　生物学中的分类树

通过图 8.3 我们可以了解到树的一些属性。首先，树是分层的。通过分层，树有了良好的层次结构，具体到图 8.3 就是"种、属、科、目、纲、门、界"七大层次。接近顶部的是抽象层次最高的事物，底部则是最具体的事物。人很具体，但动物界就太抽象了，包含所有动物，不仅限于人，还有虫、鱼、鸟、兽。从顶部开始，沿着箭头一直走到底部，就会出现一条完整的路径，这条路径表明了底层物种的全称。比如人只是简称，全称是"动物界—脊索动物门—哺乳纲—灵长目—人科—人属—智人种—人"。每一种生物都能在这棵生命大树上找到自己的位置，并显示出相对关系。

其次，树中节点的所有子节点都独立于树中另一个节点的子节点。智人种这个子节点不会属于昆虫纲及其子节点，这使得生物彼此之间关系明确，同时也意味着改变一个节点的子节点不会对其他节点产生任何影响。比如发现新的昆虫，虽然这棵生命大树更庞大了，但人科下面毫无变化，整个生物学知识的更新也不会涉及人科。这种性质非常有用，尤其是在将树作为存储数据的容器时，可借助工具来修改某些节点上的数据而保持其他数据不变。

最后，树中的每个叶节点都是唯一的。你可以从树的根节点到叶节点找出一条唯一的路径，这种性质使得保存数据非常有效，既然这种路径唯一，不妨用来作为数据的存储路径。实际上，计算机中的文件系统就是通过改进的树来保存文件的。文件系统树与生物学中的分类树有很多共同之处，从根目录到任何一个子目录的路径唯一标识了这个子目录以及其中的所有文件。如果使用的是类 UNIX 操作系统，那么你应该很熟悉类似 /root、/home/user、/etc 这样的路径，这些路径都是文件系统树中的节点，显然，"/" 是根节点，如图 8.4 所示。

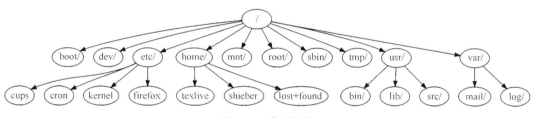

图 8.4 文件系统树

另一个使用树的例子是网页文件。网页是资源的集合，也具有树的层次结构。下面是 Google 搜索界面的 HTML 代码，可以看到，HTML 标签也是有层次的。图 8.5 给出了相应的树结构。

```html
<html lang="zh"><head><meta charset="utf-8">
  <head>
      <meta charset="utf-8">
      <title>Google</title>
      <style>
        html { background: #fff; margin: 0 1em;
        body { font: .8125em/1.5 arial, sans-serif; }
      </style>
  </head>
  <body>
  <div>
    <a href="                               ">
      <img src="                    /search.png"
        alt="Google" width="586" height="257">
    </a>
    <h1><a href="                    hl=zh-CN">
      <strong id="              </a></h1>
    <p> 请收藏我们的网址 </p>
```

第 8 章 树

```
  </div>
  <ul>
    <li><a href="                              "> 翻译 </a></li>
  </ul>
  <p id="footer"> ©2011 - <span>ICP 证合字 B2-20070004 号 </span>
  </p>
  </body>
</html>
```

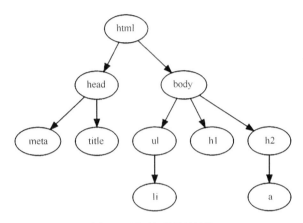

图 8.5　网页文件的树结构

8.1.1　树的定义

你已经看到了树的几个示例，现在我们定义树的各种属性。

- 节点：节点是树的一个基本结构，又称为"键"。节点可以有附加信息，附加信息被称为"有效载荷"。虽然有效载荷不是许多树算法的核心，但在使用了树的应用中，它们通常是关键信息，比如树节点上的存储时间、文件名、文件内容等。
- 根节点：根节点是树中唯一没有传入边的节点，处于顶层，所有的节点都可以从根节点找到，类似于操作系统的"/"或 C 盘这样的概念。
- 边：边是树的另一个基本结构，又称为分支。边连接两个节点以保持它们之间存在的关系。每个节点（根节点除外）都恰好有一条输入边和若干输出边。边就是路径，可通过边找到某个节点的具体位置。
- 路径：路径是由边连接的节点的有序序列，其本身并不存在，而是由逻辑结构得出的一种关联关系。比如 /home/user/files/sort.rs 就是一条路径，其标识了 sort.rs 这个文件的具体位置。
- 子节点：子节点是某个节点的下一级节点，所有子节点都源自同一上层节点。比如上面的 sort.rs 就是 files/ 的子节点。子节点不唯一，可以有一个或多个，也可

198

以没有。

- 父节点：父节点是所有下级节点的源头，所有下级节点都源自同一父节点。比如 files/ 就是 sort.rs 的父节点。父节点唯一，这很好理解。
- 子树：子树是由父节点及其所有后代节点组成的一组节点和边。对于树这种递归结构，从任意节点取出一部分，结构仍然是树，这部分取出的内容被称为子树。
- 叶节点：叶节点是没有子节点的节点，处于树的最底部。
- 中间节点：中间节点既有子节点，也有父节点。
- 节点的层数：一个节点的层数是指从根节点到这个节点需要经过的分支数。根节点的层数为 0，在 /home/user/files 中，files 的层数为 2。层数为 0 不代表没有层数，而是表示第 0 层。
- 树的高度：树的高度等于树中任何节点的最大层数。

有了这些基础知识，下面给出树的定义。

- 树具有一个根节点。
- 除根节点外，每个节点都通过其他节点的边连接父节点和子节点（如果有的话）。
- 从根节点遍历到任何节点的路径是全局唯一的。

观察图 8.6 所示的树结构，左、右子节点为 lc 和 rc。因为树结构是递归的，所以子树的结构和父树一致。

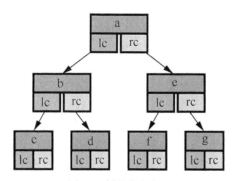

图 8.6 树的节点表示

8.1.2 树的表示

树是一种非线性数据结构，然而计算机的存储硬件都是线性的。因此，在计算机中表示树必然涉及用线性结构表征非线性结构。一种表征方法是用数组来构造树，下面的 tree 就是通过数组来构造的。

```
tree = [ 'a',
```

```
      ['b',
        ['c',[],[]],
        ['d',[],[]],
      ],
      ['e',
        ['f',[],[]],
        []
      ],
    ]
```

从以上数组结构可以看出树是如何保存在数组中的。我们知道，数组在内存中是连续存放的，所以树在内存中也是连续存放的，可利用数组的访问方式来获取树中的数据。比如，tree[0] 就是 'a'，左子树是 tree[1]，其中包含 'b'、'c'、'd'。这个左子树仍是数组，继续利用数组的访问方式，tree[1][0] 就是 'c'。这样做的好处是，表示子树的数组仍然遵循树的定义，由于整个结构本身是递归的，因此可以不断地获取子树及元素。

```
println!("root {:?}", tree[0]);
println!("left subtree {:?}", tree[1]);
println!("right subtree {:?}", tree[2]);
```

用数组保存树虽然可行，但是嵌套太深，十分复杂。如果有 10 层，那么获取子树和元素就会非常麻烦。试想一下，如果要获取第 4 层的某个叶节点，就必须采用类似 tree[1][1][1][2] 的形式进行访问，这对计算机和人类来说都太复杂了。所以，用数组保存树，理论上虽然可行，但实际上不可行。

另一种可行的表征方法是利用节点。回想一下链表，我们发现链表中的节点和此处的树节点在概念上是一致的，并且链表中的连接就是树中的边。图 8.7 展示了一个二叉树，其中的子节点最多有两个。

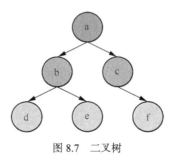

图 8.7　二叉树

这种结构看起来非常直观，而且不用嵌套，避免了访问元素时的各种麻烦。现在的关键是，如何定义树节点？有了根节点才能保存子节点，一种可行的办法是使用 struct 定义节点。

```
// binary_tree.rs
```

```
use std::cmp::{max, Ordering::*};
use std::fmt::{Debug, Display};

// 二叉树的子节点链接
type Link<T> = Option<Box<BinaryTree<T>>>;

// 定义二叉树
// key 保存数据，left 和 right 分别保存左、右子节点的地址
#[derive(Debug, Clone, PartialEq)]
struct BinaryTree<T> {
    key: T,
    left: Link<T>,
    right: Link<T>,
}
```

key 保存数据，left 和 right 分别保存左、右子节点的地址，这样就可以通过访问地址来获取子节点，并通过插入函数来向树中添加子节点。

```
// binary_tree.rs

impl<T: Clone + Ord + ToString + Debug> BinaryTree<T> {
    fn new(key: T) -> Self {
        Self { key: key, left: None, right: None }
    }

    // 将新的子节点作为根节点的左子节点
    fn insert_left_tree(&mut self, key: T) {
        if self.left.is_none() {
            let node = BinaryTree::new(key);
            self.left = Some(Box::new(node));
        } else {
            let mut node = BinaryTree::new(key);
            node.left = self.left.take();
            self.left = Some(Box::new(node));
        }
    }

    // 将新的子节点作为根节点的右子节点
    fn insert_right_tree(&mut self, key: T) {
        if self.right.is_none() {
            let node = BinaryTree::new(key);
            self.right = Some(Box::new(node));
        } else {
            let mut node = BinaryTree::new(key);
            node.right = self.right.take();
            self.right = Some(Box::new(node));
        }
    }
}
```

在插入子节点时，我们必须考虑两种情况。第一种情况是节点没有子节点，此时直接插入就行。第二种情况是节点含有子节点，此时需要先将子节点链接到新节点的子节点位置，再将新节点作为根节点的子节点。在上述代码中，node = BinaryTree 可能让你感到有

些迷茫，怎么又是节点又是树？实际上，我们定义的 BinaryTree 看起来是节点，但多个节点链接起来就成了树。当插入节点时，可以将整个子树看成一个节点，以便于操作。但在使用时，其本身又是树，可以获取内部节点信息。你可以这样来理解，节点是树的一部分，其本身也可用树来表示、插入和移动，因为树是递归的；但在使用时，其内部结构很重要，所以写的是 BinaryTree 而不是 Node。

树有深度、叶节点和内部节点，下面是计算树的各类型节点数和深度的代码。

```rust
// binary_tree.rs

impl<T: Clone + Ord + ToString + Debug> BinaryTree<T> {
    // 计算节点数
    fn size(&self) -> usize {
        self.calc_size(0)
    }

    fn calc_size(&self, mut size: usize) -> usize {
        size += 1;

        if !self.left.is_none() {
            size = self.left.as_ref().unwrap().calc_size(size);
    // 计算树的深度
    fn depth(&self) -> usize {
        let mut left_depth = 1;
        if let Some(left) = &self.left {
            left_depth += left.depth();
        }

        let mut right_depth = 1;
        if let Some(right) = &self.right {
            right_depth += right.depth();
        }

        // 获取左、右子树的深度的最大值
        max(left_depth, right_depth)
    }
}
```

为了获取和修改二叉树中的节点数据，我们需要为其实现获取左、右子节点值和根节点值以及修改节点值的方法。此外，判断节点值是否存在、查询最大 / 最小节点值的方法也非常有用。

```rust
// binary_tree.rs

impl<T: Clone + Ord + ToString + Debug> BinaryTree<T> {
    // 获取左、右子树
    fn get_left(&self) -> Link<T> {
        self.left.clone()
    }

    fn get_right(&self) -> Link<T> {
```

```
            self.right.clone()
        }
    // 获取及设置 key
                match &self.right {
                    Some(right) => right.contains(key),
                    None => false,
                }
            },
        }
    }
}
```

8.1.3 分析树

有了树的定义和操作函数，下面我们来思考树在保存数据时的工作原理，比如用树来存储类似 (1 + (2 × 3)) 这样的表达式。前面你已经学过完全括号表达式，可通过括号来指示优先级。同样，由于有括号，因此可以指明符号保存的顺序。如果将算术表达式表示成树，则可以得到类似图 8.8 所示的树结构。

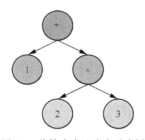

图 8.8 将算术表达式表示成树

那么，树是如何把数据保存进去的呢？根据树的结构，我们可以定义一些规则，然后按照规则把数据保存到节点上。规则如下。

- 若当前符号是 (，则添加新节点作为左子节点，并下降到左子节点。
- 若当前符号是 +、-、× 或 / ，则将根节点值置为当前符号，添加并下降到新的右子节点。
- 若当前符号是一个数字，则将根节点值置为这个数字，并返回到父节点。
- 若当前符号是)，则转到当前节点的父节点。

利用这套数据保存规则，算术表达式 (1 + (2 × 3)) 便可表示成图 8.8 所示的树。具体步骤如下。

（1）创建根节点。

（2）读取符号 (，创建新的左子节点，并下降到该子节点。

（3）读取符号 1，将节点值置为 1，返回父节点。

（4）读取符号 +，将节点值置为 +，创建新的右子节点，并下降到该子节点。

（5）读取符号 (，创建新的左子节点，并下降到该子节点。

（6）读取符号 2，将节点值置为 2，返回父节点。

（7）读取符号 ×，将节点值置为 *，创建新的右子节点，并下降到该子节点。

（8）读取符号 3，将节点值置为 3，再读取符号)，返回父节点。

（9）读取符号)，返回父节点。

在这里，树完成了对算术表达式的二叉树保存，维持了数据的结构信息。实际上，编程语言在编译时也是用树来保存所有的代码并生成抽象语法树的。通过分析抽象语法树各部分的功能，我们可以生成中间代码，然后优化并生成最终代码。如果你了解编译原理，那么对这些应该很熟悉。

8.1.4　树的遍历

保存数据是为了更高效地使用数据，包括增加、删除、查找、修改数据等。其中，增加、删除、修改数据的前提是找到数据所在的位置，对于树来说，就是定位具体的节点。因此，查找或访问节点是首先要完成的功能。线性数据结构支持通过下标遍历所有数据；树是非线性数据结构，所以树的查找方法不同于栈、数组、Vec 这类线性数据结构。

有三种常用的方法可用来访问树节点，这三种方法之间的差异主要在于节点被访问的顺序。参照线性数据结构的遍历方法，我们也称树的节点访问方法为遍历。这三种遍历分别是前序遍历、中序遍历和后序遍历。下面用一个例子来说明这三种遍历。假如把一本书表示为树，那么目录是根节点，各章是目录的子节点，而小节则是各章自身的子节点，以此类推，如图 8.9 所示。

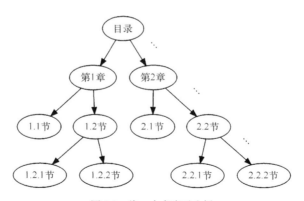

图 8.9　将一本书表示为树

想象自己阅读一本书的顺序，是不是按照第 1 章的 1.1 节、1.2 节，第 2 章的 2.1 节、2.2 节（以图 8.9 为参照）这样的顺序？你可以看看各章所在位置，并从目录开始按照看书的顺序在图中勾勒出阅读轨迹，这种顺序就是前序遍历。前序遍历从根节点开始，左子树继后，右子树最后。

前序遍历算法在遍历时，将从根节点开始，递归调用左子树。对于图 8.9 所示的树，前序遍历得出的数据访问顺序和目录的线性顺序一致。先访问目录，再访问第 1 章的 1.1 节、1.2 节，接下来回到目录，选择第 2 章，继续访问 2.1 节、2.2 节，以此类推。

前序遍历算法理解起来并不复杂，既可以实现成内部方法，也可以实现成外部函数。下面我们将各种遍历按内部方法和外部函数都实现一遍。首先是前序遍历。

```rust
// binary_tree.rs

impl<T: Clone + Ord + ToString + Debug> BinaryTree<T> {
    fn preorder(&self) {
        println!("key: {:?}", &self.key);
        match &self.left {
            Some(node) => node.preorder(),
            None => (),
        }
        match &self.right {
            Some(node) => node.preorder(),
            None => (),
        }
    }
}

// 前序遍历：外部实现 [递归方式]
fn preorder<T: Clone + Ord + ToString + Debug>(bt: Link<T>) {
    if !bt.is_none() {
        println!("key: {:?}", bt.as_ref().unwrap().get_key());
        preorder(bt.as_ref().unwrap().get_left());
        preorder(bt.as_ref().unwrap().get_right());
    }
}
```

后序遍历和前序遍历类似，先访问左子树，再访问右子树，最后访问根节点。

```rust
// binary_tree.rs

impl<T: Clone + Ord + ToString + Debug> BinaryTree<T> {
    fn postorder(&self) {
        match &self.left {
            Some(node) => node.postorder(),
            None => (),
        }
        match &self.right {
            Some(node) => node.postorder(),
            None => (),
        }
        println!("key: {:?}", &self.key);
    }
}
```

```
// 后序遍历：外部实现 [递归方式]
fn postorder<T: Clone + Ord + ToString + Debug>(bt: Link<T>) {
    if !bt.is_none() {
        postorder(bt.as_ref().unwrap().get_left());
        postorder(bt.as_ref().unwrap().get_right());
        println!("key: {:?}", bt.as_ref().unwrap().get_key());
    }
}
```

中序遍历则首先访问左子树，然后访问根节点，最后访问右子树。

```
// binary_tree.rs

impl<T: Clone + Ord + ToString + Debug> BinaryTree<T> {
    fn inorder(&self) {
        if self.left.is_some() {
            self.left.as_ref().unwrap().inorder();
        }
        println!("key: {:?}", &self.key);
        if self.right.is_some() {
            self.right.as_ref().unwrap().inorder();
        }
    }
}

// 中序遍历：外部实现 [递归方式]
fn inorder<T: Clone + Ord + ToString + Debug>(bt: Link<T>) {
    if !bt.is_none() {
        inorder(bt.as_ref().unwrap().get_left());
        println!("key: {:?}", bt.as_ref().unwrap().get_key());
        inorder(bt.as_ref().unwrap().get_right());
    }
}
```

回到算术表达式 $(1 + (2 \times 3))$，我们用树保存了这个算术表达式。在计算这个算术表达式时，我们总是需要先获取运算符和操作数，再施加运算。为了获取其中的三个值，就需要正确的数据访问顺序。前序遍历会尽可能从根节点开始，然而计算表达式需要从叶节点开始，所以后序遍历才是正确的数据获取方法。通过先获取左、右子节点值，再获取根节点上的运算符，便可以执行一次运算，并将结果保存在运算符所在的位置，然后继续进行后序遍历，以先前计算的值为左子节点值，访问右子节点，直到计算出最终值。

对保存了算术表达式 $(1 + (2 \times 3))$ 的树使用中序遍历可以得到原来的表达式 $1 + 2 \times 3$。注意，因为树没有保存括号，所以恢复出来的表达式只是顺序正确，优先级不一定对。你可以修改中序遍历，以使输出包含括号。

```
// binary_tree.rs

impl<T: Clone + Ord + ToString + Debug> BinaryTree<T> {
    // 按照节点位置返回节点组成的字符串表达式：内部实现
```

```
        // i: internal, o: outside
        fn iexp(&self) -> String {
            let mut exp = "".to_string();

            exp += "(";
            let exp_left = match &self.left {
                Some(left) => left.iexp(),
                None => "".to_string(),
            };
            exp += &exp_left;

            exp += &self.get_key().to_string();

            let exp_right = match &self.right {
                Some(right) => right.iexp(),
                None => "".to_string(),
            };
            exp += &exp_right;
            exp += ")";

            exp
        }
}

// 按照节点位置返回节点组成的字符串表达式：外部实现
fn oexp<T>(bt: Link<T>) -> String
  where: T: Clone + Ord + ToString + Debug + Display
{
    let mut exp = "".to_string();
    if !bt.is_none() {
        exp = "(".to_string() +
                &oexp(bt.as_ref().unwrap().get_left());
        exp += &bt.as_ref().unwrap().get_key().to_string();
        exp += &(oexp(bt.as_ref().unwrap().get_right()) + ")");
    }

    exp
}
```

除了前序遍历、中序遍历和后序遍历，还有一种层序遍历，旨在逐层访问节点。层序遍历使用的队列我们在前面已经实现过了，可以直接使用。

```
// binary_tree.rs

impl<T: Clone + Ord + ToString + Debug> BinaryTree<T> {
    fn levelorder(&self) {
        let size = self.size();
        let mut q = Queue::new(size);

        // 根节点入队
        let _r = q.enqueue(Box::new(self.clone()));
        while !q.is_empty() {
            // 出队首节点，输出值
            let front = q.dequeue().unwrap();
```

207

```rust
            println!("key: {:?}", front.get_key());

            // 找到子节点并入队
            match front.get_left() {
                Some(left) => {
                    let _r = q.enqueue(left);
                },
                None => {},
            }
            match front.get_right() {
                Some(right) => {
                    let _r = q.enqueue(right);
                },
                None => {},
            }
        }
    }
}

// 层序遍历：外部实现 [递归方式]
fn levelorder<T: Clone + Ord + ToString + Debug>(bt: Link<T>) {
    if bt.is_none() { return; }

    let size = bt.as_ref().unwrap().size();
    let mut q = Queue::new(size);

    let _r = q.enqueue(bt.as_ref().unwrap().clone());
    while !q.is_empty() {
        // 出队并输出元素
        let front = q.dequeue().unwrap();
        println!("key: {:?}", front.get_key());

        match front.get_left() {
            Some(left) => {
                let _r = q.enqueue(left);
            },
            None => {},
        }

        match front.get_right() {
            Some(right) => {
                let _r = q.enqueue(right);
            },
            None => {},
        }
    }
}
```

下面是二叉树的使用示例。

```rust
// binary_tree.rs

fn main() {
    basic();
    order();
```

```
fn basic() {
    let mut bt = BinaryTree::new(10usize);

    let root = bt.get_key();
    println!("root key: {:?}", root);

    bt.set_key(11usize);
    let root = bt.get_key();
    println!("root key: {:?}", root);

    bt.insert_left_tree(2usize);
    bt.insert_right_tree(18usize);

    println!("left child: {:#?}", bt.get_left())
    println!("right child: {:#?}", bt.get_right())

    println!("min key: {:?}", bt.min().unwrap());
    println!("max key: {:?}", bt.max().unwrap());
    println!("tree nodes: {}", bt.size());
    println!("tree leaves: {}", bt.leaf_size());
    println!("tree internals: {}", bt.none_leaf_size());
    println!("tree depth: {}", bt.depth());
    println!("tree contains '2': {}", bt.contains(&2));
}

fn order() {
    let mut bt = BinaryTree::new(10usize);
    bt.insert_left_tree(2usize);
    bt.insert_right_tree(18usize);

    println!("internal pre-in-post-level order");
    bt.preorder();
    bt.inorder();
    bt.postorder();
    bt.levelorder();

    let nk = Some(Box::new(bt.clone()));
    println!("outside pre-in-post-level order");
    preorder(nk.clone());
    inorder(nk.clone());
    postorder(nk.clone());
    levelorder(nk.clone());

    println!("internal exp: {}", bt.iexp);
    println!("outside exp: {}", oexp(nk));
}
}
```

运行结果如下。

```
\begin{lstlisting}[style=styleRes]
root key: 10
root key: 11
```

```
left child: Some(
    BinaryTree {
        key: 2,
        left: None,
        right: None,
    },
)
right child: Some(
    BinaryTree {
        key: 18,
        left: None,
        right: None,
    },
)
min key: 2
max key: 18
tree nodes: 3
tree leaves: 2
tree internals: 1
tree depth: 2
tree contains '2': true
internal pre-in-post-level order:
key: 10
key: 2
key: 18
key: 2
key: 10
key: 18
key: 2
key: 18
key: 10
key: 10
key: 2
key: 18
outside pre-in-post-level order:
key: 10
key: 2
key: 18
key: 2
key: 10
key: 18
key: 2
key: 18
key: 10
key: 10
key: 2
key: 18
internal exp: ((2)10(18))
outside exp: ((2)10(18))
```

　　前序遍历可简化描述为"根左右"，表示先访问根节点，再访问左子树，最后访问右子树。同理，"左根右"是中序遍历，"左右根"是后序遍历。实际上，还有"根右左"这种访问顺序，但这是前序镜像遍历。因为左和右是相对的，所以"左根右"和"右根左"可以看成互为镜像。同理，"右左根"是后序镜像遍历，"右根左"是中序镜像遍历。表 8.1

对各种遍历方法做了对比。

表 8.1 对比各种遍历方法

遍历方法	遍历顺序	镜像遍历顺序	镜像遍历方法
前序遍历	根左右	根右左	前序镜像遍历
中序遍历	左根右	右根左	中序镜像遍历
后序遍历	左右根	右左根	后序镜像遍历
前序镜像遍历	根右左	根左右	前序遍历
中序镜像遍历	右根左	左根右	中序遍历
后序镜像遍历	右左根	左右根	后序遍历

8.2 二叉堆

在前面的章节中，我们学习了队列这种先进先出的线性数据结构。优先级队列是队列的一个变体，它的作用就像一个队列，你也可以通过队首出队数据项。然而，在优先级队列中，数据项的顺序不是按照它们从末尾加入的顺序，而是由数据项的优先级决定的。优先级最高的数据项在队列的首部，最先出队。因此，在将数据项加入优先级队列时，如果数据项的优先级足够高，那么它就会一直往队首移动。当然，这种移动其实就是利用某个指标来进行排序，使得该数据项排到前面。

优先级队列是很有用的一种数据结构，尤其对于涉及优先级的事务，用这种队列管理就非常有效。比如，操作系统会调度各个进程，那么哪个进程该排在前面呢？这时优先级队列就非常有用了。通过某种算法，操作系统可以得到进程的优先级，然后据此对它们进行排序。比如，你正在用手机听音乐，同时还在浏览新闻，这时一个电话打过来，系统会将电话直接提到最高优先级，直接打断新闻浏览界面和音乐播放，展示来电呼叫界面。这就是利用优先级队列来管理的进程，来电呼叫被直接赋予很高的优先级。

如果让你来实现这种优先级队列，你会用什么办法呢？这种优先级队列一定是根据某种排序规则，把高优先级的项排到前面。然而，插入队列的复杂度是 $O(n)$，且排序队列的复杂度至少也是 $O(n \log n)$。想要速度更快的话，可以采用堆来排序。堆其实是一种完全二叉树，所以用来实现优先级队列的堆又称为二叉堆。二叉堆允许在 $O(\log n)$ 的时间内排队和出队，这对于高效的调度系统是非常有必要的。

二叉堆是很有趣的一种数据结构，虽然从定义上看是二叉树，但我们不必像实现二叉树那样真的用链接的节点来实现二叉堆；相反，我们可以采用前面提到的数组、切片或 Vec 这类线性数据结构来实现。只要我们的操作是按照二叉堆的定义进行的，线性数据结构就能实现二叉堆的功能，一样可以当成非线性数据结构来用。其实，真正的树在内存中也是线性存放的, 因为内存本身就是线性的, 仅在使用时采取非线性方式。注意, 这里的线性不是说树节点挨着, 而是说它们被存储在线性内存中。

二叉堆有两种常见的形态: 一种是最小堆, 又称小顶堆, 最小的数据项在堆顶; 另一种是最大堆, 又称大顶堆, 最大的数据项在堆顶。不管是大顶堆还是小顶堆, 算法逻辑除了取大或取小之外没有差别。因为二叉堆有两种形式, 所以优先级队列也有两种形式。

8.2.1 二叉堆的抽象数据类型

当选择用小顶堆来实现优先级队列时, 二叉堆的抽象数据类型由以下结构和操作定义。

- new(): 创建一个新的二叉堆, 不需要参数, 返回空堆。
- push(k): 向堆中添加一个新项, 需要参数 k, 不返回任何内容。
- pop(): 返回堆中的最小项, 从堆中删除该项, 不需要参数, 修改堆。
- min(): 返回堆中的最小项, 不需要参数, 不修改堆。
- size(): 返回堆中的项数, 不需要参数, 返回数字。
- is_empty(): 返回堆的状态, 不需要参数, 返回布尔值。
- build(arr): 利用数组 或 Vec 构建新堆, 需要参数 arr 用于保存数据。

假设 h 是已创建的二叉堆 (优先级队列), 表 8.2 展示了各种二叉堆操作及操作结果, 堆顶在右侧。此处将加入项的值作为优先级, 越小越优先, 所以小的在右侧。

表8.2 各种二叉堆操作及操作结果

堆操作	堆的当前值	操作的返回值	堆操作	堆的当前值	操作的返回值
h.is_empty()	[]	true	h.is_empty()	[8,6,3,2,1]	false
h.push(3)	[3]		h.pop()	[8,6,3,2]	1
h.push(8)	[8,3]		h.min()	[8,6,3,2]	2
h.min()	[8,3]	3	h.pop()	[8,6,3]	2
h.push(6)	[8,6,3]		h.pop()	[8,6]	3
h.size()	[8,6,3]	3	h.build([5,4])	[8,6,5,4]	
h.push(2)	[8,6,3,2]		h.build([1])	[8,6,5,4,1]	
h.push(1)	[8,6,3,2,1]		h.min()	[8,6,5,4,1]	1

8.2.2 Rust 实现二叉堆

为了使二叉堆高效工作, 我们需要合理地利用其对数性质。对于采用线性数据结构来保存的二叉堆, 为保证其对数性质, 就必须保持二叉堆平衡。平衡二叉堆在根的左、右子树中具有大致相同数量的节点，以尽量将每个节点的左、右子节点填满。平衡二叉堆的树表示形式如图 8.10 所示。即便在最坏的情况下，平衡二叉堆也只有一个节点的子节点不满。

用 Vec 保存 [0,5,9,11,14,18,19,21,33,17,27] 这个堆，对应的树表示形式如图 8.10 所示。由于父、子节点处于线性数据结构中，因此父、子节点的关系十分易于计算。一个节点若处于下标 p 处，则它的左子节点处于下标 $2p$ 处，右子节点处于下标 $2p+1$ 处，p 为从 1 开始的下标，下标为 0 的位置不放数据，直接用 0 占位，如图 8.11 所示。

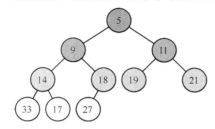

图 8.10　平衡二叉堆的树表示形式

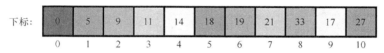

图 8.11　下标为 0 的位置直接用 0 占位

你可以看到，5 的下标 p 为 1，左子节点在下标 $2p=2$ 处，此处的值为 9，图 8.10 中的 9 正好是 5 的左子节点。同样，任意子节点的父节点都位于下标 $p/2$ 处。比如，左子节点 9 的下标为 $p=2$，其父节点在 $2/2=1$ 处；右子节点 11 的下标为 $p=3$，其父节点在 $3/2=1$（向下取整）处。综上所述，任意子节点的父节点的计算表达式为 $p/2$，而子节点的计算表达式为 $2p$ 和 $2p+1$。前面我们曾使用宏来计算父、子节点的下标，此处依然使用宏来完成计算。

```
// binary_heap.rs

// 计算父节点的下标
macro_rules! parent {
    ($child:ident) => {
        $child >> 1
    };
}

// 计算左子节点的下标
macro_rules! left_child {
    ($parent:ident) => {
        $parent << 1
    };
}
```

213

```
// 计算右子节点的下标
macro_rules! right_child {
    ($parent:ident) => {
        ($parent << 1) + 1
    };
}
```

下面首先定义二叉堆。为了跟踪堆的大小情况，这里添加一个用来表示数据量的字段 size，注意第一个数据 0 不计入总数。在进行初始化时，下标为 0 的位置虽有数据，但 size 也为 0，此处保存的数据默认为 i32 类型。

```
// binary_heap.rs

// 定义二叉堆
#[derive(Debug, Clone)]
struct BinaryHeap {
    size: usize,    // 数据量
    data: Vec<i32>, // 数据容器
}

impl BinaryHeap {
    fn new() -> Self {
        BinaryHeap {
            size: 0, // 将 vec 的首位置 0, 但不计入总数
            data: vec![0]
        }
    }

    fn size(&self)  -> usize {
        self.size
    }

    fn is_empty(&self) -> bool {
        0 == self.size
    }

    // 获取堆中最小数据
    fn min(&self) -> Option<i32> {
        if 0 == self.size {
            None
        } else {
            // Some(self.data[1].clone()); 泛型数据用 clone()
            Some(self.data[1])
        }
    }
}
```

有了堆，我们就可以加入数据了。在堆尾加入数据会破坏平衡，因此需要将加入的数据不断向上移动，如图 8.12 所示。

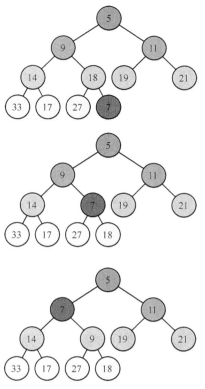

图 8.12　将加入的数据 7 不断向上移动

　　每加入一个数据，就对 size 加 1，然后开始将加入的数据往上移动（如果需要的话）以维持平衡。

```
// binary_heap.rs

impl BinaryHeap {
    // 在堆的末尾加入一个数据，调整堆
    fn push(&mut self, val: i32) {
        self.data.push(val);
        self.size += 1;
        self.move_up(self.size);
    }

    // 将小的数据往上移动，类似于冒泡
    fn move_up(&mut self, mut c: usize) {
        loop {
            // 计算当前节点的父节点的位置
            let p = parent!(c);
            if p <= 0 { break; }

            // 当前节点数据小于父节点数据，交换
            if self.data[c] < self.data[p] {
```

```
                self.data.swap(c, p);
            }

            // 父节点成为当前节点
            c = p;
        }
    }
}
```

假设要获取堆中最小数据，我们需要考虑三种情况：堆中无数据，返回 None；堆中有一个数据，直接弹出；堆中有多个数据，交换堆顶数据和堆尾数据，调整堆，之后返回位于末尾的最小数据。下面实现了元素向下移动的功能以维持平衡，min_child( ) 用于找出最小子节点。

```
// binary_heap.rs

impl BinaryHeap {
    fn pop(&mut self) -> Option<i32> { // 获取堆顶数据
        if 0 == self.size { // 堆中无数据，返回 None
            None
        } else if 1 == self.size {
            self.size -= 1; // 堆中只有一个数据，比较好处理
            self.data.pop()
        } else             { // 堆中有多个数据，先交换并弹出数据，再调整堆
            self.data.swap(1, self.size);
            let val = self.data.pop();
            self.size -= 1;
            self.move_down(1);
            val
        }
    }

    // 大的数据下沉
    fn move_down(&mut self, mut c: usize) {
        loop {
            let lc = left_child!(c);    // 当前节点的左子节点的位置
            if lc > self.size { break; }

            let mc = self.min_child(c); // 当前节点的最小子节点的位置
            if self.data[c] > self.data[mc] {
                self.data.swap(c, mc);
            }

            c = mc;                     // 最小子节点成为当前节点
        }
    }
    // 计算最小子节点的位置
    fn min_child(&self, c: usize) -> usize {
        let (lc, rc) = (left_child!(c), right_child!(c));

        if rc > self.size {
            lc // 右子节点的位置 > size，左子节点是最小子节点
        } else if self.data[lc] < self.data[rc] {
```

```
            lc // 存在左、右子节点, 须具体判断左、右子节点中的哪个子节点更小
        } else {
            rc
        }
    }
}
```

我们再来看看删除堆中最小元素的过程, 如图 8.13 所示。首先将堆顶元素弹出, 并将最后一个元素移到堆的顶部。此时堆顶元素不是最小值, 所以不满足堆的定义, 需要重新构建堆。此时, 为了构建堆, 我们需要将堆顶元素向下移动, 可通过节点下标计算宏来判断是和左子节点交换还是和右子节点交换, 判断结果是将堆顶元素 18 和左子节点 7 交换, 重复这个过程, 直至元素 18 到达某个节点。

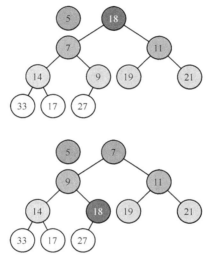

图 8.13 删除堆中元素的过程

在添加数据时, 除了一个一个地加入堆中, 也可以对数据集中进行处理。以切片数据 [0,5,4,3,1,2] 为例, 可以一次性加入堆中, 以避免频繁调用 push( ) 函数。假设原始堆中已有数据 [0,6,7,8,9,10], 则一次性加入切片数据有两种方式: 一是保持原始数据不变, 将切片数据加入, 堆中数据变为 [0,1,2,3,4,5,6,7,8,9,10] ; 二是先删除原始数据, 再添加切片数据, 堆中数据变为 [0,1,2,3,4,5]。

为了构建新堆以及向堆中添加数据, 我们接下来要做的是定义函数 build_new( ) 和 build_add( )。

```
// binary_heap.rs

impl BinaryHeap {
    // 构建新堆
    fn build_new(&mut self, arr: &[i32]) {
```

```
        // 删除原始数据
        for _i in 0..self.size {
            let _rm = self.data.pop();
        }

        // 添加新数据
        for &val in arr {
            self.data.push(val);
        }
        self.size = arr.len();

        // 调整堆，使其成为小顶堆
        let size = self.size;
        let mut p = parent!(size);
        while p > 0 {
            self.move_down(p);
            p -= 1;
        }
    }

    // 将切片数据逐个加入堆
    fn build_add(&mut self, arr: &[i32]) {
        for &val in arr {
            self.push(val);
        }
    }
}
```

至此，我们完成对二叉小顶堆的构建，整个过程理解起来应该非常简单。当然，你也可以据此写出二叉大顶堆的构建代码。下面是使用二叉堆的示例。

```
// binary_heap.rs

fn main() {
    let mut bh = BinaryHeap::new();
    let nums = [-1,0,2,3,4];
    bh.push(10); bh.push(9);
    bh.push(8); bh.push(7); bh.push(6);

    bh.build_add(&nums);
    println!("empty: {:?}", bh.is_empty());
    println!("min: {:?}", bh.min());
    println!("pop min: {:?}", bh.pop());

    bh.build_new(&nums);
    println!("size: {:?}", bh.len());
    println!("pop min: {:?}", bh.pop());
}
```

运行结果如下：

```
empty: false
min: Some(-1)
size: 10
```

```
pop min: Some(-1)
size: 5
pop min: Some(-1)
```

8.2.3 二叉堆分析

二叉堆虽然是线性放置在 Vec 中的，但排序是按照树的方式来操作的。前面在介绍树时就分析过，树的高度是 $O(n \log_2(n))$，而堆排序就是从树的底层移到顶层，移动步骤数为树的层数，所以排序复杂度应该是 $O(n \log_2(n))$。构建堆需要处理所有 n 项数据，所以复杂度是 $O(n)$。综合来看，二叉堆的时间复杂度是 $O(n \log_2(n)) + O(n) = O(n \log_2(n))$。

8.3 二叉查找树

二叉堆用线性数据结构模拟树，但这只适合少量数据。一旦数据多了，数据的复制和移动就会非常耗时，本节研究如何用节点实现树。本节定义的树只有两个子节点，这种树被称为二叉树。为了使用和分析二叉树，本节将研究一种用于查找的二叉树：二叉查找树。通过学习树在查找任务上的性能，可以加深我们对树的理解。前面介绍的 HashMap 是用键－值对存储的，二叉查找树类似于 HashMap，也是用键－值对存储的。

8.3.1 二叉查找树的抽象数据类型

二叉查找树的抽象数据类型由以下结构和操作定义。

- new()：创建一个新树，不需要参数，返回一个空树。
- insert(k, v)：将数据存储到树中，需要参数 k 和 v，不返回任何内容。
- contains(&k)：判断树中是否包含指定的键，需要参数 &k，返回布尔值。
- get(&k)：从树中返回键 k 对应的值 v，但不删除，需要参数 &k。
- max()：返回树中最大的键及对应的值，不需要参数。
- min()：返回树中最小的键及对应的值，不需要参数。
- len()：返回树中的数据量，不需要参数，返回一个 usize 整数。
- is_empty()：测试树是否为空，不需要参数，返回布尔值。
- iter()：返回树的迭代形式，不需要参数，不改变树。
- pre_order()：前序遍历，不需要参数，输出各个键－值对。
- in_order()：中序遍历，不需要参数，输出各个键－值对。
- post_order()：后序遍历，不需要参数，输出各个键－值对。

假设 t 是新建的二叉查找树（刚开始是空树），表 8.3 展示了各种二叉查找树操作及操作结果，此处用元组来表示树节点，"[]"用于放置所有节点。

表 8.3　各种二叉查找树操作及操作结果

二叉查找树操作	二叉查找树的当前值	操作的返回值
t.is_empty()	[]	true
t.insert(1,'a')	[(1,'a')]	
t.insert(2,'b')	[(1,'a'),(2,'b')]	
t.len()	[(1,'a'),(2,'b')]	2
t.get(&4)	[(1,'a'),(2,'b')]	None
t.get(&2)	[(1,'a'),(2,'b')]	Some('b')
t.min()	[(1,'a'),(2,'b')]	(Some(1), Some('a'))
t.max()	[(1,'a'),(2,'b')]	(Some(2), Some('b'))
t.contains(2)	[(1,'a'),(2,'b')]	true
t.insert(2,'c')	[(1,'a'),(2,'c')]	

8.3.2　Rust 实现二叉查找树

不同于堆的左、右子节点不考虑大小关系，二叉查找树的左子节点的键必须小于父节点的键，右子节点的键则必须大于父节点的键。

在图 8.14 中，70 是根节点，31 比 70 小，是 70 的左子节点；93 比 70 大，是 70 的右子节点。14 比 70 小，下降到 31，14 比 31 还小，因此成为 31 的左子节点，其他数据同理，最终形成二叉查找树。对于图 8.13 所示的二叉查找树而言，中序遍历是 [14,23,31,70,73,93,94]，数据是从小到大排序的，所以二叉查找树也可以用来排序数据。使用中序遍历就能得到升序排列结果，使用中序镜像遍历则能得到降序排列结果。按照抽象数据类型的定义，我们实现的二叉查找树如下。在定义二叉查找树时，我们在结构体 BST 中包含了键、值以及左、右子节点链接。

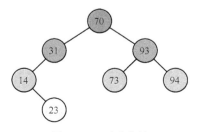

图 8.14　二叉查找树

```
// bst.rs

use std::cmp::{max, Ordering::*};
use std::fmt::Debug;

// 子节点链接
type Link<T,U> = Option<Box<BST<T,U>>>;

// 定义二叉查找树
#[derive(Debug,Clone)]
struct BST<T,U> {
    key: Option<T>,
    val: Option<U>,
    left: Link<T,U>,
    right: Link<T,U>,
}
impl<T,U> BST<T,U>
    where T: Copy + Ord + Debug,
          U: Copy + Debug
{
    fn new() -> Self {
        Self {
            key: None,
            val: None,
            left: None,
            right: None,
        }
    }

    fn is_empty(&self) -> bool {
        self.key.is_none()
    }

    fn size(&self) -> usize {
        self.calc_size(0)
    }

    // 递归计算节点数
    fn calc_size(&self, mut size: usize) -> usize {
        if self.key.is_none() { return size; }

        // 将当前节点数加入总节点数
        size += 1;

        // 计算左、右子节点数
        if !self.left.is_none() {
            size = self.left.as_ref().unwrap().calc_size(size);
        }

        if !self.right.is_none() {
            size = self.right.as_ref().unwrap().calc_size(size);
        }

        size
```

```
    }

    // 计算叶节点数
    fn leaf_size(&self) -> usize {
        // 都为空，当前节点就是叶节点，返回 1
        if self.left.is_none() && self.right.is_none() {
            return 1;
        }

        // 计算左、右子树的叶节点数
        let left_leaf = match &self.left {
            Some(left) => left.leaf_size(),
            None => 0,
        };

        let right_leaf = match &self.right {
            Some(right) => right.leaf_size(),
            None => 0,
        };

        // 左、右子树的叶节点数之和就是总的叶节点数
        left_leaf + right_leaf
    }

    // 计算非叶节点数
    fn none_leaf_size(&self) -> usize {
        self.size() - self.leaf_size()
    }

    // 计算树的深度
    fn depth(&self) -> usize {
        let mut left_depth = 1;
        if let Some(left) = &self.left {
            left_depth += left.depth();
        }

        let mut right_depth = 1;
        if let Some(right) = &self.right {
            right_depth += right.depth();
        }

        max(left_depth, right_depth)
    }

    // 插入节点
    fn insert(&mut self, key: T, val: U) {
        // 没有数据时，直接插入
        if self.key.is_none() {
            self.key = Some(key);
            self.val = Some(val);
        } else {
            match &self.key {
                Some(k) => {
                    // 存在 key，更新 val
                    if key == *k {
```

```
                        self.val = Some(val);
                        return;
                    }

                    // 未找到相同的 key，需要插入新节点
                    // 先找到需要插入的子树
                    let child = if key < *k {
                        &mut self.left
                    } else {
                        &mut self.right
                    };

                    // 根据节点递归下去，直到插入为止
                    match child {
                        Some(ref mut node) => {
                            node.insert(key, val);
                        },
                        None => {
                            let mut node = BST::new();
                            node.insert(key, val);
                            *child = Some(Box::new(node));
                        },
                    }
                },
                None => (),
            }
        }
    }

    // 查询节点
    fn contains(&self, key: &T) -> bool {
        match &self.key {
            None => false,
            Some(k) => {
                // 判断是否继续递归查找
                match k.cmp(key) {
                    Equal => true, // 找到数据
                    Greater => {    // 在左子树中搜索
                        match &self.left {
                            Some(node) => node.contains(key),
                            None => false,
                        }
                    },
                    Less => {
                        match &self.right { // 在右子树中搜索
                            Some(node) => node.contains(key),
                            None => false,
                        }
                    },
                }
            },
        }
    }

    // 求最小 / 最大节点值
```

```rust
    fn min(&self) -> (Option<&T>, Option<&U>) {
        // 最小值一定在最左侧
        match &self.left {
            Some(node) => node.min(),
            None => match &self.key {
                Some(key) => (Some(&key), self.val.as_ref()),
                None => (None, None),
            },
        }
    }

    fn max(&self) -> (Option<&T>, Option<&U>) {
        // 最大值一定在最右侧
        match &self.right {
            Some(node) => node.max(),
            None => match &self.key {
                Some(key) => (Some(&key), self.val.as_ref()),
                None => (None, None),
            },
        }
    }
    // 获取左、右子节点
    fn get_left(&self) -> Link<T,U> {
        self.left.clone()
    }

    fn get_right(&self) -> Link<T,U> {
        self.right.clone()
    }

    // 获取值引用, 与查找流程相似
    fn get(&self, key: &T) -> Option<&U> {
        match &self.key {
            None => None,
            Some(k) => {
                match k.cmp(key) {
                    Equal => self.val.as_ref(),
                    Greater => {
                        match &self.left {
                            None => None,
                            Some(node) => node.get(key),
                        }
                    },
                    Less => {
                        match &self.right {
                            None => None,
                            Some(node) => node.get(key),
                        }
                    },
                }
            },
        }
    }
}
```

下面是实现的二叉查找树的前序遍历、中序遍历、后序遍历和层序遍历。

```
// bst.rs

impl<T,U> BST<T,U>
    where T: Copy + Ord + Debug,
          U: Copy + Debug
{
    // 前序遍历、中序遍历、后序遍历和层序遍历：内部实现
    fn preorder(&self) {
        println!("key: {:?}, val: {:?}",self.key, self.val);
        match &self.left {
            Some(node) => node.preorder(),
            None => (),
        }
        match &self.right {
            Some(node) => node.preorder(),
            None => (),
        }
    }

    fn inorder(&self) {
        match &self.left {
            Some(node) => node.inorder(),
            None => (),
        }
        println!("key: {:?}, val: {:?}",self.key, self.val);
        match &self.right {
            Some(node) => node.inorder(),
            None => (),
        }
    }
    fn postorder(&self) {
        match &self.left {
            Some(node) => node.postorder(),
            None => (),
        }
        match &self.right {
            Some(node) => node.postorder(),
            None => (),
        }
        println!("key: {:?}, val: {:?}",self.key, self.val);
    }

    fn levelorder(&self) {
        let size = self.size();
        let mut q = Queue::new(size);

        let _r = q.enqueue(Box::new(self.clone()));
        while !q.is_empty() {
            let front = q.dequeue().unwrap();
            println!("key: {:?}, val: {:?}", front.key, front.val);

            match front.get_left() {
                Some(left) => { let _r = q.enqueue(left); },
```

```
                    None => (),
                }
                match front.get_right() {
                    Some(right) => { let _r = q.enqueue(right); },
                    None => (),
                }
            }
        }
    }
}
// 前序遍历、中序遍历、后序遍历和层序遍历: 外部实现
fn preorder<T, U>(bst: Link<T,U>)
where T: Copy + Ord + Debug,
      U: Copy + Debug
{
    if !bst.is_none() {
        println!("key: {:?}, val: {:?}",
                 bst.as_ref().unwrap().key.unwrap(),
                 bst.as_ref().unwrap().val.unwrap());
        preorder(bst.as_ref().unwrap().get_left());
        preorder(bst.as_ref().unwrap().get_right());
    }
}


fn inorder<T, U>(bst: Link<T,U>)
where T: Copy + Ord + Debug,
      U: Copy + Debug
{
    if !bst.is_none() {
        inorder(bst.as_ref().unwrap().get_left());
        println!("key: {:?}, val: {:?}",
                 bst.as_ref().unwrap().key.unwrap(),
                 bst.as_ref().unwrap().val.unwrap());
        inorder(bst.as_ref().unwrap().get_right());
    }
}


fn postorder<T, U>(bst: Link<T,U>)
where T: Copy + Ord + Debug,
      U: Copy + Debug
{
    if !bst.is_none() {
        postorder(bst.as_ref().unwrap().get_left());
        postorder(bst.as_ref().unwrap().get_right());
        println!("key: {:?}, val: {:?}",
                 bst.as_ref().unwrap().key.unwrap(),
                 bst.as_ref().unwrap().val.unwrap());
    }
}


fn levelorder<T, U>(bst: Link<T,U>)
where T: Copy + Ord + Debug,
      U: Copy + Debug
{
    if bst.is_none() { return; }
```

```
    let size = bst.as_ref().unwrap().size();
    let mut q = Queue::new(size);

    let _r = q.enqueue(bst.as_ref().unwrap().clone());
    while !q.is_empty() {
        let front = q.dequeue().unwrap();
        println!("key: {:?}, val: {:?}", front.key, front.val);

        match front.get_left() {
            Some(left) => { let _r = q.enqueue(left); },
            None => {},
        }

        match front.get_right() {
            Some(right) => { let _r = q.enqueue(right); },
            None => {},
        }
    }
}
```

下面是二叉查找树的使用示例。

```
// bst.rs

fn main() {
    basic();
    order();

    fn basic() {
        let mut bst = BST::<i32, char>::new();
        bst.insert(8, 'e'); bst.insert(6,'c');
        bst.insert(7, 'd'); bst.insert(5,'b');
        bst.insert(10,'g'); bst.insert(9,'f');
        bst.insert(11,'h'); bst.insert(4,'a');

        println!("bst is empty: {}", bst.is_empty());
        println!("bst size: {}", bst.size());
        println!("bst leaves: {}", bst.leaf_size());
        println!("bst internals: {}", bst.none_leaf_size());
        println!("bst depth: {}", bst.depth());

        let min_kv = bst.min();
        let max_kv = bst.max();
        println!("min key-val: {:?}-{:?}", min_kv.0, min_kv.1);
        println!("max key-val: {:?}-{:?}", max_kv.0, max_kv.1);

        println!("bst contains 5: {}", bst.contains(&5));
        println!("key: 5, val: {:?}", bst.get(&5).unwrap());
    }

    fn order() {
        let mut bst = BST::<i32, char>::new();
        bst.insert(8, 'e'); bst.insert(6,'c');
        bst.insert(7, 'd'); bst.insert(5,'b');
```

227

```
        bst.insert(10,'g'); bst.insert(9,'f');
        bst.insert(11,'h'); bst.insert(4,'a');

        println!("internal inorder, preorder, postorder: ");
        bst.inorder();
        bst.preorder();
        bst.postorder();
        bst.levelorder();
        println!("outside inorder, preorder, postorder: ");
        let nk = Some(Box::new(bst.clone()));
        inorder(nk.clone());
        preorder(nk.clone());
        postorder(nk.clone());
        levelorder(nk.clone());
    }
}
```

运行结果如下。

```
bst is empty: false
bst size: 8
bst leaves: 4
bst internals: 4
bst depth: 4
min key: Some(4), min val: Some('a')
max key: Some(11), max val: Some('h')
bst contains 5: true
key: 5, val: 'b'
internal inorder, preorder, postorder:
key: 4, val: 'a'
key: 5, val: 'b'
key: 6, val: 'c'
key: 7, val: 'd'
key: 8, val: 'e'
key: 9, val: 'f'
key: 10, val: 'g'
key: 11, val: 'h'
key: 8, val: 'e'
key: 6, val: 'c'
key: 5, val: 'b'
key: 4, val: 'a'
key: 7, val: 'd'
key: 10, val: 'g'
key: 9, val: 'f'
key: 11, val: 'h'
key: 4, val: 'a'
key: 5, val: 'b'
key: 7, val: 'd'
key: 6, val: 'c'
key: 9, val: 'f'
key: 11, val: 'h'
key: 10, val: 'g'
key: 8, val: 'e'
key: 8, val: 'e'
key: 6, val: 'c'
```

228

```
key: 10, val: 'g'
key: 5, val: 'b'
key: 7, val: 'd'
key: 9, val: 'f'
key: 11, val: 'h'
key: 4, val: 'a'
outside inorder, preorder, postorder:
key: 4, val: 'a'
key: 5, val: 'b'
key: 6, val: 'c'
key: 7, val: 'd'
key: 8, val: 'e'
key: 9, val: 'f'
key: 10, val: 'g'
key: 11, val: 'h'
key: 8, val: 'e'
key: 6, val: 'c'
key: 5, val: 'b'
key: 4, val: 'a'
key: 7, val: 'd'
key: 10, val: 'g'
key: 9, val: 'f'
key: 11, val: 'h'
key: 4, val: 'a'
key: 5, val: 'b'
key: 7, val: 'd'
key: 6, val: 'c'
key: 9, val: 'f'
key: 11, val: 'h'
key: 10, val: 'g'
key: 8, val: 'e'
key: 8, val: 'e'
key: 6, val: 'c'
key: 10, val: 'g'
key: 5, val: 'b'
key: 7, val: 'd'
key: 9, val: 'f'
key: 11, val: 'h'
key: 4, val: 'a'
```

有了树，我们就可以插入数据了。向二叉查找树中插入数据 76，查找路径如图 8.15 中的深灰色节点所示。

最后，我们看一下最复杂的二叉查找树操作：删除节点。在删除一个节点之前，你首先需要找到这个节点。此时可能存在三种情况：树没有节点、树只有根节点、树有多个节点。针对后两种情况，你需要检查要删除的节点是否存在。如果该节点存在，则此时还需要考虑该节点是否有子节点，情况又有三种：该节点是叶节点，该节点有一个子节点，该节点有两个子节点。表 8.4 总结了删除节点时可能出现的几种情况。

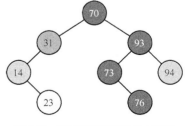

图 8.15 在二叉查找树中插入数据

表 8.4　删除节点时可能出现的几种情况

树节点状况	子节点状况	删除方法
无节点	无	直接返回
只有根节点	无	直接删除
有多个节点	无	直接删除
有多个节点	有一个子节点	用子节点替换要删除的节点
有多个节点	有两个子节点	用后继节点替换要删除的节点

在找到要删除节点 k 的情况下，若它是叶节点且无子节点，则可以直接删除父节点对它的引用；若它有一个子节点，则修改父节点的引用以使其直接指向这个子节点；若它有两个子节点，则找到右子树中的最小节点，此节点又叫后继节点，作为右子树中的最小节点，用后继节点直接替换节点 k 就相当于删除了节点 k。当然，后继节点本身可能有零个或一个子节点，因此替换时也需要处理后继节点的父子引用关系。具体的情况如图 8.16 所示，虚线框为待删除节点 k，右侧为删除节点 k 后得到的二叉树。

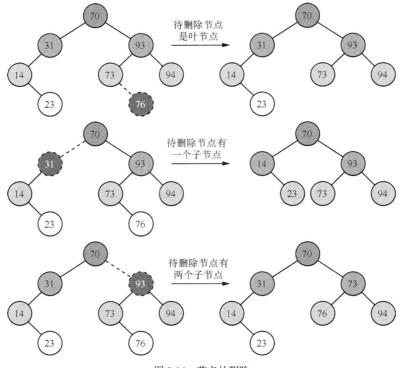

图 8.16　节点的删除

230

从图 8.16 可以看出，删除叶节点最简单，删除有一个子节点的内部节点也不算很复杂，最麻烦的是删除有两个子节点的内部节点，因为删除时涉及多个节点之间关系的调整。

8.3.3 二叉查找树分析

我们终于完成了二叉查找树，下面我们来看看各个方法的时间复杂度。对于前序遍历、中序遍历和后序遍历，因为要处理 n 个数据，所以复杂度一定是 $O(n)$。len( ) 方法也利用前序遍历来计算元素的个数，所以复杂度也是 $O(n)$。

contains( ) 方法在查找数据时会不断地和左、右子节点做比较，并根据比较结果选择一个分支，其最多选择树中从根节点到叶节点的最长路径。根据二叉树的性质，我们知道，树的节点总数 n 和高度 h 为

$$2^0 + 2^1 + 2^i + \cdots + 2^h = n$$

$$h = \log_2(n) \tag{8.1}$$

因为最长路径约为 $h = \log_2(n)$，所以 contains( ) 方法的复杂度为 $O(\log_2(n))$。增、删、查、改的基础是查，因为需要定位元素才能继续处理。增、删、改都能在常量时间内完成，其时间复杂度只和查有关。综上所述，contains( )、insert( )、get( ) 方法的复杂度都是 $O(\log_2(n))$，限制这些方法性能的因素是二叉树的高度 h。当然，如果插入的数据一直处于有序状态，那么树会退化成线性链表，此时 contains( )、insert( )、remove( ) 方法的复杂度均为 $O(n)$，如图 8.17 所示。

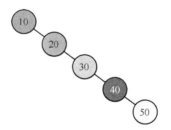

图 8.17 二叉查找遭遇线性状况

此时，你可能会有疑问，这里大谈增、删、查、改，但上面没有实现删除函数啊！这个问题其实很好理解，一是抽象数据类型的定义里本就没有 remove( ) 方法，二是二叉查找树更多是用来插入和查找数据的，而不是用来删除数据。你若感兴趣或有需要，可在此基础上自行实现删除功能。

因为二叉树的高度和节点数有关，所以只要改二叉树为多叉树就能大幅降低树的高度，性能也会更好。比较常见的多叉树是 B 树、B+ 树，它们的子节点都比较多，树也很矮，查询速度非常快，被广泛用于实现数据库和文件系统。比如，MySQL 数据库就使用 B+ 树保存数据，其中的节点是 16KB 大的内存页。如果一条数据为 1KB 大小，那么一个节点

就能保存 16 条数据。如果将节点用于存储索引（一个索引为 14 字节大小），那么一个节点就能保存 16 × 1024 / 14 ≈ 1170 个索引。对于高度为 3 的 B+ 树，可以存放的索引高达 1170 × 1170 × 16 = 21 902 400 条，这意味着能够存储大概 2000 万条数据。获取数据最多需要两次查询，这也是 MySQL 数据库查询速度快的原因。

8.4　平衡二叉树

前面我们学习并构建了一个二叉查找树，其性能在某些特殊情况下有可能降级到 $O(n)$。如果二叉树不平衡，比如一侧有非常多的节点，另一侧却几乎没有节点，那么其性能就会退化，导致后续操作非常低效。因此，构建平衡二叉树是高效处理数据的前提。在本节中，我们将讨论一种平衡的二叉查找树（名为 AVL 平衡二叉树，简称 AVL 树，发明人是 G. M. Adelson-Velsky 和 E. M. Landis），这种树能自动保持平衡状态。

AVL 树也是二叉查找树，它们之间唯一的区别在于树操作的执行方式。AVL 树在操作过程中加入了平衡因子来判断树是否平衡。平衡因子是节点的左、右子树的高度差：

$$平衡因子 = 左子树的高度 - 右子树的高度 \tag{8.2}$$

如果平衡因子大于 0，则左子树重；如果平衡因子小于 0，则右子树重；如果平衡因子等于 0，那么树是平衡的。为了实现高效的 AVL 树，可将平衡因子为 −1、0 和 1 三种情况均视为平衡。因为当平衡因子为 1 和 −1 时，左、右子树的高度差只有 1，基本平衡。一旦平衡因子处于这个范围之外，比如 2 和 −2，就需要将树旋转以维持平衡。图 8.18 展示了左、右子树不平衡的情况，每个节点上的值就是该节点的平衡因子。

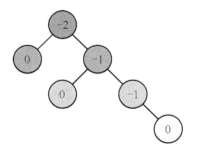

图 8.18　左、右子树不平衡

8.4.1　AVL 平衡二叉树

要得到平衡的树，就需要满足平衡因子条件。树只有三种情况：左重（左子树重）、平衡（左、右子树平衡）、右重（右子树重）。如果树在左重或右重的情况下依然满足平衡因子为 −1、0、1 的条件，则这样的左重树或右重树也算是平衡的。考虑高度为 0、1、2、

3 的树，图 8.19 展示了满足平衡因子条件的最不平衡左重树。

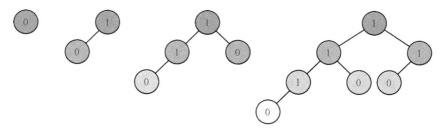

图 8.19　满足平衡因子条件的最不平衡左重树（高度分别为 0、1、2、3）

分析树中节点总数，可以发现对于高度为 0 的树，只有 1 个节点；对于高度为 1 的树，有 $1 + 1 = 2$ 个节点；对于高度为 2 的树，则有 $1 + 1 + 2 = 4$ 个节点；对于高度为 3 的树，有 $1 + 2 + 4 = 7$ 个节点。综上所述，高度为 h 的树，其节点总数满足如下式子：

$$N_h = 1 + N_{h-1} + N_{h-2} \tag{8.3}$$

式（8.3）看起来非常类似于斐波那契数列。给定树中节点总数，就可以利用斐波那契公式导出 AVL 树的高度计算公式。对于斐波那契数列，第 i 个斐波那契数可由下式给出：

$$F_0 = 0$$
$$F_1 = 1 \tag{8.4}$$
$$F_i = F_{i-1} + F_{i-2}$$

这样就可以将 AVL 树的高度和节点公式转换为

$$N_h = F_h + 1 \tag{8.5}$$

随着 i 的增大，F_i / F_{i-1} 趋近于黄金比例 $\Phi = (1 + \sqrt{5})/2$，因此可以使用 Φ 来表示 F_i。通过计算可得 $F_i = \dfrac{\Phi^i}{5}$，于是：

$$N_h = \frac{\Phi^h}{\sqrt{5}} + 1 \tag{8.6}$$

通过取以 2 为底的对数，我们可以求解 h。

$$\log(N_h - 1) = \log(\frac{\Phi^h}{\sqrt{5}})$$
$$\log(N_h - 1) = h \log \Phi - \frac{1}{2} \log 5$$
$$h = \frac{\log(N_h - 1) + \frac{1}{2} \log 5}{\log \Phi} \tag{8.7}$$
$$h = 1.44 \log(N_h)$$

AVL 树的高度最多等于树中节点总数的对数值的 1.44 倍，忽略系数，查找时的复杂度将被限制为 $O(\log N)$，这是非常高效的。

8.4.2 Rust 实现平衡二叉树

现在我们来看看如何插入新节点到 AVL 树中。由于所有新节点将作为叶节点被插入 AVL 树中，并且叶节点的平衡因子为 0，因此刚插入的新节点不用处理。但在插入新的叶节点后，其父节点的平衡因子会改变，因此需要更新父节点的平衡因子。新插入的叶节点如何影响父节点的平衡因子取决于叶节点是左子节点还是右子节点。如果新节点是右子节点，将父节点的平衡因子减 1；如果新节点是左子节点，将父节点的平衡因子加 1。

上述关系可以应用到新节点的祖父节点，直到根节点为止，这是一个递归过程。但在如下两种情况下，不用更新平衡因子。

（1）递归调用已到达根节点。

（2）父节点的平衡因子已调整为 0，其祖先节点的平衡因子不会改变。

为了简洁，我们将 AVL 树实现为枚举，其中的 Null 表示空树，Tree 表示存在对树节点的引用。树节点 AvlNode 用于存放数据和左、右子树及平衡因子。

```
// avl.rs

// AVL 树的定义，使用的是枚举
#[derive(Clone, Debug, PartialEq)]
enum AvlTree<T> {
    Null,
    Tree(Box<AvlNode<T>>),
}

// AVL 树节点的定义
#[derive(Debug)]
struct AvlNode<T> {
    key: T,
    left: AvlTree<T>,   // 左子树
    right: AvlTree<T>,  // 右子树
    bfactor: i8,        // 平衡因子
}
```

我们首先需要为 AVL 树添加插入节点的功能。在插入节点后，因为需要处理平衡因子，所以还需要添加再平衡函数 rebalance( ) 用于更新平衡因子。为了对节点数据进行比较，它们需要是有序的。为了更新值和计算树的高度，这里添加了函数 replace( ) 和 max( )。

```
// avl.rs

use std::cmp::{max, Ordering::*};
use std::fmt::Debug;
use std::mem::replace;
use AvlTree::*;
```

```rust
impl<T> AvlTree<T> where T : Clone + Ord + Debug {
    // 新树是空的
    fn new() -> AvlTree<T> {
        Null
    }

    fn insert(&mut self, key: T) -> (bool, bool) {
        let ret = match self {
            // 没有节点，直接插入
            Null => {
                let node = AvlNode {
                    key: key,
                    left: Null,
                    right: Null,
                    bfactor: 0,
                };
                *self = Tree(Box::new(node));

                (true, true)
            },
            Tree(ref mut node) => match node.key.cmp(&key) {
                // 比较节点数据，判断该从哪边插入
                // inserted 表示是否插入
                // deepened 表示是否加深
                Equal => (false, false), // 相等，无须插入
                Less => {                       // 比节点数据大，从右边插入
                    let (inserted, deepened)
                        = node.right.insert(key);
                    if deepened {
                        let ret = match node.bfactor {
                            -1 => (inserted, false),
                             0 => (inserted, true),
                             1 => (inserted, false),
                             _ => unreachable!(),
                        };
                        node.bfactor += 1;

                        ret
                    } else {
                        (inserted, deepened)
                    }
                },
                Greater => {                    // 比节点数据小，从左边插入
                    let (inserted, deepened)
                        = node.left.insert(key);
                    if deepened {
                        let ret = match node.bfactor {
                            -1 => (inserted, false),
                             0 => (inserted, true),
                             1 => (inserted, false),
                             _ => unreachable!(),
                        };
                        node.bfactor -= 1;
```

```
                                    ret
                        } else {
                            (inserted, deepened)
                        }
                    },
                },
            };
            self.rebalance();

            ret
        }

        // 调整各节点的平衡因子
        fn rebalance(&mut self) {
            match self {
                // 没有数据，不用调整
                Null => (),
                Tree(_) => match self.node().bfactor {
                    // 右子树重
                    -2 => {
                        let lbf = self.node()
                                      .left
                                      .node()
                                      .bfactor;

                        if lbf == -1 || lbf == 0 {
                            let (a, b) = if lbf == -1 {
                                (0, 0)
                            } else {
                                (-1,1)
                            };

                            // 旋转并更新平衡因子
                            self.rotate_right();
                            self.node().right.node().bfactor = a;
                            self.node().bfactor = b;
                        } else if lbf == 1 {
                            let (a, b) = match self.node()
                                               .left.node()
                                               .right.node()
                                               .bfactor
                            {
                                -1 => (1, 0),
                                 0 => (0, 0),
                                 1 => (0,-1),
                                 _ => unreachable!(),
                            };

                            // 先左旋，再右旋，最后更新平衡因子
                            self.node().left.rotate_left();
                            self.rotate_right();
                            self.node().right.node().bfactor = a;
                            self.node().left.node().bfactor = b;
                            self.node().bfactor = 0;
                        } else {
```

```
                    unreachable!()
                }
            },
            // 左子树重
            2 => {
                let rbf=self.node().right.node().bfactor;
                if rbf == 1 || rbf == 0 {
                    let (a, b) = if rbf == 1 {
                        (0, 0)
                    } else {
                        (1,-1)
                    };

                    self.rotate_left();
                    self.node().left.node().bfactor = a;
                    self.node().bfactor = b;
                } else if rbf == -1 {
                    let (a, b) = match self.node()
                                            .right.node()
                                            .left.node()
                                            .bfactor
                    {
                        1 => (-1,0),
                        0 => (0, 0),
                        -1 => (0, 1),
                        _ => unreachable!(),
                    };

                    // 先右旋，再左旋，最后更新平衡因子
                    self.node().right.rotate_right();
                    self.rotate_left();
                    self.node().left.node().bfactor = a;
                    self.node().right.node().bfactor = b;
                    self.node().bfactor = 0;
                } else {
                     unreachable!()
                }
            },
            _ => (),
        },
    }
}
```

rebalance() 函数完成了再平衡工作，insert() 函数完成了对平衡因子的更新，这个过程是递归进行的。有效地再平衡是使 AVL 树在不牺牲性能的情况下正常工作的关键。为了使 AVL 树恢复平衡，我们需要对 AVL 树进行一次或多次旋转，可能是左旋，也可能是右旋。

为了进行左旋，需要执行的操作如下。

（1）提升右子节点 B 为子树的根节点。

（2）将旧的根节点 A 移动为新的根节点 B 的左子节点。

（3）如果新的根节点 B 已经有一个左子节点，则使其成为新的左子节点 A 的右子节点。

为了进行右旋，需要执行的操作如下。

（1）提升左子节点 B 为子树的根节点。

（2）将旧的根节点 A 移动为新的根节点 B 的右子节点。

（3）如果新的根节点 B 已经有一个右子节点，则使其成为新的右子节点 A 的左子节点。

图 8.20 中的两个树都不平衡，通过以节点 A 为根节点进行左旋和右旋，我们实现了对这两个树的再平衡。

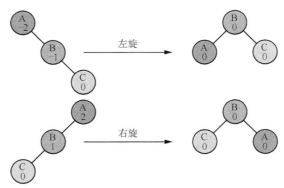

图 8.20　旋转不平衡树

在知道了如何对子树进行左旋和右旋的规则之后，下面我们试着将它们运用到图 8.21 所示的一棵比较特殊的子树并进行旋转。

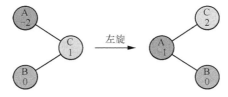

图 8.21　旋转一棵特殊的子树

在进行左旋之后，这棵树在另一方向还是失去了平衡。如果使用右旋进行纠正，则会回到最开始的情况。为了解决这个问题，就必须使用新的旋转规则，具体如下。

- 如果子树需要左旋以使其平衡，则首先检查右子节点的平衡因子。若右子树是重的，则对右子树进行右旋，然后进行左旋。
- 如果子树需要右旋以使其平衡，则首先检查左子节点的平衡因子。若左子树是重的，则对左子树进行左旋，然后进行右旋。

旋转子树的过程在概念上相当容易理解，但代码实现很复杂，因为首先需要按照正确的顺序移动节点以保留二叉查找树的所有属性，此外还需要确保适当地更新所有的关联指针。在 Rust 中，移动功能和所有权机制的存在使得移动节点和更新指针关系颇为复杂，十分容易出错。在了解了旋转的概念和工作原理后，你可以看看下面实现的旋转函数。其中，node( ) 函数用于获取节点，left_subtree( ) 和 right_subtree( ) 函数则用于获取子树。

```
// avl.rs

impl<T> AvlTree<T> where T : Ord {
    // 获取节点
    fn node(&mut self) -> &mut AvlNode<T> {
        match self {
            Null => panic!("Empty tree"),
            Tree(node) => node,
        }
    }

    // 获取左、右子树
    fn left_subtree(&mut self) -> &mut Self {
        match self {
            Null => panic!("Error: Empty tree!"),
            Tree(node) => &mut node.left,
        }
    }

    fn right_subtree(&mut self) -> &mut Self {
        match self {
            Null => panic!("Error: Empty tree!"),
            Tree(node) => &mut node.right,
        }
    }

    // 进行左旋和右旋
    fn rotate_left(&mut self) {
        let mut n = replace(self, Null);
        let mut right = replace(n.right_subtree(), Null);
        let right_left = replace(right.left_subtree(), Null);
        *n.right_subtree() = right_left;
        *right.left_subtree() = n;
        *self = right;
    }

    fn rotate_right(&mut self) {
        let mut n = replace(self, Null);
        let mut left = replace(n.left_subtree(), Null);
        let left_right = replace(left.right_subtree(), Null);
        *n.left() = left_right;
        *left.right_subtree() = n;
        *self = left;
    }
}
```

通过旋转操作，我们始终维持着树的平衡。为获取树的节点数、节点值、树高、最值、节点查询等，我们还需要实现 size( )、leaf_size( )、depth( )、node( )、min( )、max( )、contains( ) 等函数。

```
// avl.rs

impl<T> AvlTree<T> where T : Ord {
```

```
    // 计算树的节点数：左 / 右子节点数 + 根节点数，递归计算
    fn size(&self) -> usize {
        match self {
            Null => 0,
            Tree(n) => 1 + n.left.size() + n.right.size(),
        }
    }

    // 计算叶节点数
    fn leaf_size(&self) -> usize {
        match self {
            Null => 0,
            Tree(node) => {
                if node.left == Null && node.right == null {
                    return 1;
                }
                let left_leaf = match node.left {
                    Null => 0,
                    _ => node.left.leaf_size(),
                };
                let right_leaf = match node.right {
                    Null => 0,
                    _ => node.right.leaf_size(),
                };
                left_leaf + right_leaf
            },
        }
    }

    // 计算非叶节点数
    fn none_leaf_size(&self) -> usize {
      self.size() - self.leaf_size()
    }

    // 树的深度等于左、右子树的深度最大值 + 1，递归计算
    fn depth(&self) -> usize {
        match self {
            Null => 0,
            Tree(n) => max(n.left.depth(),n.right.depth()) + 1,
        }
    }

    fn is_empty(&self) -> bool {
        match self {
            Null => true,
            _ => false,
        }
    }

    // 获取树的最小节点值
    fn min(&self) -> Option<&T> {
        match self {
            Null => None,
            Tree(node) => {
                match node.left {
```

```
                        Null => Some(&node.key),
                        _ => node.left.min(),
                    }
                },
            }
        }

        // 获取树的最大节点值
        fn max(&self) -> Option<&T> {
            match self {
                Null => None,
                Tree(node) => {
                    match node.right {
                        Null => Some(&node.key),
                        _ => node.right.min(),
                    }
                },
            }
        }

        // 查找节点
        fn contains(&self, key: &T) -> bool {
            match self {
                Null => false,
                Tree(n) => {
                    match n.key.cmp(&key) {
                        Equal => { true },
                        Greater => {
                            match &n.left {
                                Null => false,
                                _ => n.left.contains(key),
                            }
                        },
                        Less => {
                            match &n.right {
                                Null => false,
                                _ => n.right.contains(key),
                            }
                        },
                    }
                },
            }
        }
}
```

同样，我们也可以为平衡二叉树实现 4 种遍历。

```
// avl.rs

impl<T> AvlTree<T> where T : Ord {
    // 前序遍历、中序遍历、后序遍历和层序遍历：内部实现
    fn preorder(&self) {
        match self {
            Null => (),
            Tree(node) => {
```

```
                println!("key: {:?}", node.key);
                node.left.preorder();
                node.right.preorder();
            },
        }
    }

    fn inorder(&self) {
        match self {
            Null => (),
            Tree(node) => {
                node.left.inorder();
                println!("key: {:?}", node.key);
                node.right.inorder();
            },
        }
    }

    fn postorder(&self) {
        match self {
            Null => (),
            Tree(node) => {
                node.left.postorder();
                node.right.postorder();
                println!("key: {:?}", node.key);
            },
        }
    }

    fn levelorder(&self) {
        let size = self.size();
        let mut q = Queue::new(size);

        let _r = q.enqueue(self);
        while !q.is_empty() {
            let front = q.dequeue().unwrap();
            match front {
                Null => (),
                Tree(node) => {
                    println!("key: {:?}", node.key);
                    let _r = q.enqueue(&node.left);
                    let _r = q.enqueue(&node.right);
                },
            }
        }
    }
}

// 前序遍历、中序遍历、后序遍历和层序遍历：外部实现
fn preorder<T: Clone + Ord + Debug>(avl: &AvlTree<T>) {
    match avl {
        Null => (),
        Tree(node) => {
            println!("key: {:?}", node.key);
            preorder(&node.left);
```

```
                    preorder(&node.right);
                },
        }
}

fn inorder<T: Clone + Ord + Debug>(avl: &AvlTree<T>) {
    match avl {
        Null => (),
        Tree(node) => {
            inorder(&node.left);
            println!("key: {:?}", node.key);
            inorder(&node.right);
        },
    }
}

fn postorder<T: Clone + Ord + Debug>(avl: &AvlTree<T>) {
    match avl {
        Null => (),
        Tree(node) => {
            postorder(&node.left);
            postorder(&node.right);
            println!("key: {:?}", node.key);
        },
    }
}

fn levelorder<T: Clone + Ord + Debug>(avl: &AvlTree<T>) {
    let size = avl.size();
    let mut q = Queue::new(size);

    let _r = q.enqueue(avl);
    while !q.is_empty() {
        let front = q.dequeue().unwrap();
        match front {
            Null => (),
            Tree(node) => {
                println!("key: {:?}", node.key);
                let _r = q.enqueue(&node.left);
                let _r = q.enqueue(&node.right);
            },
        }
    }
}

fn main() {
    basic();
    order();

    fn basic() {
        let mut t = AvlTree::new();
        for i in 0..5 { let (_r1, _r2) = t.insert(i); }

        println!("empty:{},size:{}",t.is_empty(),t.size());
        println!("leaves:{},depth:{}",t.leaf_size(),t.depth());
```

```
            println!("internals:{}",t.none_leaf_size());
            println!("min-max key:{:?}-{:?}",t.min(), t.max());
            println!("contains 9:{}",t.contains(&9));
    }

    fn order() {
        let mut avl = AvlTree::new();
        for i in 0..5 { let (_r1, _r2) = avl.insert(i); }

        println!("internal pre-in-post-level order");
        avl.preorder();
        avl.inorder();
        avl.postorder();
        avl.levelorder();
        println!("outside pre-in-post-level order");
        preorder(&avl);
        inorder(&avl);
        postorder(&avl);
        levelorder(&avl);
    }
}
```

运行结果如下。

```
empty:false,size:5
leaves:3,depth:3
internals:2
min-max key:Some(0)-Some(4)
contains 9:false
internal pre-in-pos-level order
key: 1
key: 0
key: 3
key: 2
key: 4
key: 0
key: 1
key: 2
key: 3
key: 4
key: 0
key: 2
key: 4
key: 3
key: 1
key: 1
key: 0
key: 3
key: 2
key: 4
outside pre-in-pos-level order
key: 1
key: 0
key: 3
key: 2
key: 4
```

8.5 小结

```
key: 0
key: 1
key: 2
key: 3
key: 4
key: 0
key: 2
key: 4
key: 3
key: 1
key: 1
key: 0
key: 3
key: 2
key: 4
```

8.4.3 平衡二叉树分析

AVL 平衡二叉树（简称 AVL 树）相比二叉树添加了再平衡函数以及左旋和右旋操作，这些旋转操作用于维持 AVL 树自身的平衡，这样 AVL 树的其他各种操作就能保持在比较优秀的水平，性能最差也能达到 $O(\log_2(n))$。但是你也要意识到，为了维持平衡，AVL 树会进行大量的旋转操作。一种优化后的二叉树叫作红黑树，这是一种弱化版的 AVL 树，其旋转次数少，对于经常需要执行增、删、改操作的情况，可以用红黑树代替 AVL 树，从而获得更好的性能。

8.5 小结

在本章中，我们学习了树这种高效的数据结构。树使得我们能够编写许多有用、高效的算法，树已被广泛应用于存储、网络等领域。树可用来完成以下任务。

- 解析和计算表达式。
- 实现作为优先级队列的二叉堆。
- 实现二叉树、二叉查找树和二叉平衡树。

我们已经学习了用于实现映射关系的几种抽象数据类型，包括有序列表、哈希表、二叉查找树和平衡二叉树，表 8.5 对它们的操作性能做了对比。红黑树是改进的 AVL 树，但其复杂度和 AVL 树一样，只是系数有区别，详情可自行查阅相关资料。

表8.5 各种抽象数据结构的操作性能

操作	有序列表	哈希表	二叉查找树	平衡二叉树	红黑树
insert	$O(n)$	$O(1)$	$O(n)$	$O(\log(n))$	$O(\log(n))$
contains	$O(\log(n))$	$O(1)$	$O(n)$	$O(\log(n))$	$O(\log(n))$
delete	$O(n)$	$O(1)$	$O(n)$	$O(\log(n))$	$O(\log(n))$

245

第 9 章　图

本章主要内容

- 了解图的概念及存储形式
- 用 Rust 实现图数据结构
- 学习图的两种重要搜索方法
- 使用图来解决各种现实问题

9.1　什么是图

第 8 章介绍了树这种数据结构，尤其是二叉树。本章介绍树的更普遍形式：图。树可以看成简化或精心挑选的图，因为其节点关系是有规律的。树有根节点，但图没有；树有方向，从上到下，图的方向可有可无；树中无环，但图可以有环。树涉及的元素是节点和连接，而图涉及的元素是点、边及点边关系。图是一种非常有用的数据结构，可以用来表示真实世界中存在的事物，包括航班图、朋友圈关系图、网络连接图、菜谱及课程规划图等。观察图 9.1 所示的图结构，其中包含多个节点，存在多个连接。通过图 9.1，

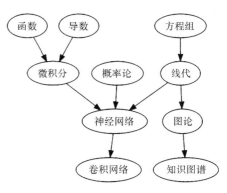

图 9.1　图结构的一个例子

我们可以知道各个项的纵向和横向关系，比如微积分和线代（线性代数）虽不相互连接，但能共同孵化出神经网络，这是横向的。导数参与了微积分的构建，是微积分的一部分内容，这是纵向的。对图以及图的各种用途及算法的研究有一个专门的学科——图论。

图的定义

因为图是树的更普遍形式，所以图的定义是树定义的延伸。

- 顶点：顶点也就是树中的节点，是图的元素，又称为键或简称点。一个顶点也可能有额外的信息，称为有效载荷。

246

- 边：边是图的另一个元素。边连接两个顶点，以表明点之间的关系。边可以是单向的或双向的。如果一个图中的边都是单向的，则称这个图是有向图。
- 权重：权重是对边的度量，旨在用一个数值来表示从一个顶点到另一个顶点的距离、成本、时间、亲密度等。

利用这些概念就可以定义图。图用 G 表示：$G = (V, E)$。图的核心元素是顶点的集合 V 和边的集合 E。每两个不同顶点的组合 (v, w, q) 表示一条属于 E 的边 v-w，权重为 q。图 9.2 是一个带权重的有向图，其中，顶点的集合 $V = (V_0, V_1, V_2, V_2, V_4, V_5)$，边的集合 E 则由各个连接及其权重组成，这里一共有 9 条边。

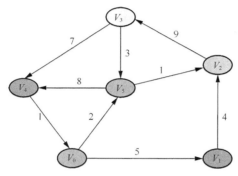

图 9.2　一个带权重的有向图

除了使用定义的顶点、边、权重之外，也可以使用路径来表示各个顶点的先后顺序。路径旨在使用顶点序列来表示点连接的前后顺序，如 (v, w, x, y, z)。因为图中的点连接是任意的，所以可能出现有环图，例如图 9.1 中的 $V_5 \rightarrow V_2 \rightarrow V_3 \rightarrow V_5$。如果图中没有环，则称这种图为无环图。许多重要的问题都可以用无环图来表示。

9.2　图的存储形式

计算机内存是线性的，图是非线性的，所以一定有某种方法来保存图到线性的存储设备上。常用的保存方法有两种，一种是邻接矩阵，另一种是邻接表。

邻接矩阵采用二维矩阵存储图的节点、边、权重，对于包含 N 个顶点的图，需要的存储空间为 N^2。然而图中的边可能并不多，这会导致邻接矩阵非常稀疏，从而浪费大量空间。邻接表则类似于哈希表，其通过对每个顶点开一条链来保存所有与之相关的顶点和边，所需的存储空间根据边的连接而定，一般情况下远远小于 N^2。由上述分析可知，计算机的最佳选择是使用邻接表来存储图这种数据结构。

9.2.1　邻接矩阵

保存图的最简单方法是使用二维矩阵。在二维矩阵中，灰色的行和列表示图中的顶点。存储在行 v 和列 w 的交叉点处的值表示存在顶点 v 到顶点 w 的边且相应的权重等于该值。当两个顶点通过边连接时，就说它们是相邻的。图 9.3 所示的邻接矩阵存储的是图 9.2 所示有向图中的顶点和边。

	V_0	V_1	V_2	V_3	V_4	V_5
V_0		5				2
V_1			4			
V_2				9		
V_3					7	3
V_4	1					
V_5			1		8	

图 9.3　邻接矩阵

邻接矩阵简单、直观，对于小图，很容易看出顶点之间的连接关系。观察邻接矩阵可以发现，大多数单元是空的，十分稀疏。如果图有 N 个顶点，那么邻接矩阵所需的存储空间为 N^2，显然十分浪费内存。

9.2.2　邻接表

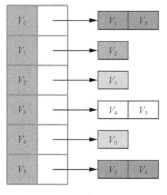

图 9.4　邻接表

高效保存图的方法是使用邻接表（见图 9.4）。邻接表使用数组来保存所有的顶点，然后图中的每个顶点维护一个连接到其他顶点的链表。这样通过访问各个顶点的链表，就能知道其连接了多少个顶点，这类似于 HashMap 解决哈希冲突时使用的拉链法。

之所以采用类似 HashMap 的结构来保存这些连接的顶点，主要是因为边带有权重，而数组只能保存顶点。用邻接表实现的图是紧凑的，没有浪费内存，这种结构保存起来也非常方便。你从这里也可以看出基础数据结构的重要性。

9.3　图的抽象数据类型

有了图的定义，下面定义图的抽象数据类型。图的核心元素是顶点和边，所以图操作是围绕顶点和边展开的。

- new()：创建一个空图，不需要参数，返回一个空图。
- add_vertex(v)：添加一个顶点，需要参数 v，无返回值。
- add_edge(fv,tv,w)：添加带权重的有向边，需要起点 fv 和终点 tv 及权重 w，无返回值。
- get_vertex(vk)：在图中找到键为 vk 的顶点，需要参数 vk，返回一个顶点。
- get_vertices()：返回图中所有顶点的列表，不需要参数。
- vert_nums()：返回图中的顶点数，不需要参数。
- edge_nums()：返回图中的边数，不需要参数。
- contains(vk)：判断某个顶点是否在图中，需要参数 vk，返回布尔值。
- is_empty()：判断图是否为空，不需要参数，返回布尔值。

假设 g 是新创建的空图，表 9.1 展示了各种图操作及操作结果。在表 9.1 中，方括号中是顶点和边，用逗号隔开；边用圆括号表示，其中的前两个值是顶点，第三个值是边的权重，比如，（1,5,2）表示顶点 1 和顶点 5 之间的边的权重为 2。

表 9.1　各种图操作及操作结果

图操作	图的当前值	操作的返回值
g.is_empty( )	[]	true
g.add_vertex(1)	[1]	
g.add_vertex(5)	[1,5]	
g.add_edge(1,5,2)	[1,5,（1,5,2）]	
g.get_vertex(5)	[1,5,（1,5,2）]	5
g.get_vertex(4)	[1,5,（1,5,2）]	None
g.edge_nums( )	[1,5,（1,5,2）]	1
g.vert_nums( )	[1,5,（1,5,2）]	2
g.contains(1)	[1,5,（1,5,2）]	true
g.get_verteces( )	[1,5,（1,5,2）]	[1,5]
g.add_vertex(7)	[1,5,7,（1,5,2）]	
g.add_vertex(9)	[1,5,7,9,（1,5,2）]	
g.add_edge(7,9,8)	[1,5,7,9,（1,5,2）,（7,9,8）]	

9.4　图的实现

下面我们先实现基于邻接矩阵的图，然后实现基于邻接表的图。根据图的定义和抽象数据类型，我们需要实现顶点（Vertex）和边（Edge），并用二维矩阵来存储边这种关系。在 Rust 中，二维的 Vec 可用来构造矩阵。

```
// graph_matrix.rs

// 点的定义
#[derive(Debug)]
struct Vertex<'a> {
    id: usize,
    name: &'a str,
}

impl Vertex<'_> {
    fn new(id: usize, name: &'static str)-> Self {
        Self { id, name }
    }
}
```

边只需要用布尔值表示是否存在即可，因为边是关系，所以不需要构造实体。

```
// graph_matrix.rs

// 边的定义
#[derive(Debug, Clone)]
struct Edge {
    edge: bool, // 表示是否有边
}

impl Edge {
    fn new()-> Self {
        Self { edge: false }
    }

    fn set_edge()-> Self {
        Edge { edge: true }
    }
}
```

在图（Graph）中实现边这种关系并保存在二维的 Vec 中。

```
// graph_matrix.rs
// 图的定义
#[derive(Debug)]
struct Graph {
    nodes: usize,
    graph: Vec<Vec<Edge>>, // 将每个顶点的边保存到一个 Vec 中
}
impl Graph {
    fn new(nodes: usize)-> Self {
        Self {
            nodes,
            graph: vec![vec![Edge::new(); nodes]; nodes],
        }
    }

    fn is_empty(&self)-> bool { 0 == self.nodes }
```

```
    fn len(&self)-> usize { self.nodes }

    // 添加边，设置边的属性为 true
    fn add_edge(&mut self, n1: &Vertex, n2: &Vertex){
        if n1.id < self.nodes && n2.id < self.nodes {
            self.graph[n1.id][n2.id] = Edge::set_edge();
        } else {
            println!("Error, vertex beyond the graph");
        }
    }
}

fn main(){
    let mut g = Graph::new(4);
    let n1 = Vertex::new(0,"n1");let n2 = Vertex::new(1,"n2");
    let n3 = Vertex::new(2,"n3");let n4 = Vertex::new(3,"n4");
    g.add_edge(&n1,&n2); g.add_edge(&n1,&n3);
    g.add_edge(&n2,&n3); g.add_edge(&n2,&n4);
    g.add_edge(&n3,&n4); g.add_edge(&n3,&n1);
    println!("{:#?}", g)
    println!("graph empty: {}", g.is_empty());
    println!("graph nodes: {}", g.len());
}
```

运行结果如下。

```
Graph {
    nodes: 4,
    graph: [
        [
            Edge { edge: false, },
            Edge { edge: true, },
            Edge { edge: true, },
            Edge { edge: false, },
        ],
        [
            Edge { edge: false, },
            Edge { edge: false, },
            Edge { edge: true, },
            Edge { edge: true, },
        ],
        [
            Edge { edge: true, },
            Edge { edge: false, },
            Edge { edge: false, },
            Edge { edge: true, },
        ],
        [
            Edge { edge: false, },
            Edge { edge: false, },
            Edge { edge: false, },
            Edge { edge: false, },
        ],
```

```
    ],
}
graph empty: false
graph nodes: 4
```

下面再用 Rust 的 HashMap 实现用于保存图的邻接表。因为顶点是图的核心元素，而边是顶点之间的关系，所以仍须创建表示顶点的数据结构 Vertex。涉及顶点的操作有新建顶点、获取顶点自身的值、添加邻接点、获取所有邻接点、获取到邻接点的权重等。在这里，neighbors 变量用于保存当前顶点的所有邻接点。

```rust
// graph_adjlist.rs

use std::hash::Hash;
use std::collections::HashMap;

// 点的定义
#[derive(Debug, Clone)]
struct Vertex<T> {
    key: T,
    neighbors: Vec<(T, i32)>, // 邻接点的集合
}

impl<T: Clone + PartialEq> Vertex<T> {
    fn new(key: T)-> Self {
        Self {
          key: key,
          neighbors: Vec::new()
        }
    }

    // 判断与当前顶点是否相邻
    fn adjacent_key(&self, key: &T)-> bool {
        for(nbr, _wt)in self.neighbors.iter(){
            if nbr == key { return true; }
        }

        false
    }

    fn add_neighbor(&mut self, nbr: T, wt: i32){
        self.neighbors.push((nbr, wt));
    }

    // 获取邻接点的集合
    fn get_neighbors(&self)-> Vec<&T> {
        let mut neighbors = Vec::new();
        for(nbr, _wt)in self.neighbors.iter(){
            neighbors.push(nbr);
        }

        neighbors
    }
```

```
    // 获取到邻接点的权重
    fn get_nbr_weight(&self, key: &T)-> &i32 {
        for(nbr, wt)in self.neighbors.iter(){
            if nbr == key {
                return wt;
            }
        }

        &0
    }
}
```

Graph 是实现的图数据结构，其中包含将顶点名映射到顶点对象的 HashMap。

```
// graph_adjlist.rs

// 图的定义
#[derive(Debug, Clone)]
struct Graph <T> {
    vertnums: u32, // 顶点数
    edgenums: u32, // 边数
    vertices: HashMap<T, Vertex<T>>, // 顶点的集合
}

impl<T: Hash + Eq + PartialEq + Clone> Graph<T> {
    fn new()-> Self {
        Self {
            vertnums: 0,
            edgenums: 0,
            vertices: HashMap::<T, Vertex<T>>::new(),
        }
    }

    fn is_empty(&self)-> bool { 0 == self.vertnums }

    fn vertex_num(&self)-> u32 { self.vertnums }

    fn edge_num(&self)-> u32 { self.edgenums }

    fn contains(&self, key: &T)-> bool {
        for(nbr, _vertex)in self.vertices.iter(){
            if nbr == key { return true; }
        }

        false
    }

    fn add_vertex(&mut self, key: &T)-> Option<Vertex<T>> {
        let vertex = Vertex::new(key.clone());
        self.vertnums += 1;
        self.vertices.insert(key.clone(), vertex)
    }

    fn get_vertex(&self, key: &T)-> Option<&Vertex<T>> {
        if let Some(vertex)= self.vertices.get(key){
```

253

```
            Some(&vertex)
        } else {
            None
        }
    }

    // 获取所有顶点的键
    fn vertex_keys(&self)-> Vec<T> {
        let mut keys = Vec::new();
        for key in self.vertices.keys(){
            keys.push(key.clone());
        }

        keys
    }

    // 删除顶点 ( 同时也要删除边 )
    fn remove_vertex(&mut self, key: &T)-> Option<Vertex<T>> {
        let old_vertex = self.vertices.remove(key);
        self.vertnums -= 1;

        // 删除从当前顶点出发的边
        self.edgenums -= old_vertex.clone()
                                   .unwrap()
                                   .get_neighbors()
                                   .len()as u32;
        // 删除到当前顶点的边
        for vertex in self.vertex_keys(){
            if let Some(vt)= self.vertices.get_mut(&vertex){
                if vt.adjacent_key(key){
                    vt.neighbors.retain(|(k, _)| k != key);
                    self.edgenums -= 1;
                }
            }
        }

        old_vertex
    }

    fn add_edge(&mut self, from: &T, to: &T, wt: i32) {
        // 若顶点不存在, 则需要先添加顶点
        if !self.contains(from){
            let _fv = self.add_vertex(from);
        }
        if !self.contains(to){
            let _tv = self.add_vertex(to);
        }

        // 添加边
        self.edgenums += 1;
        self.vertices.get_mut(from)
                     .unwrap()
                     .add_neighbor(to.clone(), wt);
    }
```

```
    // 判断两个顶点是否相邻
    fn adjacent(&self, from: &T, to: &T)-> bool {
        self.vertices.get(from).unwrap().adjacent_key(to)
    }
}
```

结构体 Graph 可以用来创建图 9.2 所示有向图中的顶点 $V_0 \sim V_5$ 及其边。

```
// graph_adjlist.rs

fn main(){
    let mut g = Graph::new();

    for i in 0..6 { g.add_vertex(&i); }
    println!("graph empty: {}", g.is_empty());

    let vertices = g.vertex_keys();
    for vtx in vertices { println!("Vertex: {:#?}", vtx);

    g.add_edge(&0,&1,5); g.add_edge(&0,&5,2);
    g.add_edge(&1,&2,4); g.add_edge(&2,&3,9);
    g.add_edge(&3,&4,7); g.add_edge(&3,&5,3);
    g.add_edge(&4,&0,1); g.add_edge(&4,&4,8);
    println!("vert nums: {}", g.vertex_num());
    println!("edge nums: {}", g.edge_num());
    println!("contains 0: {}", g.contains(&0));

    let vertex = g.get_vertex(&0).unwrap();
    println!("key: {}, to nbr 1 weight: {}",
            vertex.key, vertex.get_nbr_weight(&1));

    let keys = vertex.get_neighbors();
    for nbr in keys { println!("nighbor: {nbr}"); }

    for(nbr, wt)in vertex.neighbors.iter(){
        println!("0 nighbor: {nbr}, weight: {wt}");
    }

    let res = g.adjacent(&0, &1);
    println!("0 adjacent to 1: {res}");
    let res = g.adjacent(&3, &2);
    println!("3 adjacent to 2: {res}");

    let rm = g.remove_vertex(&0).unwrap();
    println!("remove vertex: {}", rm.key);
    println!("left vert nums: {}", g.vertex_num());
    println!("left edge nums: {}", g.edge_num());
    println!("contains 0: {}", g.contains(&0));
}
```

运行结果如下。

```
graph empty: false
Vertex: 3
```

```
Vertex: 4
Vertex: 1
Vertex: 2
Vertex: 5
Vertex: 0
vert nums: 6
edge nums: 8
contains 0: true
key: 0, to nbr 1 weight: 5
nighbor: 1
nighbor: 5
0 nighbor: 1, weight: 5
0 nighbor: 5, weight: 2
0 is adjacent to 1: true
3 is adjacent to 2: false
remove vertex: 0
left vert nums: 5
left edge nums: 5
contains 0: false
```

字梯问题

有了图数据结构,我们就可以解决一些实际问题了,比如字梯问题。字梯问题是指如何将某个单词转换成另一个单词,比如将 FOOL 转换为 SAGE。在字梯中,可通过逐个改变字母而使单词发生变化,但新的单词必须是存在的,而不可以是任意单词。下面的单词序列显示了上述问题的多种解决方案。

```
a      b      c      d      e      f      g
----------------------------------------
FOOL   FOOL   FOOL   FOOL   FOOL   FOOL   FOOL
POOL   FOIL   FOIL   COOL   COOL   FOUL   FOUL
POLL   FAIL   FAIL   POOL   POOL   FOIL   FOIL
POLE   FALL   FALL   POLL   POLL   FALL   FALL
PALE   PALL   PALL   POLE   PALL   FALL   FALL
SALE   PALE   PALE   PALE   PALE   PALL   PALL
SAGE   PAGE   SALE   SALE   SALE   POLL   POLL
       SAGE   SAGE   SAGE   SAGE   PALE   PALE
                                   PAGE   SALE
                                   SAGE   SAGE
```

由此可见,转换的路径有多条。我们的目标是通过图算法找出从起始单词转换为结束单词的最少转换次数。利用图,我们可以首先将单词转换为顶点,然后将这些能通过前后变化得到的单词链接起来,最后使用图搜索算法来搜索最短路径。如果两个单词只有一个字母不同,则表明它们可以相互转换,于是就能创建这两个单词的双向边,如图 9.5所示。

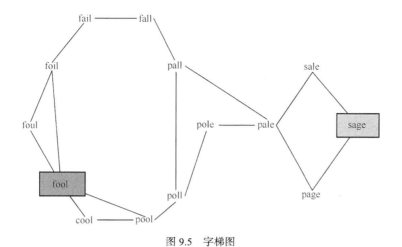

图 9.5 字梯图

可以使用多种不同的方法来创建这个问题的图模型。假设有一个长度相同的单词列表，则首先可以在图中为列表中的每个单词创建一个顶点。为了弄清楚如何连接单词，就必须比较列表中的每个单词。在比较时，查看有多少字母是不同的。如果所讨论的两个单词只有一个字母不同，则可以在图中创建它们之间的边。对于小的单词列表，这种方法可以正常工作。然而，如果使用大学四级词汇表，假设有 3000 个单词，则上述比较的复杂度是 $O(n^2)$，需要比较 900 万次。如果使用大学六级词汇表，假设有 5000 个单词，则需要比较 2500 万次。显然，相互间能转换的单词不过几十个，但每次比较都需要进行上千万次，非常低效。

换个思路，只看单词的字母位，对每个位置搜寻类似的单词并放在一起，最终收集的这些单词就都能和指定的单词连接起来。比如 SOPE，去掉第一个字母，剩下 OPE，凡是以 OPE 结尾的包含 4 个字母的单词，都将它们和 SOPE 连接起来并保存到一个集合中。然后是 S_PE，凡是符合这种模式的单词也都收集起来。照此进行下去，最终收集的所有单词如下。

```
_OPE  P_PE  PO_E  POP_
POPE  POPE  POPE  POPE
ROPE  PIPE  POLE  POPS
NOPE  PAPE  PORE
HOPE        POSE
LOPE        POKE
COPE
```

可以使用 HashMap 来实现这种方案。上述集合保存了符合相同模式的单词，以这种模式作为 HashMap 的键，然后存储类似的单词集合。一旦建立了单词集合，就可以创建图。可通过 HashMap 中的每个单词创建一个顶点来开始图的实现，然后从字典中找到相同键之下的所有顶点并在它们之间创建边。实现了图之后，就可以完成字梯搜索任务了。

9.5　广度优先搜索

图以及研究图的专门理论——图论，涉及非常繁杂的内容。对图的研究更是产生了各种优秀算法，其中常用的是深度优先搜索（Breadth First Search，BFS）和广度优先搜索（Depth First Search，DFS）算法。字梯问题就可以采用图的广度优先搜索算法来查找最短路径。因为图不像线性数据结构那样可以直接查找最短路径（图是非线性数据结构），所以不能用传统的二分查找和线性查找算法来搜索最短路径。

广度优先搜索的大意如下：给定图 G（顶点之间的距离假设为 1）和起始顶点 s，广度优先搜索通过探索图中的边以找到 G 中的所有顶点，其中存在从顶点 s 开始的路径。先找到与顶点 s 相距为 1 的所有顶点，再找到相距为 2 的所有顶点，直至找到所有顶点。如图 9.6 所示，和 fool 相连的所有顶点可看成一层，先将它们放入队列，再寻找这些顶点的下一层连接点，照此进行下去，就能完成对图的搜索。这种搜索是按层进行的，所以被称为广度优先搜索。

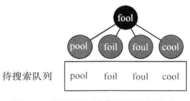

图 9.6　广度优先搜索按层进行搜索

我们可以用三种颜色来标识顶点的状态。初始时，所有顶点均为白色。搜索时，将与当前搜索点相连的所有顶点都置为灰色。逐个查看灰色点，一旦确定该点及其连接点都不是目标点，就将当前顶点置为黑色。继续搜索与灰色点连接的白色点，重复这个过程，直至完成搜索任务或完成对整个图的搜索。这种搜索和某些编程语言的垃圾回收机制有些类似，比如 Go 语言。

9.5.1　实现广度优先搜索

在实现广度优先搜索时，首先需要实现图，图的具体形式根据算法的目的而定。此处为了演示 BFS 算法，所以实现的图比较简单，其中的节点（即顶点）仅包含数据 data 以及到下一个节点的连接 next。图中则仅保存了首节点和下一个节点的连接。

```
// bfs.rs

use std::rc::Rc;
use std::cell::RefCell;
```

```rust
// 因为节点之间存在多个共享的连接，Box 不可以共享，Rc 才可以共享
// 又因为 Rc 不可变，所以使用具有内部可变性的 RefCell 进行包裹
type Link = Option<Rc<RefCell<Node>>>;
// 节点的定义
struct Node {
    data: usize,
    next: Link,
}

impl Node {
    fn new(data: usize)-> Self {
        Self {
            data: data,
            next: None
        }
    }
}

// 图的定义及实现
struct Graph {
    first: Link,
    last: Link,
}

impl Graph {
    fn new()-> Self {
        Self { first: None, last: None }
    }

    fn is_empty(&self)-> bool {
        self.first.is_none()
    }

    fn get_first(&self)-> Link {
        self.first.clone()
    }

    // 输出节点
    fn print_node(&self){
        let mut curr = self.first.clone();
        while let Some(val)= curr {
            print!("[{}]", &val.borrow().data);
            curr = val.borrow().next.clone();
        }

        print!("\n");
    }

    // 插入节点
    fn insert(&mut self, data: usize){
        let node = Rc::new(RefCell::new(Node::new(data)));

        if self.is_empty(){
            self.first = Some(node.clone());
            self.last = Some(node);
```

```
        } else {
            self.last.as_mut()
                    .unwrap()
                    .borrow_mut()
                    .next = Some(node.clone());
            self.last = Some(node);
        }
    }
}
```

基于上面实现的图，下面实现基本的广度优先搜索算法。其中，build_graph( ) 函数用于构建图并将图封装成元组，然后保存到 Vec 中。元组中的第二个值用于表示节点是否被访问过，0 表示未访问过，1 表示访问过。

```
// bfs.rs

// 根据 data 构建图
fn build_graph(data: [[usize;2];20])-> Vec<(Graph, usize)> {
    let mut graphs: Vec<(Graph, usize)> = Vec::new();
    for _ in 0..9 { graphs.push((Graph::new(), 0)); }
    for i in 1..9 {
        for j in 0..data.len(){
            if data[j][0] == i {
                graphs[i].0.insert(data[j][1]);
            }
        }
        print!("[{i}]->");
        graphs[i].0.print_node();
    }
    graphs
}

fn bfs(graph: Vec<(Graph, usize)>){
    let mut gp = graph;
    let mut nodes = Vec::new();
    gp[1].1 = 1;
    let mut curr = gp[1].0.get_first().clone();

    // 输出图
    print!("{1}->");
    while let Some(val)= curr {
        nodes.push(val.borrow().data);
        curr = val.borrow().next.clone();
    }
    // 输出广度优先图
    loop {
        if 0 == nodes.len(){
            break;
        } else {
            // nodes 中的首节点被弹出，这里模仿了队列的特性
            let data = nodes.remove(0);
            // 节点未被访问过，加入 nodes，修改其访问状态为 1
            if 0 == gp[data].1 {
                gp[data].1 = 1;
```

```
                    // 输出当前节点值
                    print!("{data}->");
                    // 将与当前节点相连的节点加入 nodes
                    let mut curr = gp[data].0.get_first().clone();
                    while let Some(val)= curr {
                        nodes.push(val.borrow().data);
                        curr = val.borrow().next.clone();
                    }
                }
            }
        }
        println!();
    }

    fn main(){
        let data = [
            [1,2],[2,1],[1,3],[3,1],[2,4],[4,2],[2,5],
            [5,2],[3,6],[6,3],[3,7],[7,3],[4,5],[5,4],
            [6,7],[7,6],[5,8],[8,5],[6,8],[8,6]
        ];
        let gp = build_graph(data);
        bfs(gp);
    }
```

运行结果如下，这里分别输出了每个节点的相邻节点以及所有节点。

```
[1]->[2][3]
[2]->[1][4][5]
[3]->[1][6][7]
[4]->[2][5]
[5]->[2][4][8]
[6]->[3][7][8]
[7]->[3][6]
[8]->[5][6]
1->2->3->4->5->6->7->8->
```

Vec 可以当作队列使用，上述算法除了输出每个节点连接的节点值，还会将所有节点按搜索顺序输出。有了 BFS 算法，接下来研究如何使用广度优先搜索解决字梯图中最短转换路径的问题。为了更好地体现节点颜色，我们需要定义表示颜色的枚举并适时更新节点颜色。为了计算最短转换路径，我们还需要在节点中增加 distance 参数，以表示节点离起始点有多远。

```
// word_ladder.rs

// 定义表示颜色的枚举，用于判断节点是否被搜索过
#[derive(Clone, Debug, PartialEq)]
enum Color {
    White, // 白色，未被探索
    Gray,  // 灰色，正被探索
    Black, // 黑色，探索完毕
}
```

```
// 节点的定义
#[derive(Debug, Clone)]
struct Vertex<T> {
    color: Color,
    distance: u32, // 与起始点的最短距离即为最少转换次数
    key: T,
    neighbors: Vec<(T, u32)>, // 邻接节点
}

impl<T: Clone + PartialEq> Vertex<T> {
    fn new(key: T)-> Self {
        Self {
            color: Color::White, distance: 0,
            key: key, neighbors: Vec::new(),
        }
    }

    fn add_neighbor(&mut self, nbr: T, wt: u32){
        self.neighbors.push((nbr, wt));
    }

    // 获取邻接节点
    fn get_neighbors(&self)-> Vec<&T> {
        let mut neighbors = Vec::new();
        for(nbr, _wt)in self.neighbors.iter(){
            neighbors.push(nbr);
        }
        neighbors
    }
}
```

上面的代码给出了颜色及节点的定义，与前面的基础 BFS 算法相比，上述算法要复杂一些，内容也更丰富。为了将节点加入队列，我们引入了第 4 章实现好的队列 Queue，此处不再给出 Queue 的实现代码。下面是用来解决字梯问题的图的定义，其中包括节点数、边数以及用于存储节点值及其结构体的 HashMap。

```
// word_ladder.rs

use std::collections::HashMap;
use std::hash::Hash;

// 图的定义
#[derive(Debug, Clone)]
struct Graph<T> {
    vertnums: u32,
    edgenums: u32,
    vertices: HashMap<T, Vertex<T>>,
}

impl<T: Hash + Eq + PartialEq + Clone> Graph<T> {
    fn new()-> Self {
        Self {
            vertnums: 0,
```

```
            edgenums: 0,
            vertices: HashMap::<T, Vertex<T>>::new(),
        }
    }

    fn contains(&self, key: &T)-> bool {
        for(nbr, _vertex)in self.vertices.iter(){
            if nbr == key { return true; }
        }

        false
    }

    // 添加节点
    fn add_vertex(&mut self, key: &T)-> Option<Vertex<T>> {
        let vertex = Vertex::new(key.clone());
        self.vertnums += 1;
        self.vertices.insert(key.clone(), vertex)
    }

    // 添加边
    fn add_edge(&mut self, from: &T, to: &T, wt: u32){
        // 节点如果不存在, 则需要先添加节点
        if !self.contains(from){
            let _fvert = self.add_vertex(from);
        }
        if !self.contains(to){
            let _tvert = self.add_vertex(to);
        }

        self.edgenums += 1;
        self.vertices
            .get_mut(from)
            .unwrap()
            .add_neighbor(to.clone(), wt);
    }
}
```

有了图, 我们就可以将单词按模式构建成字梯图。

```
// word_ladder.rs

// 根据单词及模式构建图
fn build_word_graph(words: Vec<&str>)-> Graph<String> {
    let mut hmap: HashMap<String,Vec<String>> = HashMap::new();
    // 构建单词 - 模式 HashMap
    for word in words {
        for i in 0..word.len(){
            let pattn = word[..i].to_string()
                        + "_" + &word[i + 1..];
            if hmap.contains_key(&pattn){
                hmap.get_mut(&pattn)
                    .unwrap()
                    .push(word.to_string());
            } else {
```

```
                    hmap.insert(pattn, vec![word.to_string()]);
                }
            }
        }

        // 双向连接图，彼此距离为 1
        let mut word_graph = Graph::new();
        for word in hmap.keys(){
            for w1 in &hmap[word] {
                for w2 in &hmap[word] {
                    if w1 != w2 {
                        word_graph.add_edge(w1, w2, 1);
                    }
                }
            }
        }

        word_graph
}
```

下面基于 BFS 算法原理进行最短路径的搜索。注意，虽然定义了三种颜色，但实际上只有白色节点才会入队，所以灰色节点既可以置为黑色，也可以不置为黑色。

```
// word_ladder.rs

// 字梯图 - 广度优先搜索
fn word_ladder(g: &mut Graph<String>, start: Vertex<String>,
    end: Vertex<String>, len: usize)-> u32
{
    // 判断起始点是否存在
    if !g.vertices.contains_key(&start.key){ return 0; }
    if !g.vertices.contains_key(&end.key){ return 0; }

    // 准备队列，加入起始点
    let mut vertex_queue = Queue::new(len);
    let _r = vertex_queue.enqueue(start);

    while vertex_queue.len()> 0 {
        // 节点出队
        let curr = vertex_queue.dequeue().unwrap();
        for nbr in curr.get_neighbors(){
            // 复制，以免和图中的数据发生冲突
            // 如果节点是用 RefCell 包裹的，则不需要复制
            let mut nbv = g.vertices.get(nbr).unwrap().clone();
            if end.key != nbv.key {
                // 只有白色节点才可以入队列，其他颜色都处理过了
                if Color::White == nbv.color {
                    // 更新节点颜色和距离并加入队列
                    nbv.color = Color::Gray;
                    nbv.distance = curr.distance + 1;

                    // 图中的节点也需要更新颜色和距离
                    g.vertices.get_mut(nbr)
                            .unwrap()
                            .color = Color::Gray;
                    g.vertices.get_mut(nbr)
```

```
                          .unwrap()
                          .distance = curr.distance + 1;

                      // 白色节点加入队列
                      let _r = vertex_queue.enqueue(nbv);
                  }
                  // 其他颜色不需要处理，用两种颜色就够了
                  // 所以没有使用 Black 来枚举值
              } else {
                  // curr 的邻接节点里有end，再转换一次就够了
                  return curr.distance + 1;
              }
          }
      }

      0
}

fn main(){
    let words = [
      "FOOL", "COOL", "POOL", "FOUL", "FOIL", "FAIL", "FALL",
      "POLL", "PALL", "POLE", "PALE", "SALE", "PAGE", "SAGE",
    ];
    let len = words.len();
    let mut g = build_word_graph(words);

    // 首节点加入队列，表明正被探索，所以颜色变为灰色
    g.vertices.get_mut("FOOL").unwrap().color = Color::Gray;

    // 取出首节点和尾节点
    let start = g.vertices.get("FOOL").unwrap().clone();
    let end = g.vertices.get("SAGE").unwrap().clone();

    // 计算最少转换次数，也就是距离
    let distance = word_ladder(&mut g, start, end, len);
    println!("the shortest distance: {distance}");
    // the shortest distance: 6
}
```

至此，我们完成对字梯图中最短路径的搜索，你可以用不同的单词来测试上述代码。上面的 BFS 算法实际上构造出了图 9.7～图 9.9 所示的广度优先搜索树。开始时，取所有与 fool 相邻的节点，包括 pool、foil、foul、cool，然后将这些节点添加到队列中等待搜索。在搜索过程中，节点的颜色如图 9.7 所示。

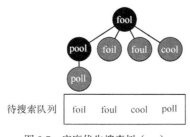

图 9.7　广度优先搜索树（一）

接下来，从队列的前面删除下一个节点 pool，并对其所有邻接节点重复该过程。当检查节点 cool 时，发现其是灰色的，这说明有较短的路径能够到达节点 cool。当检查节点 pool 时，添加新节点 poll，如图 9.8 所示。

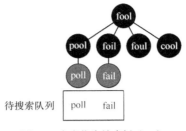

待搜索队列

图 9.8　广度优先搜索树（二）

队列中的下一个节点是 foil，可以添加到树中的唯一新节点是 fail。当继续处理队列时，接下来的两个节点都不向队列中添加新节点。

继续以上搜索过程，最终得到的搜索结果如图 9.9 所示，待搜索队列已经空了，BFS 算法也找到了结果 sage。此时，最短路径就是从 fool 到 sage 的层数，一共 6 层，所以最短路径是 6。

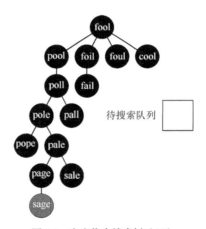

待搜索队列

图 9.9　广度优先搜索树（三）

9.5.2　广度优先搜索分析

图的广度优先搜索涉及点和边，所以我们也从点和边的角度分析时间复杂度。在使用广度优先搜索算法创建图时，至少需要处理 V 个顶点，此操作过程的时间复杂度为 $O(V)$。在进行搜索时，由于需要处理一条一条的边，此操作过程的时间复杂度为 $O(E)$。因此，总的时间复杂度为 $O(V+E)$。假如所有节点都和首节点相连，那么队列至少要保存的节点数就是图中的顶点数，所以广度优先搜索算法的空间复杂度为 $O(V)$。

图其实还可以看成劈开的多面体，其点数、边数、面数（V,E,F）必然满足欧拉定理 $V-E+F=2$，经过转换后，可以得到 $V+E=2E-F+2$，因此广度优先搜索算法的复杂度为 $O(V+E)=O(2E-F+2)$。如果你现在去数字梯图中的点、边、面，就会发现它们的数量分别是 18、14、6，满足上述式子。注意，字梯图可以看成劈开的多面体，因此字梯图中的面等于边围起来的面再加一个外围面。这里我们想说明的是，图的广度优先搜索算法或许可以拓展到几何领域。

9.5.3　骑士之旅问题

另一个可以用图来解决的问题是骑士之旅问题。骑士之旅问题指的是将棋盘上的棋子当成骑士，目的是找到一系列的动作，让骑士访问棋盘上的每一个格一次且不重复，求这样的动作序列（称为游览）有多少，如图 9.10 所示。骑士之旅问题多年来一直吸引着象棋玩家、数学家和计算机科学家。对于一个 8×8 的棋盘来说，可能的骑士游览次数的上限为 $1.305×10^{35}$。

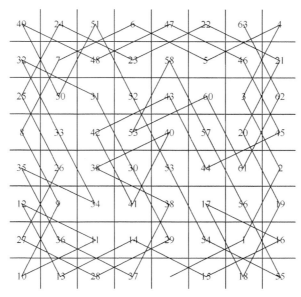

图 9.10　骑士之旅问题

经过多年的研究，人们提出了多种不同的算法来解决骑士之旅问题。其中，图搜索是最容易理解的解决方案。图算法需要两个步骤来解决骑士之旅问题，一是正确表示骑士在棋盘上的动作，二是查找长度为 rows×columns − 1 的路径，−1 是因为骑士自身所占的格子不计入总数。

要将骑士之旅问题表示为图，可将棋盘上的每个正方形表示为图中的一个点，并将骑士的每次合法移动（如马走日）表示为图中的边，如图 9.11 所示，骑士处在浅灰色的圆圈处。

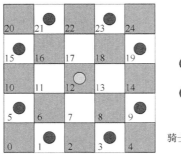

骑士所能够移动到的点

图 9.11 将骑士之旅问题表示为图

要构建 $n \times n$ 的完整图，可将马走日的移动转换为图中的边，8 个移动方向必须同时计算。通过对整个图中的所有点进行遍历，可以为每个位置创建一个移动列表，将它们全部转换为图中的边，在找出所有点的可移动边之后，就能构建出骑士的旅游图了。

```rust
// knight_tour.rs

use std::collections::HashMap;
use std::hash::Hash;
use std::fmt::Display;

// 棋盘宽度
const BDSIZE: u32 = 8;

// 定义表示颜色的枚举
#[derive(Debug, Clone, PartialEq)]
enum Color {
    White, // 白色，未被探索
    Gray,  // 灰色，正被探索
}

// 定义棋盘上的点
#[derive(Debug, Clone)]
struct Vertex<T> {
    key: T,
    color: Color,
    neighbors: Vec<T>,
}

impl<T: PartialEq + Clone> Vertex<T> {
    fn new(key: T)-> Self {
        Self {
            key: key,
            color: Color::White,
            neighbors: Vec::new(),
```

```
        }
    }

    fn add_neighbor(&mut self, nbr: T){
        self.neighbors.push(nbr);
    }

    fn get_neighbors(&self)-> Vec<&T> {
        let mut neighbors = Vec::new();
        for nbr in self.neighbors.iter(){
            neighbors.push(nbr);
        }
        neighbors
    }
}
```

有了点的定义，下面我们构建骑士的旅游图。

```
// knight_tour.rs

// 定义旅游图
#[derive(Debug, Clone)]
struct Graph<T> {
    vertnums: u32,
    edgenums: u32,
    vertices: HashMap<T, Vertex<T>>,
}

impl<T: Eq + PartialEq + Clone + Hash> Graph<T> {
    fn new()-> Self {
        Self {
            vertnums: 0,
            edgenums: 0,
            vertices: HashMap::<T, Vertex<T>>::new(),
        }
    }

    fn add_vertex(&mut self, key: &T)-> Option<Vertex<T>> {
        let vertex = Vertex::new(key.clone());
        self.vertnums += 1;
        self.vertices.insert(key.clone(), vertex)
    }

    fn add_edge(&mut self, src: &T, des: &T){
        if !self.vertices.contains_key(src){
          let _fv = self.add_vertex(src);
        }
        if !self.vertices.contains_key(des){
          let _tv = self.add_vertex(des);
        }

        self.edgenums += 1;
        self.vertices.get_mut(src)
                    .unwrap()
                    .add_neighbor(des.clone());
```

```
        }
}

// 骑士所能够移动到的目的地的坐标
fn legal_moves(x: u32, y: u32, bdsize: u32)-> Vec<(u32, u32)> {
    // 骑士的移动是马在移动，而马是按照日字形移动的：马走日
    // 骑士的横、纵坐标值会相应地增减，共 8 个方向，具体变化如下
    let move_offsets = [
                (-1,  2),( 1,  2),
                (-2,  1),( 2,  1),
                (-2, -1),( 2, -1),
                (-1, -2),( 1, -2),
    ];

    // 闭包函数，判断新坐标是否合法（不超出棋盘范围）
    let legal_pos = |a: i32, b: i32| { a >= 0 && a < b };

    let mut legal_positions = Vec::new();
    for(x_offset, y_offset)in move_offsets.iter(){
        let new_x = x as i32 + x_offset;
        let new_y = y as i32 + y_offset;

        // 判断坐标并加入可移动到的点的集合
        if legal_pos(new_x, bdsize as i32)
          && legal_pos(new_y, bdsize as i32){
            legal_positions.push((new_x as u32, new_y as u32));
        }
    }

    // 返回可移动到的点的集合
    legal_positions
}

// 构建可移动路径图
fn build_knight_graph(bdsize: u32)-> Graph<u32> {
    // 闭包函数，计算点值 [0, 63]
    let calc_point = |row: u32, col: u32, size: u32| {
    (row % size)* size + col
    };

    // 在各点之间设置边
    let mut knight_graph = Graph::new();
    for row in 0..bdsize {
        for col in 0..bdsize {
            let dests = legal_moves(row, col, bdsize);
            for des in dests {
                let src_p = calc_point(row, col, bdsize);
                let des_p = calc_point(des.0, des.1, bdsize);
                knight_graph.add_edge(&src_p, &des_p);
            }
        }
    }

    knight_graph
}
```

270

解决骑士之旅问题的搜索算法被称为深度优先搜索算法。前面讨论的广度优先搜索算法是尽可能广地在同一层搜索节点，而深度优先搜索算法则是尽可能深地探索树的多层。可通过设置多种不同的策略来利用深度优先搜索解决骑士之旅问题。第一种是通过明确禁止节点被访问多次来解决骑士之旅问题；第二种则更通用，就是允许在构建树时多次访问节点。深度优先搜索算法在找到死角（没有可移动的点）时，将回溯到上一个最深的点，然后继续探索。

```rust
// depth: 所走过路径的长度。 curr: 当前节点。 path: 保存访问过的节点
fn knight_tour<T>(
    kg: &mut Graph<T>,
    curr: Vertex<T>,
    path: &mut Vec<String>,
    depth: u32)-> bool
    where T: Eq + PartialEq + Clone + Hash + Display
{
    // 将当前节点的字符串值加入 path
    path.push(curr.key.to_string());

    let mut done = false;
    if depth < BDSIZE * BDSIZE - 1 {
        let mut i = 0;
        let nbrs = curr.get_neighbors();

        // 骑士在邻接点之间旅行
        while i < nbrs.len()&& !done {
            // 复制邻接点，以避免多个可变引用
            let nbr = kg.vertices.get(nbrs[i]).unwrap().clone();

            if Color::White == nbr.color {
                // 将图中对应的点更新为灰色
                kg.vertices.get_mut(nbrs[i])
                            .unwrap()
                            .color = Color::Gray;
                // 搜索下一个合适的点
                done = knight_tour(kg, nbr, path, depth + 1);
                if !done {
                    // 没找到，从 path 中去除当前点
                    // 并将图中对应点的颜色恢复为白色
                    let _rm = path.pop();
                    kg.vertices.get_mut(nbrs[i])
                                .unwrap()
                                .color = Color::White;
                }
            }

            // 探索下一个邻接点
            i += 1;
        }
    } else {
        done = true;
    }
```

```
    done
}

fn main(){
    // 构建骑士的旅游图
    let mut kg: Graph<u32> = build_knight_graph(BDSIZE);

    // 选择起始点并更新图中点的颜色
    let point = 0;
    kg.vertices.get_mut(&point).unwrap().color = Color::Gray;
    let start = kg.vertices.get(&point).unwrap().clone();

    // 开始骑士之旅，用 path 保存所有访问过的节点
    let mut path = Vec::new();
    let successed = knight_tour(&mut kg, start, &mut path, 0);

    // 将结果格式化输出
    if successed {
        for row in 0..BDSIZE {
            let row_s =((row % BDSIZE)* BDSIZE)as usize;
            let row_e = row_s + BDSIZE as usize;
            let row_str = path[row_s..row_e].join("\t");
            println!("{row_str}");
        }
    }
}
```

输出结果如下。

0	10	4	14	31	46	63	53
47	30	15	5	22	7	13	23
6	21	38	55	45	39	54	37
20	3	18	12	29	44	61	51
36	19	2	8	25	35	41	56
50	60	43	28	11	1	16	26
9	24	34	40	57	42	59	49
32	17	27	33	48	58	52	62

knight_tour 其实是一种递归版本的深度优先搜索算法。若找到的路径等于 64，则返回，否则继续寻找下一个点来探索，直至走进死胡同或者整个图搜索完毕后才回溯。深度优先搜索仍使用颜色来跟踪图中的哪些点已被访问。未访问的点是白色的，访问过的点是灰色的。如果已经探索了特定点的所有邻接点，且仍未达到 64 的目标长度，则表明已经进入死胡同，此时必须回溯。当状态为 false 的 knight_tour 返回时，就会发生回溯。广度优先搜索使用一个队列来跟踪下一个要访问的点；而深度优先搜索是递归的，所以有一个隐式的栈在帮助算法回溯。

9.6 深度优先搜索

骑士之旅问题是深度优先搜索的特殊情况，其目的是创建一棵最深的树。更一般的深度优先搜索实际上是对有多个分支的图进行搜索，其目的是尽可能深地搜索树，连接尽可能多的节点，并在必要时创建分支。

深度优先搜索在某些情况下可能会创建多棵树。深度优先搜索算法创建的一组树被称为深度优先森林。与广度优先搜索一样，深度优先搜索使用前导链接来构造树。为了更清楚地理解深度优先搜索，可在 Vetex 类中添加两个变量，以分别表示节点开始搜索和结束搜索的时间。其中，开始搜索的时间也表示遇到顶点之前的步骤数，结束搜索的时间则表示顶点着色为黑色之前的步骤数。

图 9.12～图 9.15 展示了深度优先搜索算法的执行过程。在这些图中，粗线指示检查的边，边的另一端的顶点已经被添加到深度优先树中。搜索从图中的顶点 A 开始。由于所有顶点在搜索开始时都是彩色的，因此算法随机地开始访问顶点 A。访问顶点的第一步是将颜色设置为灰色，这表示正在探索顶点，并且将发现时间设置为 1。由于顶点 A 具有两个相邻的顶点（顶点 B 和 D），因此这两个顶点也需要被访问，可按照字母顺序访问相邻顶点，如图 9.12 所示。

接下来访问顶点 B，将顶点 B 的颜色设置为灰色并将发现时间设置为 2。顶点 B 也与两个顶点（顶点 C 和 D）相邻，因此接下来将要访问的顶点是 C。访问顶点 C 使我们来到了树的一个分支的末尾，这意味着结束对顶点 C 的探索，因此可以将顶点 C 着色为黑色，并将结束时间设置为 4。现在必须返回到

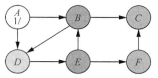

图 9.12　按字母顺序访问相邻顶点

顶点 B，继续探索与顶点 B 相邻的其他顶点。我们将要探索的另一个顶点是 D。顶点 D 将引导我们到达顶点 E。顶点 E 具有两个相邻的顶点 B 和 F。由于顶点 B 已经是灰色的，因此算法识别出不应该访问顶点 B，应继续探索的下一个顶点是 F，如图 9.13 所示。

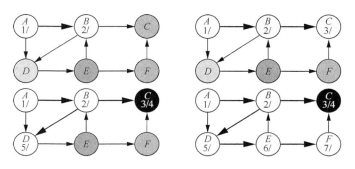

图 9.13　探索顶点的过程

顶点 F 只有一个相邻的顶点 C，但由于顶点 C 已经是黑色的，没有别的顶点可以探索，因此算法已经到达一个分支的末尾。算法必须回溯并不断将访问过的顶点标记为黑色，如图 9.14 所示，直至遇到一个灰色的顶点或者退出。

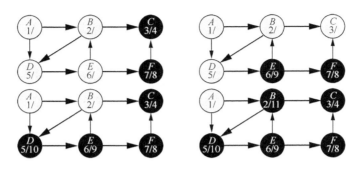

图 9.14 回溯并将访问过的顶点标记为黑色

最终，算法将回溯到最初的顶点并退出搜索，得到图 9.15 所示的访问路径。实线是访问过的路径，最深路径为 $A \rightarrow B \rightarrow D \rightarrow E \rightarrow F$。

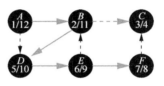

图 9.15 访问路径

9.6.1 实现深度优先搜索

结合前面所讲的内容及图示，下面我们写一个简单的深度优先搜索算法。此算法不考虑颜色，只实现基本的探索功能。

```rust
// dfs.rs
use std::rc::Rc;
use std::cell::RefCell;

// 链接的定义
type Link = Option<Rc<RefCell<Node>>>;

// 节点的定义
struct Node {
    data: usize,
    next: Link,
}

impl Node {
```

```
        fn new(data: usize)-> Self {
            Self { data: data, next: None }
        }
    }
// 图的定义
struct Graph {
    first: Link,
    last: Link,
}

impl Graph {
    fn new()-> Self {
        Self { first: None, last: None }
    }

    fn is_empty(&self)-> bool {
        self.first.is_none()
    }

    fn get_first(&self)-> Link {
        self.first.clone()
    }

    fn print_node(&self){
        let mut curr = self.first.clone();
        while let Some(val)= curr {
            print!("[{}]", &val.borrow().data);
            curr = val.borrow().next.clone();
        }
        print!("\n");
    }

    // 插入数据
    fn insert(&mut self, data: usize){
        let node = Rc::new(RefCell::new(Node::new(data)));
        if self.is_empty(){
            self.first = Some(node.clone());
            self.last = Some(node);
        } else {
            self.last.as_mut()
                    .unwrap()
                    .borrow_mut()
                    .next = Some(node.clone());
            self.last = Some(node);
        }
    }
}

// 构建图
fn build_graph(data: [[usize;2];20])-> Vec<(Graph, usize)> {
    let mut graphsVec<(Graph, usize)> = Vec::new();
    for _ in 0..9 {
      graphs.push((Graph::new(), 0));
    }
```

```
    for i in 1..9 {
        for j in 0..data.len(){
            if data[j][0] == i {
              graphs[i].0.insert(data[j][1]);
            }
        }

        print!("[{i}]->");
        graphs[i].0.print_node();
    }
    graphs
}

fn dfs(graph: Vec<(Graph, usize)>){
    let mut gp = graph;
    let mut nodes: Vec<usize> = Vec::new();
    let mut temp: Vec<usize> = Vec::new();

    gp[1].1 = 1;
    let mut curr = gp[1].0.get_first().clone();

    // 输出图
    print!("{1}->");
    while let Some(val)= curr {
        nodes.insert(0,val.borrow().data);
        curr = val.borrow().next.clone();
    }

    // 输出深度优先图
    loop{
        if 0 == nodes.len(){
            break;
        }else{
            let data = nodes.pop().unwrap();
            if 0 == gp[data].1 { // 未被访问过
                // 更改访问状态为已访问过
                gp[data].1 = 1;
                print!("{data}->");

                // 将节点添加到 temp 中并对其进行深度优先搜索
                let mut curr = gp[data].0.get_first().clone();
                while let Some(val)= curr {
                    temp.push(val.borrow().data);
                    curr = val.borrow().next.clone();
                }

                while !temp.is_empty(){
                    nodes.push(temp.pop().unwrap());
                }
            }
        }
    }

    println!("");
}
```

```
fn main(){
    let data = [
        [1,2],[2,1],[1,3],[3,1],[2,4],[4,2],[2,5],
        [5,2],[3,6],[6,3],[3,7],[7,3],[4,5],[5,4],
        [6,7],[7,6],[5,8],[8,5],[6,8],[8,6]
    ];
    let gp = build_graph(data);
    dfs(gp);
}
```

运行结果如下，这里分别输出了每个顶点的相邻顶点以及最深路径。

```
[1]->[2][3]

[2]->[1][4][5]

[3]->[1][6][7]

[4]->[2][5]

[5]->[2][4][8]

[6]->[3][7][8]

[7]->[3][6]

[8]->[5][6]

1->2->4->5->8->6->3->7->
```

9.6.2 深度优先搜索分析

深度优先搜索算法的时间复杂度也需要从点和边两个角度来分析。因为 build_graph( ) 函数需要迭代所有顶点以构建图，所以每个顶点都必须处理一次，复杂度为 $O(V)$。在进行搜索时，探查将从顶点开始，并尽可能深地探查所有相邻顶点，实际也就是处理每条边，时间复杂度为 $O(E)$，因此总的时间复杂度为 $O(V+E)$。假设在进行深度优先搜索时，所有顶点之间形成了链，那么最深的搜索路径将包含所有顶点，因此深度优先搜索算法的空间复杂度为 $O(V)$。

这里特别提醒一下，树是特殊的图，所以适合图的深度优先搜索和广度优先搜索也可用在树中。第 8 章介绍的层序遍历其实就是广度优先搜索。深度优先搜索算法和广度优先搜索算法是搜索图的两种简单算法，也是众多其他重要图算法的基础。下面我们通过使用图的深度优先搜索和广度优先搜索来解决实际问题以加深印象。

9.6.3 拓扑排序

现实世界中的许多问题都可以抽象成图，并利用图的性质和算法来解决。回忆一下你上大学时的选课问题，各个专业的课之间是有关联关系的，比如物理专业，必须先学完高数数学和物理才能学习量子力学。假设要为某个专业设计大学四年的课程，使得各依赖课程之间的关系正确且得出一个可行的课程序列，然后分散到大学四年的课程规划中。这个问题看起来简单，其实挺复杂，好在有了图数据结构，我们可以利用图算法来解决该问题。

假设有 7 门课程要学，它们之间的依赖关系如图 9.16 所示。一种可行的课程学习顺序是 [函数、导数、方程组、微积分、线代、概率论、卷积网络]。这个过程似乎并不复杂，但难点在于不知道先学哪一门课程，也不知道课程间如何关联。根据图 9.16，既可以先学函数和导数，也可以先学概率论和方程组。为了得到确定的课程学习顺序，我们可以用算法对这些课程进行排序，这种排序又称为拓扑排序。

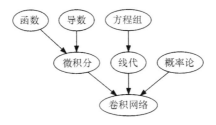

图 9.16 要学习的 7 门课程之间的依赖关系

拓扑排序采用有向无环图，并且会产生所有顶点的线性排序结果。拓扑排序可用来指示事件优先级、设定项目计划、产生数据库查询的优先图等。拓扑排序是深度优先搜索的一种变体，原理大致如下。

- 对图 g 调用 dfs( ) 函数，用深度优先搜索找到合适的顶点。
- 将顶点存储在栈中，最后一个顶点放在栈的底部。
- 返回栈中的数据作为拓扑排序的结果。

拓扑排序可以将图转换成线性关系，上述课程规划可转换成图 9.17 所示的拓扑序列。

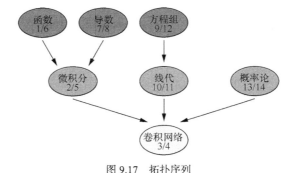

图 9.17 拓扑序列

最终得到的拓扑排序结果如图 9.18 所示，同种灰度的课程可以任意顺序学习，但不同灰度的课程则需要根据排序结果按顺序学习。

图 9.18 拓扑排序结果

有了上面的图示，下面我们实现课程规划的图算法。首先定义 Color 枚举，用于表示节点的探索状态。

```
// course_topological_sort.rs
use std::collections::HashMap;
use std::hash::Hash;
use std::fmt::Display;

// 定义用于表示颜色的枚举
// 白色，未被探索
// 灰色，正被探索
// 黑色，已被探索
#[derive(Debug, Clone, PartialEq)]
enum Color {
    White,
    Gray,
    Black,
}
```

然后是点的定义和图的定义，这在前面已经出现过多次

```
// course_topological_sort.rs

// 课程节点的定义
#[derive(Debug, Clone)]
struct Vertex<T> {
    key: T,
    color: Color,
    neighbors: Vec<T>,
}
impl<T: PartialEq + Clone> Vertex<T> {
    fn new(key: T)-> Self {
        Self {
            key: key,
            color: Color::White,
            neighbors: Vec::new(),
        }
    }

    fn add_neighbor(&mut self, nbr: T){
        self.neighbors.push(nbr);
    }
}

// 课程关系图的定义
#[derive(Debug, Clone)]
struct Graph<T> {
    vertnums: u32,
```

```
    edgenums: u32,
    vertices: HashMap<T, Vertex<T>>, // 所有点
    edges: HashMap<T, Vec<T>>,       // 所有边
}
impl<T: Eq + PartialEq + Clone + Hash> Graph<T> {
    fn new()-> Self {
        Self {
            vertnums: 0,
            edgenums: 0,
            vertices: HashMap::<T, Vertex<T>>::new(),
            edges: HashMap::<T, Vec<T>>::new(),
        }
    }

    fn add_vertex(&mut self, key: &T)-> Option<Vertex<T>> {
        let vertex = Vertex::new(key.clone());
        self.vertnums += 1;
        self.vertices.insert(key.clone(), vertex)
    }

    fn add_edge(&mut self, src: &T, des: &T){
        if !self.vertices.contains_key(src){
          let _sv = self.add_vertex(src);
        }

        if !self.vertices.contains_key(des){
          let _dv = self.add_vertex(des);
        }

        // 添加点
        self.edgenums += 1;
        self.vertices.get_mut(src)
                    .unwrap()
                    .add_neighbor(des.clone());
        // 添加边
        if !self.edges.contains_key(src){
            let _eg = self.edges
                        .insert(src.clone(), Vec::new());
        }

        self.edges.get_mut(src).unwrap().push(des.clone());
    }
}
```

有了定义，我们就可以开始构建课程关系图了。在对图中的所有课程节点进行探索时，需要通过 color 属性设置课程节点是否被访问过。schedule 变量用于保存课程的拓扑排序结果。为了防止课程安排错误，比如循环依赖，此处特意添加了 hascircle 变量用于控制搜索进程，遇到环就退出，说明输入数据本身有错。

```
// course_topological_sort.rs

// 构建课程关系图
fn build_course_graph<T>(pre_requisites:Vec<Vec<T>>)->Graph<T>
```

```
    where T: Eq + PartialEq + Clone + Hash {
        // 为依赖的课程创建边关系
        let mut course_graph = Graph::new();
        for v in pre_requisites.iter(){
            let prev = v.first().unwrap();
            let last = v.last().unwrap();
            course_graph.add_edge(prev, last);
        }
        course_graph
}

// 课程规划
fn course_scheduling<T>(
    cg: &mut Graph<T>,
    course: Vertex<T>,
    schedule: &mut Vec<String>,
    mut has_circle: bool)
    where T: Eq + PartialEq + Clone + Hash + Display {
    // 复制，以防止可变引用发生冲突
    let edges = cg.edges.clone();
    // 对依赖课程进行探索
    let dependencies = edges.get(&course.key);
    if !dependencies.is_none(){
        for dep in dependencies.unwrap().iter(){
            let course = cg.vertices.get(dep).unwrap().clone();
            if Color::White == course.color {
                cg.vertices.get_mut(dep)
                           .unwrap()
                           .color = Color::Gray;
                course_scheduling(cg, course,
                                  schedule, has_circle);
                // 遇到环，退出
                if has_circle { return; }
            } else if Color::Gray == course.color {
                has_circle = true; // 遇到环，退出
                return;
            }
        }
    }
    // 修改节点颜色并加入 schedule
    cg.vertices.get_mut(&course.key)
               .unwrap()
               .color = Color::Black;
    schedule.push(course.key.to_string());
}
fn find_topological_order<T>(
  course_num: usize,
  pre_requisites: Vec<Vec<T>>)
    where T: Eq + PartialEq + Clone + Hash + Display {
    // 构建课程关系图
    let mut cg = build_course_graph(pre_requisites);
    // 获取所有的课程节点到 courses 中
    let vertices = cg.vertices.clone();
    let mut courses = Vec::new();
```

```
    for key in vertices.keys(){
        courses.push(key);
    }

    let mut schedule = Vec::new(); // 保存可行的课程安排
    let has_circle = false;        // 是否有环
    // 对课程进行拓扑排序
    for i in 0..course_num {
        let course = cg.vertices.get(&courses[i])
                                .unwrap()
                                .clone();
        // 仅当无环且课程节点未被探索时才进行下一步探索
        if !has_circle && Color::White == course.color {
            // 修改课程节点的颜色，表示当前节点正被探索
            cg.vertices.get_mut(&courses[i])
                        .unwrap()
                        .color = Color::Gray;
            course_scheduling(&mut cg, course,
                                &mut schedule, has_circle);
        }
    }

    if !has_circle {
        println!("{:#?}", schedule);
    }
}

fn main(){
    let course_num = 7;

    // 构建课程依赖关系
    let mut pre_requisites = Vec::<Vec<&str>>::new();
    pre_requisites.push(vec!["微积分", "函数"]);
    pre_requisites.push(vec!["微积分", "导数"]);
    pre_requisites.push(vec!["线代", "方程组"]);
    pre_requisites.push(vec!["卷积网络", "微积分"]);
    pre_requisites.push(vec!["卷积网络", "概率论"]);
    pre_requisites.push(vec!["卷积网络", "线代"]);

    // 找到拓扑排序结果，此为合理的课程学习顺序
    find_topological_order(course_num, pre_requisites);
}
```

一种可行的课程学习顺序如下。

```
[
    "函数",
    "导数",
    "微积分",
    "方程组",
    "线代",
    "概率论",
    "卷积网络",
]
```

除了选课，你还可以将做菜抽象成拓扑排序。比如做煎饼，如图 9.19 所示。原料很简单：1 个鸡蛋，1 杯煎饼粉，1 勺橄榄油和 3/4 杯牛奶。要做煎饼，你首先必须打开炉子并加热锅，然后将所有的原料混合在一起并用勺子拌匀，最后下锅。底面金黄后翻面直至煎饼的两面都变成金黄色。在吃煎饼之前，你还可以加酱。

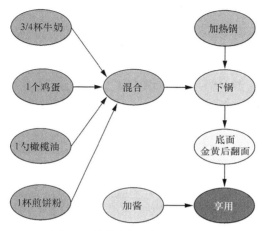

图 9.19   将做煎饼抽象成拓扑排序

使用拓扑排序算法对图 9.19 进行简化，便可得到一幅标准的步骤关系图，如图 9.20 所示。依靠做煎饼的步骤关系图，厨房小白也能做好煎饼。当然，能做好不一定代表做得好吃。

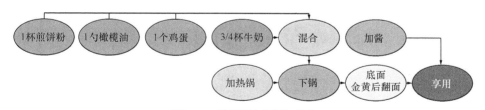

图 9.20   做煎饼的步骤关系图

因为做菜和选课都是流程安排，所以理论上可以使用同一套代码来处理。下面是实现的做菜流程拓扑排序算法，与课程规划拓扑排序算法完全一样，因此这里省略了大部分代码。完整的代码可参阅本书配套的源代码文件，此处省略部分代码是为了节省版面。

```
// cooking_topological_sort.rs

// 省略所有实现，因为和课程规划完全一样
fn main(){
    let operation_num = 9;

    // 构建做菜流程依赖关系（以做煎饼为例）
    let mut pre_requisites = Vec::<Vec<&str>>::new();
```

```
    pre_requisites.push(vec!["混合 ", "3/4 杯牛奶 "]);
    pre_requisites.push(vec!["混合 ", "1 个鸡蛋 "]);
    pre_requisites.push(vec!["混合 ", "1 勺橄榄油 "]);
    pre_requisites.push(vec!["混合 ", "1 杯煎饼粉 "]);
    pre_requisites.push(vec!["下锅 ", "混合 "]);
    pre_requisites.push(vec!["下锅 ", "加热锅 "]);
    pre_requisites.push(vec!["底面金黄后翻面 ", "下锅 "]);
    pre_requisites.push(vec!["享用 ", "底面金黄后翻面 "]);
    pre_requisites.push(vec!["享用 ", "加酱 "]);

    // 找到拓扑排序结果，此为合理的煎饼制作顺序
    find_topological_order(operation_num, pre_requisites);
}
```

下面是两种可行的做菜顺序（以做煎饼为例）。

```
[
    "3/4 杯牛奶 ",
    "1 个鸡蛋 ",
    "1 勺橄榄油 ",
    "1 杯煎饼粉 ",
    "混合 ",
    "加热锅 ",
    "下锅 ",
    "底面金黄后翻面 ",
    "加酱 ",
    "享用 ",
]
[
    "加热锅 ",
    "3/4 杯牛奶 ",
    "1 个鸡蛋 ",
    "1 勺橄榄油 ",
    "1 杯煎饼粉 ",
    "混合 ",
    "下锅 ",
    "底面金黄后翻面 ",
    "加酱 ",
    "享用 ",
]
```

9.7　强连通分量

　　网页间产生的链接也是图，例如，百度、谷歌等搜索引擎存储的海量链接就是庞大的有向图。为了将万维网变换为图，可将页面视为顶点，并将页面上的超链接作为连接顶点的边。图 9.21 展示了 Google 主站点链接的其他网络站点，你可以看到，整个 Internet 都在图中。

图 9.21 Internet 连接图

这类图有个明显的特点，就是某些节点的链接特别多。例如，谷歌几乎和世界上的任何网站建立起了链接，百度、腾讯这样的网站在国内的链接也非常庞大。但是，仍有大量的节点只有很少甚至仅有一个链接。也就是说，节点存在分区域聚集的情况，部分节点高度互连。聚集的点区域又称为连通区域，在一个连通区域内，如果从任意节点都可以在有限路径内到达另一节点，则称这个连通区域为强连通区域。对于一个有向图而言，当且仅当其中的每两个顶点都相互可达时，才称之为强连通图。强连通图类似于嵌套的环且一定有环。图不一定都是强连通的，一个有向图可能只存在多个强连通区域，每一个强连通区域又叫作强连通分量，如图 9.22 所示。

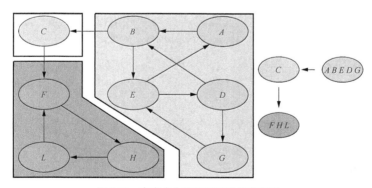

图 9.22 存在多个强连通区域的有向图

强连通分量 C 在有向图中，其中的每个点 v 和 w 也在有向图中，并且点 v 和 w 相互可达。图 9.22 给出了强连通分量图及其简化图，左侧的三种灰度区域是强连通的。确定了强连通分量，就可以将其看成一个点以简化图。为找到哪些节点组成了强连通分量，可采用强连通分量算法。一种常用的强连通分量算法是基于深度优先搜索的 Tarjan 算法。

通过对连通图使用强连通分量算法可以得到三个树，其实就是三个连通分量。图 9.23 展示了连通区域是如何简化的。其中，C 是一个独立区域，虽然其中只有一个节点。点 F、

L 和 H 构成一个连通区域，点 A、E、G、D、B 也构成一个连通区域。使用强连通分量算法可以将问题由节点层面转到连通区域层面，从而极大地降低问题难度，便于后续分析和处理。

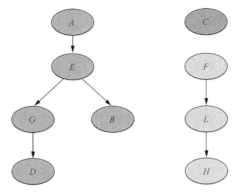

图 9.23 连通区域的简化过程

9.7.1 BFS 强连通分量算法

强连通分量的一个例子是城市分区问题。对于我国的城市来说，除了直辖市和香港、澳门特别行政区之外，它们必定属于某个省级行政区域。假设现在提供大量城市以及各城市间相互关联的信息，请通过算法将各个城市分区，求出这些城市属于多少个省并返回省份的数量。

假设提供了 n 座城市，其中一些彼此相连，另一些则没有相连。比如，成都和宜宾均属于四川省，成都和宜宾彼此相连，用关系 [" 成都 ", " 宜宾 "] 和 [" 宜宾 ", " 成都 "] 表示，当然，只使用关系 [" 成都 ", " 宜宾 "] 也行，毕竟省会连接着省内各城市。另一组关系可能是 [" 广州 ", " 深圳 "]、[" 广州 ", " 东莞 "]、…。显然，我们的算法必须得出省份数量为 2 这一答案。

在这里，可以将城市抽象成图中的点，并将城市之间的相互关系看成图中的边，计算省份数量便等价于求上面分析过的强连通分量数，这可以通过图的广度优先搜索（BFS）算法来实现。对于图中的每个城市节点，如果尚未访问过，则节点颜色为白色。在访问时，先将城市节点着色为灰色，再从这个城市节点开始进行广度优先搜索，直至同一连通分量中的所有城市节点都被访问到（着色为灰色），即可得到一个省份。对各个连通分量中的所有城市节点都遍历一次，就可找出所有省份。

下面是广度优先搜索实现的强连通分量算法，其中点和图的实现只保留了最基本的功能，不用的都去掉了。为了探索边关系，我们在图的定义中将所有边关系都保存在了 edges 变量中。

```
// find_province_num_bfs.rs
```

```rust
use std::collections::HashMap;
use std::hash::Hash;

// 定义用于表示颜色的枚举
#[derive(Debug, Clone, PartialEq)]
enum Color {
    White, // 白色, 未被探索
    Gray,  // 灰色, 正被探索
}

// 定义城市节点
#[derive(Debug, Clone)]
struct Vertex<T> {
    key: T,
    color: Color,
    neighbors: Vec<T>,
}
impl<T: PartialEq + Clone> Vertex<T> {
    fn new(key: T)-> Self {
        Self {
            key: key,
            color: Color::White,
            neighbors: Vec::new(),
        }
    }

    fn add_neighbor(&mut self, nbr: T){
        self.neighbors.push(nbr);
    }

    fn get_neighbors(&self)-> Vec<&T> {
        let mut neighbors = Vec::new();
        for nbr in self.neighbors.iter(){
            neighbors.push(nbr);
        }
        neighbors
    }
}

// 定义省份图
#[derive(Debug, Clone)]
struct Graph<T> {
    vertnums: u32,
    edgenums: u32,
    vertices: HashMap<T, Vertex<T>>,
    edges: HashMap<T, Vec<T>>,
}

impl<T: Eq + PartialEq + Clone + Hash> Graph<T> {
    fn new()-> Self {
        Self {
            vertnums: 0,
            edgenums: 0,
            vertices: HashMap::<T, Vertex<T>>::new(),
```

```
        edges: HashMap::<T, Vec<T>>::new(),
      }
  }

  fn add_vertex(&mut self, key: &T)-> Option<Vertex<T>> {
      let vertex = Vertex::new(key.clone());
      self.vertnums += 1;
      self.vertices.insert(key.clone(), vertex)
  }

  fn add_edge(&mut self, src: &T, des: &T){
      if !self.vertices.contains_key(src){
        let _fv = self.add_vertex(src);
      }
      if !self.vertices.contains_key(des){
        let _tv = self.add_vertex(des);
      }

      // 添加点
      self.edgenums += 1;
      self.vertices.get_mut(src)
                   .unwrap()
                   .add_neighbor(des.clone());
      // 添加边
      if !self.edges.contains_key(src){
          let _ = self.edges.insert(src.clone(), Vec::new());
      }
      self.edges.get_mut(src).unwrap().push(des.clone());
  }
}
```

有了定义，我们就可以构建城市连接关系图了。逐条探索图中的边，并不断地将各城市节点的颜色变成灰色，直至所有城市节点都探索完，便可找到一个强连通分量，即一个省份。

```
// find_province_num_bfs.rs

// 构建城市连接关系图
fn build_city_graph<T>(connected: Vec<Vec<T>>)-> Graph<T>
    where T: Eq + PartialEq + Clone + Hash {
    // 在有关联关系的城市节点之间设置边
    let mut city_graph = Graph::new();
    for v in connected.iter(){
        let src = v.first().unwrap();
        let des = v.last().unwrap();
        city_graph.add_edge(src, des);
    }

    city_graph
}

fn find_province_num_bfs<T>(connected: Vec<Vec<T>>)-> u32
    where T: Eq + PartialEq + Clone + Hash {
```

```
        let mut cg = build_city_graph(connected);

        // 获取各个主节点城市的键
        let mut cities = Vec::new();
        for key in cg.edges.keys(){ cities.push(key.clone()); }

        // 逐个处理强连通分量
        let mut province_num = 0;
        let mut q = Queue::new(cities.len());
        for ct in &cities {
            let city = cg.vertices.get(ct).unwrap().clone();
            if Color::White == city.color {
                // 改变当前节点的颜色并入队
                cg.vertices.get_mut(ct)
                        .unwrap()
                        .color = Color::Gray;
                q.enqueue(city);
                // 处理一个强连通分量
                while !q.is_empty(){
                    // 获取某个节点及其相邻节点
                    let q_city = q.dequeue().unwrap();
                    let nbrs = q_city.get_neighbors();
                    // 逐个处理相邻节点
                    for nbr in nbrs {
                        let nbrc = cg.vertices.get(nbr)
                                            .unwrap()
                                            .clone();
                        if Color::White == nbrc.color {
                            // 当前节点的相邻节点未被探索过, 入队
                            cg.vertices.get_mut(nbr)
                                    .unwrap()
                                    .color = Color::Gray;
                            q.enqueue(nbrc);
                        }
                    }
                }
                // 处理完一个强连通分量
                province_num += 1;
            }
        }

    province_num
}
fn main(){
    // 构建城市依赖关系
    let mut connected = Vec::<Vec<&str>>::new();
    connected.push(vec!["成都", "自贡"]);
    connected.push(vec!["成都", "绵阳"]);
    connected.push(vec!["成都", "德阳"]);
    connected.push(vec!["成都", "泸州"]);
    connected.push(vec!["成都", "内江"]);
    connected.push(vec!["成都", "乐山"]);
    connected.push(vec!["成都", "宜宾"]);
    connected.push(vec!["自贡", "成都"]);
```

```
    connected.push(vec!["广州", "深圳"]);
    connected.push(vec!["广州", "东莞"]);
    connected.push(vec!["广州", "珠海"]);
    connected.push(vec!["广州", "中山"]);
    connected.push(vec!["广州", "汕头"]);
    connected.push(vec!["广州", "佛山"]);
    connected.push(vec!["广州", "湛江"]);
    connected.push(vec!["深圳", "广州"]);

    connected.push(vec!["武汉", "荆州"]);
    connected.push(vec!["武汉", "宜昌"]);
    connected.push(vec!["武汉", "襄阳"]);
    connected.push(vec!["武汉", "荆门"]);
    connected.push(vec!["武汉", "孝感"]);
    connected.push(vec!["武汉", "黄冈"]);
    connected.push(vec!["荆州", "武汉"]);

    // 找到所有的强连通分量，有三个省份：四川、广东、湖北
    let province_num = find_province_num_bfs(connected);
    println!("province number: {province_num}");
    // province number: 3
}
```

复杂度分析：因为需要处理 n 个城市节点，并且每个城市节点可能和图中剩下的所有城市节点有关联关系（当只有一个省份时），所以时间复杂度为 $O(n^2)$；广度优先搜索会使用一个队列，其最多加入全部 n 个城市节点，所以空间复杂度为 $O(n)$。

9.7.2 DFS 强连通分量算法

城市分区问题其实还可以使用深度优先搜索（DFS）算法来解决。深度优先搜索的思路是遍历所有城市节点，对于每个城市节点，如果尚未访问过（白色），则着色为灰色，然后从这个城市节点开始进行深度优先搜索。通过深度优先搜索算法，我们可以得到与这个城市节点直接相连的城市节点都有哪些，这些城市节点和该城市节点属于同一连通分量，对这些城市节点继续进行深度优先搜索，直至同一连通分量中的所有城市节点都被访问到（灰色），即可得到一个省份。遍历完全部城市节点后，即可得到强连通分量的总数，此为省份的数量。

```
// find_province_num_dfs.rs

use std::collections::HashMap;
use std::hash::Hash;

// Vertex、Graph、Color、build_city_graph 均使用 BFS 强连通分量算法中
// 实现的版本，为节约版面，此处不再列出，请自行补充

// 搜索当前节点的相邻节点
fn search_city<T>(cg: &mut Graph<T>, city: Vertex<T>)
    where T: Eq + PartialEq + Clone + Hash
{
    // 逐个搜索当前节点的相邻节点
```

```rust
        for ct in city.get_neighbors(){
            let city = cg.vertices.get(ct).unwrap().clone();
            if Color::White == city.color {
                // 改变当前节点的颜色
                cg.vertices.get_mut(ct)
                        .unwrap()
                        .color = Color::Gray;
                // 继续搜索当前节点的相邻节点
                search_city(cg, city);
            }
        }
}

fn find_province_num_dfs<T>(city_connected: Vec<Vec<T>>)-> u32
    where T: Eq + PartialEq + Clone + Hash
{
    let mut cg = build_city_graph(city_connected);
    let mut cities = Vec::new();

    // 获取各个主节点城市的键
    for key in cg.edges.keys(){ cities.push(key.clone()); }

    let mut province_num = 0;
    // 逐个处理强连通分量
    for ct in &cities {
        let city = cg.vertices.get(ct).unwrap().clone();
        if Color::White == city.color {
            // 改变当前节点的颜色
            cg.vertices.get_mut(ct)
                    .unwrap()
                    .color = Color::Gray;
            // 搜索当前节点的相邻节点
            search_city(&mut cg, city);
            // 处理完一个强连通分量
            province_num += 1;
        }
    }

    province_num
}
fn main(){
    // 构建城市依赖关系
    let mut city_connected = Vec::<Vec<String>>::new();

    // 省略，与 BFS 强连通分量算法中的节点信息一样，请自行复制过来
    // 找到所有的强连通分量，有三个省份：四川、广东、湖北
    let province_num = find_province_num_dfs(city_connected);
    println!("province nummber: {province_num}");
    // province nummber: 3
}
```

复杂度分析：和 BFS 强连通分量算法一样，因为也需要处理 n 个城市节点，并且每个城市节点可能和图中剩下的所有城市节点有关联关系（当只有一个省份时），所以时间复杂度仍为 $O(n^2)$；深度优先搜索会使用一个栈，其最多加入 n 个城市节点，所以空间复杂度为 $O(n)$。

9.8　最短路径问题

上网看短视频、收发邮件或从校外登录实验室计算机时，信息是由网络传输的。研究信息如何通过互联网从一台计算机流向另一台计算机是计算机网络领域的一大课题。

图 9.24 展示了 Internet 通信原理。当使用浏览器从服务器请求网页时，请求必须通过局域网传输，并通过路由器传输到 Internet。请求是通过 Internet 传播的，并最终到达服务器所在的局域网路由器，服务器返回的网页再通过相同的路由器回到你的浏览器。如果你的计算机支持 tracepath 命令，则可以用它来查看你的计算机到某个链接的路径。例如，下面的追踪结果表示你的计算机到达某网站一共经过了 13 个路由器，其中前两个是你自己所在网络组的网关路由器。

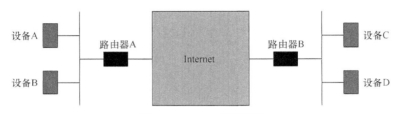

图 9.24　Internet 通信原理

```
 1?: [LOCALHOST]                      pmtu 1500
 1:  _gateway                         4.523 毫秒
 1:  _gateway                         3.495 毫秒
 2:  10.253.0.22                      2.981 毫秒
 3:  无应答
 4:  ???                              6.166 毫秒
 5:  202.115.254.237                558.609 毫秒
 6:  无应答
 7:  无应答
 8:  101.4.117.54                    48.822 毫秒 asymm 16
 9:  无应答
10:  101.4.112.37                    48.171 毫秒 asymm 14
11:  无应答
12:  101.4.114.74                    44.981 毫秒
13:  202.97.15.89                    49.560 毫秒
```

互联网上的每个路由器都连接着一个或多个路由器。因此，如果在一天的不同时间执行 tracepath 命令，你看到的追踪结果不一定相同。你很可能看到信息在不同的时间是不同的，信息流经了不同的路由器。这是因为路由器之间的连接存在成本，同时还取决于网络流量情况。你可以将网络链接看成带有权重的图，网络链接会根据网络情况做出调整。

我们的目标是找到具有最小总权重的路径，用于传送消息。这个问题类似于前面讲过的字梯问题，都是找到最小值，但区别在于，字梯问题的权重值都是一样的。

9.8.1　Dijkstra 算法

研究网络图最短路径算法的前辈们提出了各种各样的算法，其中，Dijkstra（迪杰斯特拉）算法是搜索图中最短路径的优秀算法之一。Dijkstra 算法是一种贪心渐进算法，它能为我们计算出从一个特定起始节点到图中所有其他节点的最短路径，这有点类似于广度优先搜索。

如图 9.25 所示，假设需要找到从 V_1 到 V_7 的最短路径，通过一定时间的探索，可以得出最短路径有两条，分别是 $[V_1 \to V_4 \to V_3 \to V_2 \to V_6 \to V_5 \to V_7]$ 和 $[V_1 \to V_4 \to V_3 \to V_5 \to V_7]$，最短距离为 38。如果利用算法来计算，则需要跟踪并计算各个距离并求和。

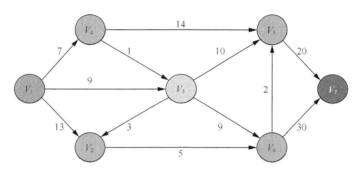

图 9.25　计算从 V_1 到 V_7 的最短路径

为了跟踪从起始节点到每个目标节点的总距离，我们需要使用图节点中的 dist 实例变量。dist 实例变量包含从起始节点到目标节点的路径总权重。对图中的每个节点重复执行一次 Dijkstra 算法，在节点上进行迭代的顺序由优先级队列控制，而用于确定优先级队列中对象顺序的值便是 dist。首次创建节点时，dist 被设置为 0。理论上，将 dist 设置为无穷大也行。在实践中，既可以将 dist 设置为 0，也可以将 dist 设置为一个大于任何真正距离的值，比如光在一秒内行进的距离（约等于地球和月亮之间的距离）。

9.8.2　实现 Dijkstra 算法

Dijkstra 算法使用优先级队列处理节点，旨在保存一个键-值对元组，其中的值就是节点的优先级。Dijkstra 算法每次都从未求出最短路径的节点（未访问的节点）集合中取出距离起始节点最近的节点，然后重复这一流程。Dijkstra 算法是一种贪心渐进算法，它认为在每一步都能找到最优值，并采取得寸进尺的策略，一步一步找到最佳结果。

```
// dijkstra.rs

use std::cmp::Ordering;
use std::collections::{BinaryHeap, HashMap, HashSet};

// 点的定义
```

```rust
#[derive(Debug, Copy, Clone, PartialEq, Eq, Hash)]
struct Vertex<'a> {
    name: &'a str,
}
impl<'a> Vertex<'a> {
    fn new(name: &'a str)-> Vertex<'a> {
        Vertex { name }
    }
}

// 访问过的点
#[derive(Debug)]
struct Visited<V> {
    vertex: V,
    distance: usize, // 距离
}

// 为 Visited 添加全序比较功能
impl<V> Ord for Visited<V> {
    fn cmp(&self, other: &Self)-> Ordering {
        other.distance.cmp(&self.distance)
    }
}
impl<V> PartialOrd for Visited<V> {
    fn partial_cmp(&self, other: &Self)-> Option<Ordering> {
        Some(self.cmp(other))
    }
}

impl<V> Eq for Visited<V> {}
impl<V> PartialEq for Visited<V> {
    fn eq(&self, other: &Self)-> bool {
        self.distance.eq(&other.distance)
    }
}

// 最短路径算法
fn dijkstra<'a>(
    start: Vertex<'a>,
    adj_list: &HashMap<Vertex<'a>,
    Vec<(Vertex<'a>, usize)>>)-> HashMap<Vertex<'a>, usize>
{
    let mut distances = HashMap::new();    // 距离
    let mut visited = HashSet::new();      // 已访问的点
    let mut to_visit = BinaryHeap::new(); // 待访问的点

    // 设置起始点和距离各点的初始距离
    distances.insert(start, 0);
    to_visit.push(Visited {
        vertex: start,
        distance: 0,
    });

    while let Some(Visited { vertex, distance })=
        to_visit.pop(){
```

```
            // 已经访问过这个点，继续下一个点
            if !visited.insert(vertex){ continue; }
            // 获取邻接点
            if let Some(nbrs)= adj_list.get(&vertex){
                for(nbr, cost)in nbrs {
                    let new_dist = distance + cost;
                    let is_shorter =
                        distances.get(&nbr)
                                .map_or(true,
                                    |&curr| new_dist < curr);
                    // 若距离更近，则插入新的距离和邻接点
                    if is_shorter {
                        distances.insert(*nbr, new_dist);
                        to_visit.push(Visited {
                            vertex: *nbr,
                            distance: new_dist,
                        });
                    }
                }
            }
        }

    distances
}

fn main(){
    let v1 = Vertex::new("V1");
    let v2 = Vertex::new("V2");
    let v3 = Vertex::new("V3");
    let v4 = Vertex::new("V4");
    let v5 = Vertex::new("V5");
    let v6 = Vertex::new("V6");
    let v7 = Vertex::new("V7");

    let mut adj_list = HashMap::new();
    adj_list.insert(v1, vec![(v4, 7),(v2, 13)]);
    adj_list.insert(v2, vec![(v6, 5)]);
    adj_list.insert(v3, vec![(v2, 3),(v6, 9),(v5, 10)]);
    adj_list.insert(v4, vec![(v3, 1),(v5, 14)]);
    adj_list.insert(v5, vec![(v7, 20)]);
    adj_list.insert(v6, vec![(v5, 2),(v7, 30)]);

    // 求点 V1 到任何其他点的最短路径
    let distances = dijkstra(v1, &adj_list);
    for(v, d)in &distances {
        println!("{}-{}, min distance: {d}", v1.name, v.name);
    }
}
```

输出结果如下，其中输出了点 V_1 到任何其他点的最短路径。

```
V1-V5, min distance: 18
V1-V2, min distance: 11
V1-V6, min distance: 16
V1-V3, min distance: 8
```

```
V1-V7, min distance: 38
V1-V1, min distance: 0
V1-V4, min distance: 7
```

在互联网上使用 Dijkstra 算法的一个问题是，你必须有整个网络的图表示。这意味着每个路由器都要有整个互联网中所有路由器的地图，这显然是不可能的。这还意味着通过网络路由器发送消息时，需要使用其他算法来找到最短路径。在现实中，网络信息传递使用的是距离矢量路由协议 [15] 和链路状态路由协议 [16]，这些协议允许路由器在发送信息时发现对方路由器保存的网络图，这些网络图包含相互连通的节点的信息。通过实时发现这样的方式获取网络图内容更高效，同时容量也极大减小了。

9.8.3　Dijkstra 算法分析

下面我们看一下 Dijkstra 算法的复杂度。构建优先级队列需要 $O(V)$ 的时间，一旦构造了优先级队列，就对每个节点执行一次 while 循环。因为节点都是在开始处添加的，并且在那之后才被移除，所以在 while 循环中每次调用 pop() 方法需要 $O(\log V)$ 的时间。将这部分循环以及对 pop() 方法进行调用所需的时间取为 $O(V \log V)$。for 循环对于图中的每条边都需要执行一次，在 for 循环中，对 decrease_key() 方法进行调用所需的时间为 $O(E \log V)$。因此，总的时间复杂度为 $O((V+E)\log V)$，空间复杂度为 $O(V)$。

9.9　小结

本章介绍了图的抽象数据类型以及图的实现。图在课程安排、网络、交通、计算机、知识图谱、数据库等领域非常有用。只要可以将原始问题转换为图表示，我们就能用图解决许多问题。图在以下领域有较好的应用。

- 强连通分量用于简化图。
- 深度优先搜索用于搜索图的深分支。
- 拓扑排序用于厘清复杂的图连接。
- Dijkstra 算法用于搜索加权图的最短路径。
- 广度优先搜索用于搜索无加权图的最短路径。

第 10 章 实 战

本章主要内容

- 用 Rust 数据结构和算法来完成各种实战项目
- 学习并理解实战项目中的数据结构和算法

10.1 编辑距离

编辑距离是用来度量两个序列相似程度的指标。通俗地讲，编辑距离指的是在两个单词之间，由其中一个单词通过增、删、替换操作转换成另一个单词所需的最少操作次数。增、删、替换操作其实是我们在日常编辑中经常使用的操作，既然这三种操作都是编辑操作，那么通过只执行其中一种操作计算出的编辑次数也算编辑距离。

常见的编辑距离有两种：一种只执行替换操作，不执行增、删操作，这种编辑距离叫作汉明距离；另一种同时执行增、删、替换操作，这种编辑距离叫作莱文斯坦距离。思考一下，是否能发明一种只执行其中两种编辑操作的编辑距离呢？

10.1.1 汉明距离

汉明距离指的是两个长度相同的序列在相同位置上有多少个符号不同，对二进制序列来说，也就是相异的位数。将一个序列转换成另一个序列所需的替换次数就是汉明距离。例如，在图 10.1 中，要将 trust 转换为 rrost，只需要替换两个字符即可，所以汉明距离为 2。

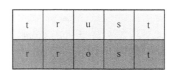

图 10.1　字符串的汉明距离

汉明距离多用于更正编码中的错误，在汉明码 [17] 中计算距离的算法即为汉明距离算法。为了简化代码，我们将分别实现处理数字和字符的汉明距离算法。计算数字的汉明距离非常简单，因为数字可以用位运算直接比较异同。下面是计算数字汉明距离的代码。

```
// hamming_distance.rs

fn hamming_distance1(source: u64, target: u64)-> u32 {
    let mut count = 0;
    let mut xor = source ^ target;
    // 异或取值
    while xor != 0 {
        count += xor & 1;
        xor >>= 1;
    }
    count as u32
}

fn main(){
    let source = 1;
    let target = 2;
    let distance = hamming_distance1(source, target);
    println!("the hamming distance is {distance}");
    // the hamming distance is 2

    let source = 3;
    let target = 4;
    let distance = hamming_distance1(source, target);
    println!("the hamming distance is {distance}");
    // the hamming distance is 3
}
```

通过执行异或操作，可使数字 source 和 target 中相同的位为 0，而使不同的位为 1。若结果不等于 0，则说明有不同的位，可从最后一位逐步计算不同的位。将 xor 与 1 相与，就能得到最后一位是 0 还是 1。由于每计算一位，就必须移除一位以便比较前面的位，因此还需要加入右移操作。当然，上面的实现需要你自行计算二进制中 1 的个数。实际上，Rust 中的数字自带 count_ones() 函数用于计算 1 的个数，所以上述代码可以简化成如下代码，非常简单。

```
// hamming_distance.rs

fn hamming_distance2(source: u64, target: u64)-> u32 {
  (source ^ target).count_ones()
}
```

有了上面的基础，下面我们来实现字符版的汉明距离算法。

```
// hamming_distance.rs

fn hamming_distance_str(source: &str, target: &str)-> u32 {
    let mut count = 0;
    let mut source = source.chars();
    let mut target = target.chars();
```

```
    // 在对两个字符串逐字符比较时，可能出现如下 4 种情况
    loop {
        match(source.next(), target.next()){
          (Some(cs), Some(ct)) if cs != ct => count += 1,
          (Some(_), None)|(None, Some(_))=>
                    panic!("Must have the same length"),
          (None, None)=> break,
            _ => continue,
        }
    }

    count as u32
}
fn main(){

    let source = "abce";

    let target = "edcf";

    let distance = hamming_distance_str(source, target);

    println!("the hamming distance is {distance}");

    // the hamming distance is 3

}
```

字符版的汉明距离算法仍接收 source 和 target 两个参数，然后使用 chars( ) 方法取出 Unicode 字符来比较。使用 Unicode 值而非 ASCII 值是因为字符串中可能不只有字母，还有中文、日文、韩文等文字，这些文字中的一个字符就对应多个 ASCII 值。if c1 != c2 是模式匹配之外的条件检查，只有当 source 和 target 都有下一个字符且两个字符不相等时才会进入该匹配分支。若有任何一个字符是 None，另一个字符是 Some，则表示输入的字符串的长度不同，可直接返回。如果 source 和 target 都没有下一个字符了，则结束。其他情况表示两个字符相同，可继续比较下一个字符。汉明距离算法需要计算所有的字符，因此时间复杂度为 $O(n)$，空间复杂度为 $O(1)$。

10.1.2　莱文斯坦距离

莱文斯坦距离算法是一种量化两个字符串之间差异的算法，莱文斯坦距离指的是由一个字符串转换为另一个字符串最少需要执行多少次编辑操作。这些编辑操作包括插入、删除和替换。编辑距离的概念非常好理解，操作也很简单，可用于简单的字符修正。比如，要用莱文斯坦距离算法计算单词 sitting 和 kitten 的编辑距离，可利用如下步骤将 kitten 转换为 sitting。

- sitting → kitting，替换 s 为 k。
- kitting → kitteng，替换 i 为 e。
- kitteng → kitten，删除 g。

因为处理了 3 次，所以编辑距离为 3。现在的问题是，如何证明 3 就是最少的编辑次数呢？这是因为两个字符串之间的转换操作只有三种：删除、插入和替换。

一种极端情况是将空字符串转换为某长度的字符串 s，此时的编辑距离很明显就是字符串 s 的长度。比如，要将空字符串转换为 abc，就需要插入三个字符，编辑距离为 3。再比如，在各种极端情况下，将 sitting 转换为 kitten 需要的编辑次数如图 10.2 所示。

		s	i	t	t	i	n	g
	0	1	2	3	4	5	6	7
k	1							
i	2							
t	3							
t	4							
e	5							
n	6							

图 10.2　将 sitting 转换为 kitten 需要的编辑次数（在各种极端情况下）

这同时也说明编辑距离的上限就是较长字符串的长度，可用数学公式表达为

$$\mathrm{edi}_{a,b}(i,j) = \max(i,j); \quad \text{其中，} \min(i,j) = 0 \tag{10.1}$$

$\min(i, j) = 0$ 表示没有公共子串，此时编辑距离为最长字符串的长度。除了这种极端情况，还有可能是三种编辑操作，而每次编辑操作都会使编辑距离加 1，因此可以分别计算三种编辑操作的次数。在得到编辑距离后，再取最小值。

$$\mathrm{edi}_{a,b}(i,j) = \min \begin{cases} \mathrm{edi}_{a,b}(i-1,j)+1 \\ \mathrm{edi}_{a,b}(i,j-1)+1 \\ \mathrm{edi}_{a,b}(i-1,j-1)+1_{a \neq b} \end{cases} \tag{10.2}$$

$\mathrm{edi}_{a,b}(i-1,j)+1$ 表示从 a 到 b 要删除 1 个字符，对编辑距离加 1；$\mathrm{edi}_{a,b}(i,j-1)+1$ 表示从 a 到 b 要插入 1 个字符，对编辑距离加 1；$\mathrm{edi}_{a,b}(i-1,j-1)+1_{a \neq b}$ 表示从 a 到 b 要替换 1 个字符，对编辑距离加 1。注意，a 和 b 不等时才替换，同时编辑距离才加 1，相等时则跳过。这些函数计算是递归定义的，其空间复杂度为 $O(3m+n-1)$，m 和 n 为字符串的长度。

前文提到，动态规划算法可用于处理递归，因此这里也采用动态规划算法来处理。动态规划算法中重要的是状态转移，所以我们首先需要一个矩阵（称为状态转移矩阵）来存

储各种操作后的编辑距离以表示状态，最基本的情况就是将空字符串转换为不同长度的字符串所需的编辑距离，如图 10.3 所示。

		s	i	t	t	i	n	g
	0	1	2	3	4	5	6	7
k	1	1						
i	2							
t	3							
t	4							
e	5							
n	6							

图 10.3　编辑距离的状态转移矩阵

接下来计算字符 k 和 s 的编辑距离，这分为三种情况，具体如下。

- 图中以粗体样式显示的 1 上方累积删除的编辑距离为 1，加上删除操作，编辑距离为 2。
- 图中以粗体样式显示的 1 左侧累积插入的编辑距离为 1，加上插入操作，编辑距离为 2。
- 图中以粗体样式显示的 1 左上方累积替换的编辑距离为 0，加上替换操作，编辑距离为 1。

通过仔细观察可以发现，需要处理的都是图 10.3 中浅灰色区域的值，刚开始计算时选择左上方的值。对浅灰色区域的三个值进行计算，选择计算结果中的最小值作为编辑距离并填入 1（粗体）所在的区域，即可得到新的编辑距离。

根据上面的描述和图示，我们可以写出如下莱文斯坦距离算法。

```rust
// edit_distance.rs

use std::cmp::min;

fn edit_distance(source: &str, target: &str)-> usize {
    // 极端情况: 从空字符串到任意字符串的转换
    if source.is_empty(){
        return target.len();
    } else if target.is_empty(){
        return source.len();
    }

    // 建立状态转移矩阵以存储中间值
    let source_c = source.chars().count();
    let target_c = target.chars().count();
    let mut distance = vec![vec![0;target_c+1]; source_c+1];
```

```
    (1..=source_c).for_each(|i| {
        distance[i][0] = i;
    });
    (1..=target_c).for_each(|j| {
        distance[0][j] = j;
    })

    // 存储中间值，取增、删、替换操作中的最小步骤数
    for(i, cs)in source.chars().enumerate(){
        for(j, ct)in target.chars().enumerate(){
            let ins = distance[i+1][j] + 1;
            let del = distance[i][j+1] + 1;
            let sub = distance[i][j] +(cs != ct)as usize;
            distance[i+1][j+1] = min(min(ins, del), sub);
        }
    }

    // 返回最右下角的值
    *distance.last().and_then(|d| d.last()).unwrap()
}
fn main(){
    let source = "abce";
    let target = "adcf";
    let dist = edit_distance(source, target);
    println!("distance between {source} and {target}: {dist}");
    // distance between abce and adcf: 2

    let source = "bdfc";
    let target = "adcf";
    let dist   = edit_distance(source, target);
    println!("distance between {source} and {target}: {dist}");
    // distance between bdfc and adcf: 3
}
```

可通过逐步移动浅灰色区域来选择需要计算的三个值，再取计算结果中的最小值填入深灰色区域的右下角，照此进行下去，最终结果如图 10.4 所示。

		s	i	t	t	i	n	g
	0	1	2	3	4	5	6	7
k	1	1	2	3	4	5	6	7
i	2	2	1	2	3	4	5	6
t	3	3	2	1	2	3	4	5
t	4	4	3	2	1	2	3	4
e	5	5	4	3	2	2	3	4
n	6	6	5	4	3	3	2	3

图 10.4　最终结果

在得到整个编辑距离矩阵后，最右下角的值就是编辑距离。仔细分析图 10.4，你会发现，整个编辑距离矩阵是二维的，处理时须仔细使用下标。一种比较直观的方式是将这个矩阵的每一行放到一个大的数组中，值的数量还是 $m \times n$，但维度小了。在计算值时，只有最后一个值有用，存储大量的中间值太浪费内存了。因为计算过程中只需要浅灰色区域的值，因此可以优化上述算法，在计算过程中反复利用一个数组来计算和保存值。将编辑距离矩阵缩小成长度为 $m+1$ 或 $n+1$ 的数组。经过优化的莱文斯坦距离算法如下。

```rust
// edit_distance.rs

fn edit_distance2(source: &str, target: &str)-> usize {
    if source.is_empty(){
        return target.len();
    } else if target.is_empty(){
        return source.len();
    }

    // distances 中存储了到各种字符串的编辑距离
    let target_c = target.chars().count();
    let mut distances =(0..=target_c).collect::<Vec<_>>();
    for(i, cs)in source.chars().enumerate(){
        let mut substt = i;
        distances[0] = substt + 1;
        // 不断组合并计算各个距离
        for(j, ct)in target.chars().enumerate(){
            let dist = min(
                        min(distances[j],distances[j+1])+ 1,
                        substt +(cs != ct)as usize);
            substt = distances[j+1];
            distances[j+1] = dist;
        }
    }
    // 最后一个距离值就是最终答案
    distances.pop().unwrap()
}
fn main(){
    let source = "abced";

    let target = "adcf";

    let dist   = edit_distance2(source, target);

    println!("distance between {source} and {target}: {dist}");

    // distance between abced and adcf: 3
}
```

优化后的莱文斯坦距离算法的最差时间复杂度为 $O(mn)$，最差空间复杂度则由 $O(mn)$ 降为 $O(\min(m,n))$，这是一个非常大的进步。

微软的 Word 软件也有拼写检查功能，但用的不是编辑距离，而是哈希表。Word 会将常用的几十万个单词存储到哈希表中，用户每输入一个单词，Word 就会到哈希表中进行查找，找不到就报错。哈希表的速度非常快，而几十万个单词占用的内存也不大（几兆字节而已），所以效率非常高。

10.2　字典树

Trie 树又称为字典树或前缀树，用于检索某个单词或前缀是否存在于树结构中。Trie 树的应用范围十分广泛，包括打字预测、自动补全、拼写检查等。

平衡树和哈希表也能够用于搜索单词，为什么还需要 Trie 树呢？哈希表虽然能在 $O(1)$ 的时间内找到单词，但它无法快速地找到具有同一前缀的全部单词或者按字典序枚举出所有存储的单词。Trie 树优于哈希表的另一个方面是，单词越多，哈希表越大，这意味着可能出现大量冲突，时间复杂度可能增加到 $O(n)$。与哈希表相比，Trie 树在存储多个具有相同前缀的单词时可以使用更少的空间，时间复杂度只有 $O(m)$，m 为单词的长度；而在平衡树中，查找单词的时间复杂度为 $O(m \log(n))$。

Trie 树的结构如图 10.5 所示，你可以发现，要存储单词，只用处理 26 个字母就够了，而且前缀相同的单词可以共享前缀，从而节省了存储空间，比如 apple 和 appeal 共享 app，boom 和 box 共享 bo。

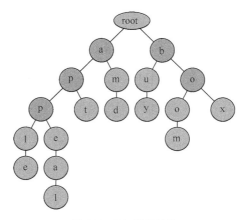

图 10.5　Trie 树的结构

为了实现 Trie 树，我们首先需要抽象出节点对象 Node，并在其中保存子节点的引用和当前节点的状态。状态用于标识节点是不是单词 end，在查询时可用于判断单词是否结束。此外，根节点 root 是 Trie 树的入口，可用于代表整个 Trie 树。

```
// trie.rs
// 定义字典树
```

```rust
#[derive(Default)]
struct Trie {
    root: Node,
}

// 节点
#[derive(Default)]
struct Node {
    end: bool,
    children: [Option<Box<Node>>; 26], // 字母节点列表
}

impl Trie {
    fn new()-> Self {
        Self::default()
    }

    // 插入单词
    fn insert(&mut self, word: &str){
        let mut node = &mut self.root;
        // 逐字符插入
        for c in word.as_bytes(){
            let index =(c - b'a')as usize;
            let next = &mut node.children[index];
            node = next.get_or_insert_with(
                    Box::<Node>::default);
        }
        node.end = true;
    }

    fn contains(&self, word: &str)-> bool {
        self.word_node(word).map_or(false, |n| n.end)
    }

    // 判断是否存在以某个前缀开头的单词
    fn start_with(&self, prefix: &str)-> bool {
        self.word_node(prefix).is_some()
    }

    // 前缀字符串
    // wps: word_prefix_string
    fn word_node(&self, wps: &str)-> Option<&Node> {
        let mut node = &self.root;
        for c in wps.as_bytes(){
            let index =(c - b'a')as usize;
            match &node.children[index] {
                None => return None,
                Some(next)=> node = next.as_ref(),
            }
        }
        Some(node)
    }
}

fn main(){
```

```
    let mut trie = Trie::new();
    trie.insert("box");
    trie.insert("insert");
    trie.insert("apple");
    trie.insert("appeal");

    let res1 = trie.contains("apple");
    let res2 = trie.contains("apples");
    let res3 = trie.start_with("ins");
    let res4 = trie.start_with("ina");

    println!("word 'apple' in Trie: {res1}");
    println!("word 'apples' in Trie: {res2}");
    println!("prefix 'ins' in Trie: {res3}");
    println!("prefix 'ina' in Trie: {res4}");
}
```

输出结果如下：

```
word 'apple' in Trie: true
word 'apples' in Trie: false
prefix 'ins' in Trie: true
prefix 'ina' in Trie: false
```

10.3　过滤器

在大多数软件项目开发中，常常需要判断一个元素是否在一个集合中。比如在字处理软件中，需要检查一个英文单词是否拼写正确（也就是判断它是否在已知的字典中，前面已经讲过 Word 的拼写检查机制）。又如，网络爬虫需要判断一个网址是否被访问过，等等。解决此类问题的最直接方法就是将集合中的全部元素保存在计算机中，当遇到一个新的元素时，将它和集合中的元素直接做比较即可。一般来讲，计算机中的集合都是用哈希表来存储的，这么做的好处是快速、准确，缺点是浪费空间。

当集合比较小时，浪费空间的问题还不显著，但是当集合非常大时，哈希表存储效率低的问题就显现出来了。比如像腾讯或谷歌这样的电子邮件提供商，总是需要过滤垃圾邮件。一种方法是记录那些发垃圾邮件的地址，由于那些发送者不停地注册新的地址，将它们全部记录下来需要大量的网络服务器。如果使用哈希表，存储一亿个邮件地址就需要1.6GB 左右的内存。将这些信息存入哈希表虽然在理论上是可行的，但哈希表存在负载因子，存储空间得不到充分利用。此外，如果将数据集存储在远程服务器上，则需要在本地接收输入，这时也会存在问题，因为数据集非常大，不可能一次性读进内存并构建出哈希表，此时系统甚至没法使用。

10.3.1 布隆过滤器

为了解决这样的问题，我们需要考虑类似布隆过滤器这样的数据结构。布隆过滤器由伯顿·霍华德·布隆（Burton Howard Bloom）于 1970 年提出，它由一个很长的二进制向量和一系列随机的映射函数组成。布隆过滤器可用于检索一个元素是否在一个集合中，它的优点是空间效率和查询效率都远远超过一般的数据结构，缺点是存在一定的识别误差且删除较为困难。布隆过滤器在本质上是一种巧妙的概率型数据结构。

布隆过滤器包含一个能保存 n 个数据的二进制向量（位数组）和 k 个哈希函数。布隆过滤器支持插入和查询两种基本操作，但可以插入的数据的个数在设计时就定好了，所以针对不同的问题，我们需要详细设计布隆过滤器的大小。

在初始化布隆过滤器时，将所有位置 0。在插入数据时，利用 k 个哈希函数计算数据在布隆过滤器中的位置并将对应的位置 1。比如，当 $k = 3$ 时，计算三个哈希值作为下标，并将对应的位全部置 1。在查询数据时，同样通过 k 个哈希函数产生 k 个哈希值作为索引，若所有索引对应的位皆为 1，则代表该哈希值可能存在。图 10.6 展示了存储三个值时的情况，x 和 y 都在布隆过滤器中，而 z 的最后一个哈希值为 0，所以它一定不存在。

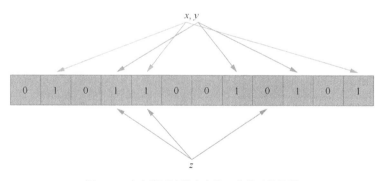

图 10.6　在布隆过滤器中存储三个值时的情况

已知布隆过滤器的长度为 n，在可容忍的误差率为 ϵ 的情况下，布隆过滤器的最佳数据存储个数为

$$m = -\frac{n\ln\epsilon}{(\ln 2)^2} \tag{10.3}$$

此时需要的哈希函数的个数为

$$k = -\frac{\ln\epsilon}{\ln 2} = -\log_2\epsilon \tag{10.4}$$

假如可容忍的误差率 $\epsilon = 8\%$，则 $k = 3$。k 越大，代表可容忍的误差率越大。在不改变容错率的情况下，可通过组合迭代次数和两个基本哈希函数来模拟 k 个哈希函数。

$$g_i(x) = h_1(x) + ih_2(x) \qquad\qquad (10.5)$$

要实现布隆过滤器，可使用结构体来封装所需的全部信息，包括存储位的集合和哈希函数。因为只有 1 和 0 两种情况，所以可将它们转换为 true 和 false 两个布尔值并保存到 Vec 中。这样在判断的时候，由于是布尔值，因此可以直接表示是否存在。布隆过滤器因为只判断值此前是否出现过并有所记录，所以必定需要适合任意类型的数据，也就是说，需要采用泛型。

```rust
// bloom_filter.rs

use std::collections::hash_map::DefaultHasher;

// 布隆过滤器
struct BloomFilter<T> {
    bits: Vec<bool>,              // 比特桶
    hash_fn_count: usize,         // 哈希函数的个数
    hashers: [DefaultHasher; 2], // 两个哈希函数
}
```

但是上述代码编译出错了，因为泛型 T 并没有被哪个字段使用，编译器认为这是非法的。要让上述代码编译通过，就需要使用 Rust 中的幽灵数据（phantom data）来占位。假装使用了泛型 T，但又不占内存，这其实就是欺骗编译器。最后，为了尽可能多地支持存储的数据类型，对于编译期大小不定的数据我们也要支持，为此必须加上 "?Sized" 特性。Phantom 前缀表示字段不占内存，但因为使用了泛型 T，所以能够骗过编译器。此外，我们可以使用两个随机的哈希函数来模拟 k 个哈希函数。

```rust
// bloom_filter.rs

use std::collections::hash_map::DefaultHasher;
use std::marker::PhantomData;

// 布隆过滤器
struct BloomFilter<T: ?Sized> {
    bits: Vec<bool>,
    hash_fn_count: usize,
    hashers: [DefaultHasher; 2],
    _phantom: PhantomData<T>,   // 使用幽灵数据占位，欺骗编译器
}
```

为了实现布隆过滤器的功能，我们需要为其实现三个函数，分别是初始化函数 new( )、新增元素函数 insert( ) 和检测函数 contains( )。此外还有辅助函数用于实现这三个函数。new( ) 函数需要根据容错率和大致的存储规模计算出 m 的大小并初始化布隆过滤器。

```rust
// bloom_filter.rs

use std::hash::{BuildHasher, Hash, Hasher};
use std::collections::hash_map::RandomState;
```

```
impl<T: ?Sized + Hash> BloomFilter<T> {
    fn new(cap: usize, ert: f64)-> Self {
        let ln22 = std::f64::consts::LN_2.powf(2f64);
        // 计算比特桶的大小和哈希函数的个数
        let bits_count = -1f64 * cap as f64 * ert.ln()/ln22;
        let hash_fn_count = -1f64 * ert.log2();
        // 随机哈希函数
        let hashers = [
            RandomState::new().build_hasher(),
            RandomState::new().build_hasher(),
        ];
        Self {
            bits: vec![false; bits_count.ceil()as usize],
            hash_fn_count: hash_fn_count.ceil()as usize,
            hashers: hashers,
            _phantom: PhantomData,
        }
    }

    // 按照 hash_fn_count 计算哈希值并置比特桶中相应的位为 true
    fn insert(&mut self, elem: &T){
        let hashes = self.make_hash(elem);
        for fn_i in 0..self.hash_fn_count {
            let index = self.get_index(hashes, fn_i as u64);
            self.bits[index] = true;
        }
    }
    // 数据查询
    fn contains(&self, elem: &T)-> bool {
        let hashes = self.make_hash(elem);
      (0..self.hash_fn_count).all(|fn_i| {
            let index = self.get_index(hashes, fn_i as u64);
            self.bits[index]
        })
    }

    // 计算哈希值
    fn make_hash(&self, elem: &T)->(u64, u64){
        let hasher1 = &mut self.hashers[0].clone();
        let hasher2 = &mut self.hashers[1].clone();
        elem.hash(hasher1);
        elem.hash(hasher2);
      (hasher1.finish(), hasher2.finish())
    }

    // 获取比特桶中位的下标
    fn get_index(&self,(h1,h2):(u64,u64), fn_i: u64)
        -> usize {
        let ih2 = fn_i.wrapping_mul(h2);
        let h1pih2 = h1.wrapping_add(ih2);
      ( h1pih2 % self.bits.len()as u64)as usize
    }
}
```

```
fn main(){
    let mut bf = BloomFilter::new(100, 0.08);
    (0..20).for_each(|i| bf.insert(&i));
    let res1 = bf.contains(&2);
    let res2 = bf.contains(&200);
    println!("2 in bf: {res1}, 200 in bf: {res2}");
    // 2 in bf: true, 200 in bf: false
}
```

分析布隆过滤器可以发现，其空间复杂度为 $O(m)$；插入操作和检测操作的时间复杂度为 $O(k)$，因为 k 非常小，所以布隆过滤的时间复杂度可以看成 $O(1)$。

10.3.2　布谷鸟过滤器

布隆过滤器虽然容易实现，但也有许多缺点。首先是随着插入的数据越来越多，误差率也越来越大。其次是不能删除数据。最后是布隆过滤器随机存储数据，在具有 Cache 的 CPU 上性能表现不好，具体参见 CloudFlare 网站上的文章 "When Bloom filters don't bloom"。为克服布隆过滤器的缺点，布谷鸟过滤器[18] 应运而生。布谷鸟过滤器是改进的布隆过滤器，它的哈希函数是成对的，分别用于将数据映射到两个位置，一个是保存位置，另一个是备用位置（用于处理冲突）。

布谷鸟过滤器的名称来源于布谷鸟。布谷鸟也叫杜鹃，这种鸟有一种狡猾且贪婪的习性，它们不自己筑巢，而是把蛋下到其他鸟的巢窝里，由别的鸟帮助它们孵化出后代。布谷鸟的幼鸟比别的幼鸟早出生，所以布谷幼鸟一出生就会拼命把未孵化的其他鸟蛋挤出巢，以便今后独享养父母的食物。借助生物学上的这一现象，布谷鸟过滤器处理冲突的方法也是把原来位置上的元素踢走。不过被踢出去的元素比鸟蛋幸运些，因为它们还有备用位置可以安置。如果备用位置上还有元素，就再次踢走，如此往复，直到元素被踢的次数达到上限，才确认哈希表已满。

布谷鸟过滤器中存储的元素不是 0 或 1，而是具有一定比特位的数据，称为指纹。指纹的长度由假阳性率 ϵ 决定，小的 ϵ 需要更长的指纹。布谷鸟过滤器基于布谷鸟哈希表，布谷鸟哈希表可扩展为二维矩阵以存储多个指纹，如图 10.7 所示。

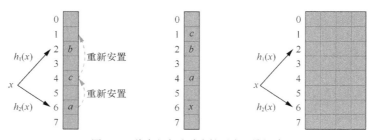

图 10.7　将布谷鸟哈希表扩展为二维矩阵

观察图 10.7, 在插入 x 时, 发现两个比特桶中都有数据, 于是随机踢出 a 到 c, 而后将 c 移到最上面。布谷鸟过滤器则将比特桶扩展到 4 个, 这样一个位置就可以存储多个数据, 支持插入、删除和查找操作。

图 10.7 的左侧显示的是标准的布谷鸟哈希表, 在将新项插入现有的哈希表时, 需要有方法来访问原始项, 以确保在需要时能够迁移原始项并为新项腾出空间。然而, 布谷鸟过滤器只存储指纹, 因此没有办法重新散列原始项以找到替代位置。为突破这个限制, 可利用一种名为部分键布谷鸟散列的技术来根据指纹得到项的备用位置。对于项 x, 通过哈希函数计算两个候选比特桶的索引方式如下:

$$h_1(x) = \text{hash}(x)$$
$$h_2(x) = h_1(x) \oplus \text{hash}(\text{figureprint}(x)) \tag{10.6}$$

异或操作 $\oplus$ 确保了 $h_1(x)$ 和 $h_2(x)$ 可以用同一个公式计算出来, 这样就不用管 x 到底是什么, 都可以用式 (10.7) 计算出备用比特桶的位置。

$$j = i \oplus \text{hash}(\text{figureprint}(x)) \tag{10.7}$$

查找方法很简单, 利用式 (10.7) 计算出待查找元素的指纹和两个备用比特桶的位置, 然后读取这两个比特桶, 只要其中任何一个比特桶中有值与待查找元素的指纹相等, 就表示存在。删除方法也很简单, 检查这两个备用比特桶中的值, 如果有匹配的值, 就删除比特桶中指纹的副本。同时注意, 在删除前请确保插入成功, 否则可能把碰巧具有相同指纹的其他值删除。

通过反复实验和测试, 我们发现当比特桶的大小为 4 时性能非常优秀, 甚至 4 就是最佳值。布谷鸟过滤器具有以下 4 个主要优点。

（1）支持动态添加和删除项。

（2）具有相比布隆过滤器更高的查找性能, 即便当布谷鸟过滤器接近满载时。

（3）相比其他的布隆过滤器（如商数过滤器）更容易实现。

（4）在实际应用中, 若假阳性率 ϵ 小于 3%, 则布谷鸟过滤器使用的空间小于布隆过滤器。

除了布隆过滤器和布谷鸟过滤器, 还有许多其他的过滤器, 表 10.1 对它们做了对比。

表 10.1 对比各种过滤器

过滤器	空间使用	哈希函数的个数	是否支持删除功能
布隆过滤器	1	k	否
块布隆过滤器	$1x$	1	否
计数布隆过滤器	$3x \sim 4x$	k	是
d-left 计数布隆过滤器	$1.5x \sim 2x$	d	是
商数过滤器	$1x \sim 1.2x$	$\geqslant 1$	是
布谷鸟过滤器	$\leqslant 1x$	2	是

下面我们来实现布谷鸟过滤器。前面虽然实现过布隆过滤器，但此处仍需要扩展到二维，因此新增指纹结构体 FingerPrint，桶结构体 Bucket 用于存储指纹。因为涉及随机获取操作、哈希操作等，所以代码中还使用了 Rng 和 Serde 等库。这里将布谷鸟过滤器实现为一个 Rust 库，其中的 bucket.rs 包含指纹和比特桶的定义及操作，util.rs 包含计算指纹和比特桶索引的结构体 FaI。整个代码结构如下。

```
shieber@Kew:cuckoofilter/ tree
 /Cargo.toml
 /src
    |- bucket.rs
    |- lib.rs
    |- util.rs
```

布谷鸟过滤器的实现代码非常多，这里仅将 lib.rs 中的代码列出，其他代码请参阅本书配套的源代码文件。

```
// lib.rs
mod bucket;
mod util;

use std::fmt;
use std::cmp::max;
use std::iter::repeat;
use std::error::Error;
use std::hash::{Hash, Hasher};
use std::marker::PhantomData;
use std::collections::hash_map::DefaultHasher;

// 序列化
use rand::Rng;
#[cfg(feature = "serde_support")]
use serde_derive::{Serialize, Deserialize};

use crate::util::FaI;
use crate::bucket::{Bucket, FingerPrint,
                    BUCKET_SIZE, FIGERPRINT_SIZE};

const MAX_RELOCATION: u32 = 100;
const DEFAULT_CAPACITY: usize =(1 << 20)- 1;

// 错误处理
#[derive(Debug)]
enum CuckooError {
    NotEnoughSpace,
}

// 添加输出功能
impl fmt::Display for CuckooError {
    fn fmt(&self, f: &mut fmt::Formatter)-> fmt::Result {
        f.write_str("NotEnoughSpace")
    }
```

```
}

impl Error for CuckooError {
    fn description(&self)-> &str {
        "Not enough space to save element, operation failed!"
    }
}

// 布谷鸟过滤器
struct CuckooFilter<H> {
    buckets: Box<[Bucket]>,    // 比特桶
    len: usize,                // 大小
    _phantom: PhantomData<H>,
}

// 添加默认值功能
impl Default for CuckooFilter<DefaultHasher> {
    fn default()-> Self {
        Self::new()
    }
}

impl CuckooFilter<DefaultHasher> {
    fn new()-> Self {
        Self::with_capacity(DEFAULT_CAPACITY)
    }
}

impl<H: Hasher + Default> CuckooFilter<H> {
    fn with_capacity(cap: usize)-> Self {
        let capacity = max(1, cap.next_power_of_two()
                            / BUCKET_SIZE);
        Self { // 构建 capacity 个比特桶
            buckets: repeat(Bucket::new())
                    .take(capacity)
                    .collect::<Vec<_>>(),
                    .into_boxed_slice(),
            len: 0,
            _phantom: PhantomData,
        }
    }

    fn try_insert<T: ?Sized + Hash>(&mut self, elem: &T)
        -> Result<bool, CuckooError> {
        if self.contains(elem){
            Ok(false)
        } else {
            self.insert(elem).map(|_| true)
        }
    }

    fn insert<T: ?Sized + Hash>(&mut self, elem: &T)
        -> Result<(), CuckooError> {
        let fai = FaI::from_data::<_, H>(elem)
        if self.put(fai.fp, fai.i1)
            || self.put(fai.fp, fai.i2){
```

```
                return Ok(());
        }

        // 插入数据时发生冲突，重定位
        let mut rng = rand::thread_rng();
        let mut i = fai.random_index(&mut rng);
        let mut fp = fai.fp;
        for _ in 0..MAX_RELOCATION {
            let other_fp;
            {
                let loc = &mut self.buckets[i % self.len]
                                    .buffer[rng.gen_range(0,
                                            BUCKET_SIZE)];
                other_fp = *loc;
                *loc = fp;
                i = FaI::get_alt_index::<H>(other_fp, i);
            }
            if self.put(other_fp, i){
                return Ok(());
            }
            fp = other_fp;
        }
        Err(CuckooError::NotEnoughSpace)
    }

    // 加入指纹
    fn put(&mut self, fp: FingerPrint, i: usize)-> bool {
        if self.buckets[i % self.len].insert(fp){
            self.len += 1;
            true
        } else {
            false
        }
    }

    fn remove(&mut self, fp: FingerPrint, i: usize)-> bool {
        if self.buckets[i % self.len].delete(fp){
            self.len -= 1;
            true
        } else {
            false
        }
    }

    fn contains<T: ?Sized + Hash>(&self, elem: &T)-> bool {
        let FaI { fp, i1, i2 } = FaI::from_data::<_, H>(elem);
        self.buckets[i1 % self.len]
            .get_fp_index(fp)
            .or_else(|| {
                self.buckets[i2 % self.len]
                    .get_fp_index(fp)
            })
            .is_some()
    }
}
```

从上述代码可以看出，布谷鸟过滤器支持插入、删除和查询功能。

10.4 LRU 缓存淘汰算法

缓存淘汰算法或页面置换算法是一种典型的内存管理算法，常用于虚拟页式存储和数据缓存。这种算法的原理是，"如果数据最近被访问过，那么将来被访问的概率也更高"。对于虽在内存中但不用的数据块，可根据哪些数据属于最近最少使用而将它们移出内存，腾出空间，从而节省内存。缓存淘汰算法的典型代表是 LRU 算法。LRU（Least Recently Used，最近最少使用）算法用于在存储有限的情况下，根据数据的访问记录来淘汰数据。假设使用哈希链表来缓存用户信息，容量为 5，目前已缓存 4 个用户的信息，如图 10.8 所示，它们是按时间顺序依次从右端插入的。

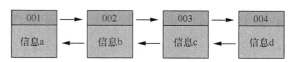

图 10.8 哈希链表中已缓存 4 个用户的信息

此时，业务方访问用户 5，但由于哈希链表中没有用户 5 的数据，因此必须从数据库中读取。为了后续访问方便，我们需要将用户 5 的数据插入缓存中。于是，哈希链表的最右端是最新访问的用户 5，最左端则是最近最少访问的用户 1，如图 10.9 所示。

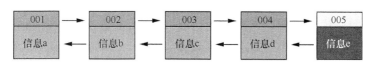

图 10.9 访问用户 5 后的哈希链表

接下来，业务方访问用户 2，哈希链表中存在用户 2 的数据，因此直接把用户 2 从前驱节点和后继节点之间移除（见图 10.10），重新插入哈希链表的最右端。

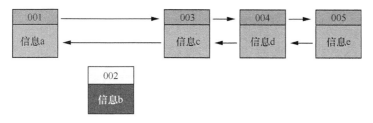

图 10.10 移除用户 2

更新数据后，结果如图 10.11 所示。

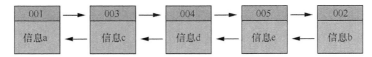

图 10.11 将用户 2 重新插入哈希链表的最右端

后来业务方又访问了用户 6，用户 6 不在缓存中，因此也需要插入哈希链表中，如图 10.12 所示。

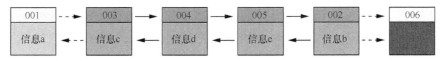

图 10.12 用户 6 等待插入

但这时候缓存已达到容量上限，必须先删除最近最少访问的数据，于是哈希链表最左端的用户 1 被移除，用户 6 则被插入哈希链表的最右端，如图 10.13 所示。

图 10.13 移除用户 1，插入用户 6

通过上述图示，相信你一定已经理解了 LRU 算法的原理。要实现 LRU 算法，就必须从图中抽象出数据结构和操作。基本上，LRU 算法需要管理插入数据的键（key）、数据项（entry）及头尾指针。操作函数应当包含 insert( )、remove( )、contains( )，此外还应包含许多辅助函数。上述分析表明，我们需要首先定义数据项和缓存的数据结构。这里用 HashMap 存储键，用 Vec 存储数据项，头尾指针则简化为 Vec 中的下标。

```
// lru.rs
use std::collections::HashMap;
// 数据项
struct Entry<K, V> {
    key: K,
    val: Option<V>,
    next: Option<usize>,
    prev: Option<usize>,
}
// LRU 缓存
struct LRUCache<K, V> {
    cap: usize,
    head: Option<usize>,
    tail: Option<usize>,
    map: HashMap<K, usize>,
    entries: Vec<Entry<K, V>>,
}
```

为了自定义缓存容量，我们将实现 with_capacity( ) 函数，此外默认的 new( ) 函数会将缓存容量设置为 100。

```rust
// lru.rs
use std::hash::Hash;

const CACHE_SIZE: usize = 100;

impl<K: Clone + Hash + Eq, V> LRUCache<K, V> {
    fn new()-> Self {
        Self::with_capacity(CACHE_SIZE)
    }

    fn len(&self)-> usize {
        self.map.len()
    }

    fn is_empty(&self)-> bool {
        self.map.is_empty()
    }

    fn is_full(&self)-> bool {
        self.map.len()== self.cap
    }

    fn with_capacity(cap: usize)-> Self {
        LRUCache {
            cap: cap,
            head: None,
            tail: None,
            map: HashMap::with_capacity(cap),
            entries: Vec::with_capacity(cap),
        }
    }
}
```

如果想要插入的数据已经在缓存中，则直接更新信息，并将原始值返回。如果想要插入的数据不在缓存中，则返回的原始值应该是 None。access( ) 函数用于删除原始值并更新信息，ensure_room( ) 函数用于在缓存达到容量上限时删除最少使用的数据。

```rust
// lru.rs

impl<K: Clone + Hash + Eq, V> LRUCache<K, V> {
    fn insert(&mut self, key: K, val: V)-> Option<V> {
        if self.map.contains_key(&key){ // 存在键, 更新
            self.access(&key);
            let entry = &mut self.entries[self.head.unwrap()];
            let old_val = entry.val.take();
            entry.val = Some(val);
            old_val
        } else { // 不存在键, 插入
            self.ensure_room();
```

```
        // 更新原始头指针
        let index = self.entries.len();

        self.head.map(|e| {
            self.entries[e].prev = Some(index);
        });

        // 新的头节点
        self.entries.push(Entry {
            key: key.clone(),
            val: Some(val),
            prev: None,
            next: self.head,
        });
        self.head = Some(index);
        self.tail = self.tail.or(self.head);
        self.map.insert(key, index);

        None
    }
}

fn get(&mut self, key: &K)-> Option<&V> {
    if self.contains(key){ self.access(key); }

    let entries = &self.entries;
    self.map.get(key).and_then(move |&i| {
        entries[i].val.as_ref()
    })
}

fn get_mut(&mut self, key: &K)-> Option<&mut V> {
    if self.contains(key){ self.access(key); }

    let entries = &mut self.entries;
    self.map.get(key).and_then(move |&i| {
        entries[i].val.as_mut()
    })
}

fn contains(&mut self, key: &K)-> bool {
    self.map.contains_key(key)
}

// 确保缓存容量足够, 缓存满了就移除末尾的元素
fn ensure_room(&mut self){
    if self.cap == self.len(){
        self.remove_tail();
    }
}

fn remove_tail(&mut self){
    if let Some(index)= self.tail {
        self.remove_from_list(index);
        let key = &self.entries[index].key;
```

```
                    self.map.remove(key);
                }
            if self.tail.is_none(){
                self.head = None;
            }
        }

        // 获取某个键的值，移除原来位置的值并在头部加入
        fn access(&mut self, key: &K){
            let i = *self.map.get(key).unwrap();
            self.remove_from_list(i);
            self.head = Some(i);
        }

        fn remove(&mut self, key: &K)-> Option<V> {
            self.map.remove(&key).map(|index| {
                    self.remove_from_list(index);
                    self.entries[index].val.take().unwrap()
                })
        }

        fn remove_from_list(&mut self, i: usize){
            let(prev, next)= {
                let entry = self.entries.get_mut(i).unwrap();
                (entry.prev, entry.next)
            };

            match(prev, next){
                    // 数据项在缓存的中间
                (Some(j), Some(k))=> {
                        let head = &mut self.entries[j];
                        head.next = next;
                        let next = &mut self.entries[k];
                        next.prev = prev;
                    },
                    // 数据项在缓存的末尾
                (Some(j), None)=> {
                        let head = &mut self.entries[j];
                        head.next = None;
                        self.tail = prev;
                    },
                    // 数据项在缓存的头部
                _ => {
                        if self.len()> 1 {
                            let head = &mut self.entries[0];
                            head.next = None;
                            let next = &mut self.entries[1];
                            next.prev = None;
                        }
                    },
                }
            }
        }
}
```

下面是 LRU 算法的使用示例。

```
// lru.rs

fn main(){
    let mut cache = LRUCache::with_capacity(2);
    cache.insert("foo", 1);
    cache.insert("bar", 2);
    cache.insert("baz", 3);
    cache.insert("tik", 4);
    cache.insert("tok", 5);

    assert!(!cache.contains(&"foo"));
    assert!(!cache.contains(&"bar"));
    assert!(cache.contains(&"baz"));
    assert!(cache.contains(&"tik"));

    cache.insert("qux", 6);
    assert!(cache.contains(&"qux"));
}
```

10.5 一致性哈希算法

一致性哈希算法是由美国麻省理工学院的 Karger 等人在解决分布式缓存问题时提出的，主要用于解决互联网上的热点问题。但经过这么多年的发展，一致性哈希算法早已得到广泛应用。

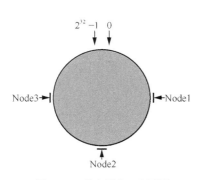

图 10.14 将点围成一个圆圈

考虑用 Redis 缓存图片这项任务。当数据量小且访问量也不大时，一台 Redis 机器就能搞定，最多使用主从两台 Redis 机器就够了。然而数据量一旦变大并且访问量也增加，将全部数据放在一台机器上就不行了，毕竟资源有限。这时候，我们往往选择搭建集群，将数据分散存储到多台机器上。比如 5 台机器，于是图片对应的位置索引 = hash(key) % 5。key 是和图片相关的一个指标。但是，若要添加新机器或者有机器出现故障，则机器的数量就会发生改变，上面计算出来的位置索引就不对了。一致性哈希算法的出现就是为了解决这个问题，它以 0 为起点，在 $2^{32} -1$ 处停止，将这些点围成一个圆圈，并保证数据一定落在圆圈上的某个位置，如图 10.14 所示。

所加入数据的哈希值必定落在某个环上，只要沿着这个环将数据顺时针放到对应的节点上，就可实现缓存，如图 10.15 所示。

假设节点 Node3 宕机了，这会影响到节点 Node2 到节点 Node3 的数据，这些数据都会被转存到节点 Node1 上，如图 10.16 所示。

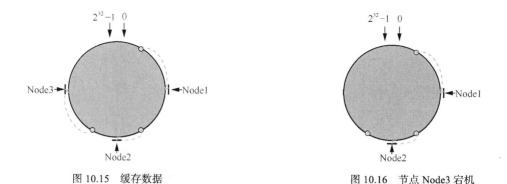

图 10.15　缓存数据　　　　　　　　　图 10.16　节点 Node3 宕机

如果加入新的机器节点 Node4，则原本属于节点 Node3 的数据会被存储到节点 Node4 上，如图 10.17 所示。

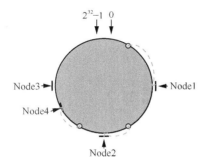

图 10.17　加入新的机器节点 Node4

一致性哈希算法对于节点的增减都只需要重定位环空间中的一小部分数据，拥有很好的容错性和可扩展性。下面我们来实现一致性哈希算法。根据上面的分析和图示，我们需要用环来存储节点，节点则代表机器。

```rust
// conshash.rs
use std::fmt::Debug;
use std::string::ToString;
use std::hash::{Hash, Hasher};
use std::collections::{BTreeMap, hash_map::DefaultHasher};

// 环上的节点可以保存机器的一些信息
#[derive(Clone, Debug)]
struct Node {
    host: &'static str,
    ip: &'static str,
    port: u16,
}
impl ToString for Node { // 添加字符串转换功能
    fn to_string(&self)-> String {
        self.ip.to_string()+ &self.port.to_string()
    }
```

321

```
        }
}

// 环
struct Ring<T: Clone + ToString + Debug> {
    replicas: usize,           // 分区数
    ring: BTreeMap<u64, T>,    // 用于保存数据的环
}
```

Ring 结构体中的 replicas 字段旨在防止节点聚集, 从而避免数据也被集中存储到少量节点上。对一个节点产生多个虚拟节点, 这些虚拟节点会更均匀地分布到环上, 这样就能解决节点聚集问题。

哈希计算可以采用标准库提供的默认哈希计算器, 默认的节点有 10 个, 也可自定义节点数。对于一致性哈希算法, 我们至少还需要支持节点的插入、删除和查询功能。当然, 为了进行批处理, 插入和删除功能也应该实现批处理版本。

```
// conshash.rs

const DEFAULT_REPLICAS: usize = 10;

// 哈希计算函数
fn hash<T: Hash>(val: &T)-> u64 {
    let mut hasher = DefaultHasher::new();
    val.hash(&mut hasher);
    hasher.finish()
}

impl<T> Ring<T> where T: Clone + ToString + Debug {
    fn new()-> Self {
        Self::with_capacity(DEFAULT_REPLICAS)
    }
    fn with_capacity(replicas: usize)-> Self {
        Ring {
            replicas: replicas,
            ring: BTreeMap::new()
        }
    }

    // 批量插入节点
    fn add_multi(&mut self, nodes: &[T]){
        if !nodes.is_empty(){
            for node in nodes.iter(){
                self.add(node);
            }
        }
    }

    fn add(&mut self, node: &T){
        for i in 0..self.replicas {
            let key = hash(&(node.to_string()
```

```rust
                                + &i.to_string())));
            self.ring.insert(key, node.clone());
        }
    }

    // 批量删除节点
    fn remove_multi(&mut self, nodes: &[T]){
        if !nodes.is_empty(){
            for node in nodes.iter(){
                self.remove(node);
            }
        }
    }
    fn remove(&mut self, node: &T){
        assert!(!self.ring.is_empty());

        for i in 0..self.replicas {
            let key = hash(&(node.to_string()
                                + &i.to_string()));
            self.ring.remove(&key);
        }
    }

    // 获取节点
    fn get(&self, key: u64)-> Option<&T> {
        if self.ring.is_empty(){
            return None;
        }

        let mut keys = self.ring.keys();
        keys.find(|&k| k >= &key)
            .and_then(|k| self.ring.get(k))
            .or(keys.nth(0).and_then(|x| self.ring.get(x)))
    }
}

fn main(){
    let replica = 3;
    let mut ring = Ring::with_capacity(replica);
    let node = Node{host:"localhost", ip:"127.0.0.1",port:23};
    ring.add(&node);

    for i in 0..replica {
        let key = hash(&(node.to_string()+ &i.to_string()));
        let res = ring.get(key);
        assert_eq!(node.host, res.unwrap().host);
    }

    println!("{:?}", &node);
    ring.remove(&node);
    // Node { host: "localhost", ip: "127.0.0.1", port: 23 }
}
```

10.6 Base58 编码

Base58 和 Base64 一样，也是一种编码算法，但 Base58 删除了表 10.2 所示 Base64 编码表中的**浅灰色**字符，只使用剩下的字符。

表 10.2 Base64 编码表

编号	字符	编号	字符	编号	字符	编号	字符	编号	字符
0	**0**	13	D	26	Q	39	d	52	q
1	1	14	E	27	R	40	e	53	r
2	2	15	F	28	S	41	f	54	s
3	3	16	G	29	T	42	g	55	t
4	4	17	H	30	U	43	h	56	u
5	5	18	**I**	31	V	44	i	57	v
6	6	19	J	32	W	45	j	58	w
7	7	20	K	33	X	46	k	59	x
8	8	21	L	34	Y	47	**l**	60	y
9	9	22	M	35	Z	48	m	61	z
10	A	23	N	36	a	49	n	62	**+**
11	B	24	**O**	37	b	50	o	63	**/**
12	C	25	P	38	c	51	p		

Base58 用于表示比特币钱包的地址，由中本聪引入，他在 Base64 的基础上删除了易引起歧义的 6 个字符，包括字符 0、O、I、1 以及 + 和 /，并将剩下的 58 个字符作为编码字符。这 58 个字符既不容易认错，也避免了 / 等字符在复制时断行的问题。

Base58 的编码其实是进制转换，首先将字符转换为 ASCII 值，然后转换为十进制数，接着转换为 58 进制数，最后按照 Base58 编码表选择对应的字符，组成 Base58 编码字符串。因为涉及数的进制转换，所以效率比较低，编码流程如下。

```
[Base58 编码流程 ]
\label{base58}
\KwData{ 原始字符串 s}
\KwResult{ 编码后的字符串 b58str}
初始化一个空字符串 b58str 用于保存结果
\For{ $c \in s$ }{
      将原始字符串 s 中的字符 c 转换成 ASCII 值 (256 进制 )\
      将 ASCII 值转换成十进制数 \
      将十进制数转换成 58 进制数 \
      将 58 进制数按照 Base58 编码表转换成对应的字符 \
      将得到的字符加入字符串 b58str
}
返回编码后的字符串 b58str \
```

Base58 的解码是编码的逆过程，也是进制转换，先将 Base58 字符串中的字符转换为 58 进制数，然后转换为十进制数，接着转换为 ASCII 值，最后转换为 ASCII 字符，组成原始字符串。具体解码流程如下：

```
[Base58 解码流程 ]
\label{base58r}
\KwData{ 编码后的字符串 b58str}
\KwResult{ 解码后的字符串 newstr}
初始化一个空字符串 newstr 用于保存结果
\For{ $c \in b58$ }{
        将字符串 b58str 中的字符 c 转换成 58 进制数 \
        将 58 进制数转换成十进制数 \
        将十进制数转换成 ASCII 值（256 进制）\
        将 ASCII 值按照 Base56 编码表转换成对应的字符 \
        将得到的字符加入字符串 newstr
}
返回解码后的字符串 newstr \
```

其实，编码和解码就是两个空间的字符串转换，它们更像是编码空间的一种映射。知道了 Base58 的编 / 解码原理，下面我们来实现一个 Base58 编 / 解码器。首先，准备编码字符和编码转换表。其次，最大转换进制 58 和用于代替前置 0 的 1 也最好定义为常量，让常量参与运算比直接写魔数好，减少魔数有助于降低代码的理解难度。

```
// base58.rs

// 最大转换进制 58
const BIG_RADIX: u32 = 58;

// 前置 0 用 1 代替
const ALPHABET_INDEX_0: char = '1';

// Base58 编码字符
const ALPHABET: &[u8;58] = b"123456789ABCDEFGHJKLMNPQRSTUVWXYZabcdefghijkmnopqrstuvwxyz";

// 进制映射关系
const DIGITS_MAP: &'static [u8] = &[
  255,255,255,255,255,255,255,255,255,255,255,255,255,255,255,255,
  255,255,255,255,255,255,255,255,255,255,255,255,255,255,255,255,
  255,255,255,255,255,255,255,255,255,255,255,255,255,255,255,255,
  255,  0,  1,  2,  3,  4,  5,  6,  7,  8,255,255,255,255,255,255,
  255,  9, 10, 11, 12, 13, 14, 15, 16,255, 17, 18, 19, 20, 21,255,
   22, 23, 24, 25, 26, 27, 28, 29, 30, 31, 32,255,255,255,255,255,
  255, 33, 34, 35, 36, 37, 38, 39, 40, 41, 42, 43,255, 44, 45, 46,
   47, 48, 49, 50, 51, 52, 53, 54, 55, 56, 57,255,255,255,255,255,
];
```

为了应对编 / 解码过程中可能出现的错误，我们为 Base58 编码实现了自定义的错误类型，用于处理字符非法、长度错误及其他情况。编码和解码则被实现成了 str 类型的两个 trait——Encoder 和 Decoder，它们分别包含 encode_to_base58( ) 和 decode_from_base58( ) 函数，返回值的类型分别为 String 和 Result<String, Err>。

```rust
// base58.rs

// 定义解码错误的类型
#[derive(Debug, PartialEq)]
pub enum DecodeError {
    Invalid,
    InvalidLength,
    InvalidCharacter(char, usize),
}

// 定义编 / 解码 trait
pub trait Encoder {
    // 编码
    fn encode_to_base58(&self)-> String;
}

pub trait Decoder {
    // 解码
    fn decode_from_base58(&self)-> Result<String, DecodeError>;
}
```

接下来要做的是分别实现这两个 trait 中包含的函数，具体原理如前所述。此处的 trait 是为 str 实现的，但内部计算用 u8 比较好，因为字符串中的字符可能包含多个 u8。

```rust
// base58.rs

// 实现 Base58 编码
impl Encoder for str {
    fn encode_to_base58(&self)-> String {
        // 转换为字节以方便处理
        let str_u8 = self.as_bytes();
        // 统计前置 0 的个数
        let zero_count = str_u8.iter()
                              .take_while(|&&x| x == 0)
                              .count();
        // 转换后所需的空间: log(256)/log(58), 约为原来的 1.38 倍
        // 前置 0 不需要, 所以删除
        let size =(str_u8.len()- zero_count)* 138 / 100 + 1;
        // 字符进制转换
        let mut i = zero_count;
        let mut high = size - 1;
        let mut buffer = vec![0u8; size];
        while i < str_u8.len(){
            // j 为逐渐减小的下标, 对应从后往前
            let mut j = size - 1;

            // carry 为从前往后读取的字符
            let mut carry = str_u8[i] as u32;

            // 将转换后的数据从后往前依次存放
            while j > high || carry != 0 {
                carry += 256 * buffer[j] as u32;
```

```
                buffer[j] =(carry % BIG_RADIX)as u8;
                carry /= BIG_RADIX;

                if j  > 0 {
                    j -= 1;
                }
            }
            i += 1;
            high = j;
        }

        // 处理多个前置 0
        let mut b58_str = String::new();
        for _ in 0..zero_count {
            b58_str.push(ALPHABET_INDEX_0);
        }

        // 获取编码后的字符并拼接成字符串
        let mut j = buffer.iter()
                        .take_while(|&&x| x == 0)
                        .count();
        while j < size {
            b58_str.push(ALPHABET[buffer[j] as usize] as char);
            j += 1;
        }

        // 返回编码后的字符串
        b58_str
    }
}
```

解码是编码的逆过程，其实也是进制转换，具体实现如下。

```
// base58.rs

// 实现 Base58 解码
impl Decoder for str {
    fn decode_from_base58(&self)
        -> Result<String, DecodeError>{
        // 保存转换字符
        let mut bin = [0u8; 132];
        let mut out = [0u32;(132 + 3)/ 4];

        // 在以 4 为单元处理数据后，剩余的比特数
        let bytes_left =(bin.len()% 4)as u8;
        let zero_mask = match bytes_left {
            0 => 0u32,
            _ => 0xffffffff <<(bytes_left * 8),
        };

        // 统计前置 0 的个数
        let zero_count = self.chars()
                        .take_while(|&x| x == ALPHABET_INDEX_0)
                        .count();
```

```
        let mut i = zero_count;
        let b58: Vec<u8> = self.bytes().collect();
        while i < self.len(){
            // 错误字符
            if(b58[i] & 0x80)!= 0 {
                return Err(DecodeError::InvalidCharacter(
                        b58[i] as char, i));
            }
            if DIGITS_MAP[b58[i] as usize] == 255 {
                return Err(DecodeError::InvalidCharacter(
                        b58[i] as char, i));
            }

            // 进制转换
            let mut j = out.len();
            let mut c = DIGITS_MAP[b58[i] as usize] as u64;
            while j != 0 {
                j -= 1;
                let t = out[j] as u64 *(BIG_RADIX as u64)+ c;
                c =(t & 0x3f00000000)>> 32;
                out[j] =(t & 0xffffffff)as u32;
            }

            // 数据太长
            if c != 0 {
                return Err(DecodeError::InvalidLength);
            }

            if(out[0] & zero_mask)!= 0 {
                return Err(DecodeError::InvalidLength);
            }

            i += 1;
        }

        // 处理剩余的比特
        let mut i = 1;
        let mut j = 0;
        bin[0] = match bytes_left {
            3 =>((out[0] & 0xff0000)>> 16)as u8,
            2 =>((out[0] & 0xff00)>> 8)as u8,
            1 => {
                j = 1;
              (out[0] & 0xff)as u8
            },
            _ => {
                i = 0;
                bin[0]
            }
        };

        // 以 4 为单元处理数据，通过移位来执行除法运算
        while j < out.len(){
            bin[i] =((out[j] >> 0x18)& 0xff)as u8;
            bin[i + 1] =((out[j] >> 0x10)& 0xff)as u8;
```

```
                bin[i + 2] =((out[j] >> 8)& 0xff)as u8;
                bin[i + 3] =((out[j] >> 0)& 0xff)as u8;
                i += 4;
                j += 1;
            }

            // 获取前置 0 的个数
            let leading_zeros = bin.iter()
                                .take_while(|&&x| x == 0)
                                .count();

            // 获取解码后的字符串
            let new_str = String::from_utf8(
                        bin[leading_zeros - zero_count..]
                        .to_vec());

            // 返回合法数据
            match new_str {
                Ok(res)=> Ok(res),
                Err(_)=> Err(DecodeError::Invalid),
            }
        }
}

fn main(){
    println!("{:#?}","abc".encode_to_base58());
    println!("{:#?}","ZiCa".decode_from_base58().unwrap());

    println!("{:#?}"," 我爱你 ".encode_to_base58());
    println!("{:#?}","3wCHf2LRNuMmh".decode_from_base58());

    println!("{:#?}"," 他爱你 ".encode_to_base58());
    println!("{:#?}","3usBZvKeHedCj".decode_from_base58());
}
```

下面是 Base58 编 / 解码的结果。

```
"ZiCa"
"abc"
"3wCHf2LRNuMmh"
Ok(
    " 我爱你 ",
)
"3usBZvKeHedCj"
Ok(
    " 他爱你 ",
)
```

至此，整个 Base58 编 / 解码算法就完成了。同理，使用类似的方法也可以实现 Base32、Base36、Base62、Base64、Base85、Base92 等编 / 解码算法。前面的第 1 章曾用 Base64 完成过一个密码生成器，这个密码生成器其实也可以使用 Base58 来完成。

10.7　区块链

区块链是一种新的数字技术，近年来得到了广泛关注，尤其是在和区块链相关联的比特币价格暴涨后，区块链、比特币、以太坊、虚拟货币、数字经济等概念得到了极大普及。国际上的一些重要人物，如特斯拉公司 CEO 马斯克，甚至亲自为虚拟货币站台，推动了整个领域的发展。各国政府也加紧制定了区块链相关政策，更进一步催热了这一领域。区块链技术其实只是一种和经济发展及货物贸易直接相关联的技术。

互联网上的贸易，基本上都需要借助金融机构作为可信赖的第三方来处理电子支付信息。虽然这类系统在绝大多数情况下运作良好，但它们仍然内生性地受制于"基于信用的模式"这个弱点。我们无法实现完全不可逆的交易，因为金融机构总是不可避免地出面协调争端。而金融中介的存在，也会增加交易的成本，并且限制实际可行的最小交易规模，以及限制日常的小额支付交易。潜在的损失还包括很多商品和服务本身是无法退货的，如果缺乏不可逆的支付手段，互联网上的贸易就会极大受限。因为有潜在的退款的可能，所以需要交易双方彼此信任。而商家也必须提防自己的客户，从而向客户索取完全不必要的个人信息或手续费。在使用物理现金的情况下，信息索取和相关的手续费是可以避免的，因为此时没有第三方信用中介的存在。我们非常需要这样一种电子支付系统，其基于密码学原理而非信用，旨在使得任何达成一致的双方能够直接进行支付，从而不需要第三方中介的参与。只要杜绝回滚支付交易的可能，就可以保护特定的卖家免遭欺诈。我们将提出一种通过点对点的分布式时间戳服务器来生成依照时间前后排列并加以记录的电子交易证明，从而解决双重支付问题。只要由诚实节点控制的计算能力的总和大于有合作关系的攻击者的计算能力的总和，这种系统就是安全的。

上面这段话是比特币发明人中本聪在比特币白皮书《比特币：一种点对点的电子现金系统》[19] 中所做的介绍，旨在回答为什么发明比特币的问题。

10.7.1　区块链及比特币原理

区块链和比特币之间是什么关系呢？近几年，媒体对区块链和比特币报道颇多，但多是宏观方面的叙述，没有技术细节。其实，区块链技术是一种全新的分布式基础架构与计算范式，旨在利用链式数据结构来验证与存储数据，利用分布式节点共识算法来生成和更新数据，利用密码学来保证数据传输和访问安全，以及利用自动化脚本组成的智能合约来编程和操作数据。

简单来说，区块链就是去中心化的分布式账本。所谓去中心化，就是没有中心或者说每个人都可以是中心。分布式账本意味着数据不只存储在每一个节点上，而是每一个节点都会复制并共享整个账本中的数据。区块链是记录交易的账本，而记录交易是非常耗费资源的，所以在记录交易（打包）的过程中产生了奖励和手续费，这些奖励和手续费是一种数字货币，用于维持系统的运行。中本聪发明的区块链中的数字货币就是大名鼎鼎的比特币。

由此可以看出，区块链是一种分布式的交易媒介，比特币是交易的保障，更是一种激励。区块链作为一个系统，其本身存在区块、交易、账户、矿工、手续费、奖励等组件。要实现区块链，就必须从这些基本的组件开始逐一实现。

10.7.2 基础区块链

一个简单的区块包含区块头、区块体和区块哈希三部分。其中，区块头包含前一个区块的哈希值（prehash）、当前区块的交易哈希值（txhash）和区块打包时间（time）；区块体包含所有交易数据（transaction）；区块哈希（hash）旨在计算通过区块头和区块体得到的哈希值。区块及区块链的结构如图 10.18 所示。

图 10.18　区块及区块链的结构

可以看出，哈希值是非常重要的，所以我们首先要做的就是实现哈希计算。一般来说，先将区块结构序列化，再计算哈希值会更高效。

我们的基础区块链的第一个功能是实现序列化和哈希值计算，具体的代码实现如下。其中：添加 "?Sized" 是为了处理大小不定的区块，因为交易可能多，也可能少，数量不一；bincode 用于序列化；crypto 的 Sha3 用于计算哈希值。为了方便查看，我们将所有哈希值转换成字符串。序列化后的数据是 &[u8] 类型，hash_str( ) 函数用于获取此类型的数据并返回字符串。

```rust
// serializer.rs
use bincode;
use serde::Serialize;
use crypto::digest::Digest;
use crypto::sha3::Sha3;

// 序列化数据
pub fn serialize<T: ?Sized>(value: &T)-> Vec<u8>
    where T: Serialize {
    bincode::serialize(value).unwrap()
}

// 计算哈希值并以字符串形式返回
pub fn hash_str(value: &[u8])-> String {
```

```
    let mut hasher = Sha3::sha3_256();
    hasher.input(value);
    hasher.result_str()
}
```

通过哈希计算函数，我们可以计算区块中的 hash、prehash 和 txhash，time 则可采用生成区块时的时间，只有交易数据不定。为了简化问题，从一开始就用字符串来模拟交易，并通过将其放入 Vec 中来表示多笔交易。在 Rust 中，可用结构体来表示区块和区块头。

```rust
// block.rs

// 区块结构体
pub struct Block {
    pub header: BlockHeader,
    pub tranxs: String,
    pub hash: String,
}

// 区块头结构体
pub struct BlockHeader {
    pub time: i64,
    pub pre_hash: String,
    pub txs_hash: String,
}
```

对于每个区块，首先要能够新建才行。区块新建后，还需要更新区块的哈希值，区块的实现代码如下。

```rust
// block.rs
use std::thread;
use std::time::Duration;
use chrono::prelude::*;
use utils::serializer::{serialize, hash_str};
use serde::Serialize;

// 区块头结构体
#[derive(Serialize, Debug, PartialEq, Eq)]
pub struct BlockHeader {
    pub time: i64,
    pub pre_hash: String,
    pub txs_hash: String,
}
// 区块结构体
#[derive(Debug)]
pub struct Block {
    pub header: BlockHeader,
    pub tranxs: String,
    pub hash: String,
}
```

```rust
impl Block {
    pub fn new(txs: String, pre_hash: String)-> Self {
        // 延迟 3 秒再挖矿
        println!("Start mining .... ");
        thread::sleep(Duration::from_secs(3));

        // 准备时间，计算交易哈希值
        let time = Utc::now().timestamp();
        let txs_ser = serialize(&txs);
        let txs_hash = hash_str(&txs_ser);
        let mut block = Block {
            header: BlockHeader {
                time: time,
                txs_hash: txs_hash,
                pre_hash: pre_hash,
            },
            tranxs: txs,
            hash: "".to_string(),
        };
        block.set_hash();
        println!("Produce a new block!\n");
        block
    }

    // 计算并设置区块哈希值
    fn set_hash(&mut self){
        let header = serialize(&(self.header));
        self.hash = hash_str(&header);
    }
}
```

有了区块，接下来要做的就是构建区块链了。区块链需要保存多个区块，可用 Vec 来存储。此外，区块链还要能够产生第一个区块（创世区块）以及添加新区块。第一个区块没有 prehash，所以需要手动设置，这里选择 "Bitcoin hit $60000" 的 Base64 编码作为创世区块的 prehash。

```rust
// blockchain.rs
use crate::block::Block;

// 创世区块的 prehash
const PRE_HASH: &str = "22caaf24ef0aea3522c13d133912d2b7
                        22caaf24ef0aea3522c13d133912d2b7";
pub struct BlockChain {
    pub blocks: Vec<Block>,
}

impl BlockChain {
    pub fn new()-> Self {
```

```
        BlockChain { blocks: vec![Self::genesis_block()] }
    }

    // 生成创世区块
    fn genesis_block()-> Block {
        Block::new(" 创始区块 ".to_string(),PRE_HASH.to_string())
    }

    // 添加区块, 形成区块链
    pub fn add_block(&mut self, data: String){
        // 获取前一个区块的哈希值
        let pre_block = &self.blocks[self.blocks.len()- 1];
        let pre_hash  = pre_block.hash.clone();
        // 构建新区块并加入区块链
        let new_block = Block::new(data, pre_hash);
        self.blocks.push(new_block);
    }

    // 输出区块信息
    pub fn block_info(&self){
        for b in self.blocks.iter(){ println!("{:#?}", b); }
    }
}
```

为了运行区块链，我们需要构造交易，用于生成区块。下面的 main.rs 文件采用字符串代表交易数据，并在交易数据打包的过程中及结束后分别输出挖矿信息和区块信息。

```
// main.rs
use core::blockchain::BlockChain as BC;

fn main(){
    println!("---------------Mine Info------------------");

    let mut bc = BC::new();
    let tx = "0xabcd -> 0xabce: 5 btc".to_string();
    bc.add_block(tx);
    let tx = "0xabcd -> 0xabcf: 2.5 btc".to_string();
    bc.add_block(String::from(tx));

    println!("---------------Block Info----------------");
    bc.block_info();
}
```

上述代码需要按照逻辑组织起来才能工作。哈希计算函数需要放到 utils 目录下当工具用，因为其本身和区块链没有关系；block.rs 和 blockchain.rs 需要放到 core 目录下；main.rs 用来调用 core，以实现区块的新建和添加。你可以用 Cargo 来生成区块链项目。通过上述代码，我们实现了一个最基本的区块链项目，它能新建及添加区块。运行结果如图 10.19 所示，其中包含挖矿信息和区块信息。

```
-----------------------------Mine Info-----------------------------
Start mining …
Produced a new block!

Start mining …
Produced a new block!

Start mining …
Produced a new block!
-----------------------------Block Info-----------------------------
Block {
    header: BlockHeader {
        time: 1619011220,
        txs_hash: "b868068f9515f7f89a2a0d691508fb380af41166fd4834fee4969bed33b38839",
        pre_hash: "22caaf24ef0aea3522c13d133912d2b722caaf24ef0aea3522c13d133912d2b7",
    },
    tranxs: "创世区块",
    hash: "1215955b17955d31bbda7ba638d7ca240e3431d06fb0bb1a4f06fa21e6bf3ac5",
}
Block {
    header: BlockHeader {
        time: 1619011223,
        txs_hash: "84eeeb7be34240b4a5c45534fc0951ec8f375d93cd3a77d2f154fbdfdde080c1",
        pre_hash: "1215955b17955d31bbda7ba638d7ca240e3431d06fb0bb1a4f06fa21e6bf3ac5",
    },
    tranxs: "0xabcd -> 0xabce: 5 btc",
    hash: "9defaba787ac4034ac37fa516b2e9b5a325901585d198a73827be9036f2f18d2",
}
Block {
    header: BlockHeader {
        time: 1619011226,
        txs_hash: "ca51ee57941a2af26ae2fa02d05f6276f6c2c050535314d6393501b797b13438",
        pre_hash: "9defaba787ac4034ac37fa516b2e9b5a325901585d198a73827be9036f2f18d2",
    },
    tranxs: "0xabcd -> 0xabcf: 2.5 btc",
    hash: "80d05dfffaf6bf476651604de38f4f880013372b82f3286375abb5526e9523a1",
}
```

图 10.19　运行结果

我们实现的这个区块链非常简单，一个完整的区块链还包括工作量证明、交易、账户、哈希、矿工、挖矿、比特币奖励、区块存储等功能。你可以自行在这个区块链的基础上实现这些功能。

10.8　小结

本章涉及了许多数据结构，它们都非常有用。我们首先学习了如何实现字典树、布隆过滤器和布谷鸟过滤器，然后学习了汉明距离及编辑距离，接下来学习了 LRU 缓存淘汰算法 和一致性哈希算法，最后学习了区块链的原理并实现了一个十分基础的区块链。

至此，你已经学习了各种数据结构，也写了非常多的 Rust 代码，希望本书对你能有所帮助并促进 Rust 在中国的发展。

参考文献

[1] Multicians. Multics. Website, 1995.

[2] The Open Group. UNIX. Website, 1995.

[3] Linus. Linux 内核官方网站 . Website, 1991.

[4] GNU. GNU/Linux. Website, 2010.

[5] Wikipedia. 量子计算机 .Website, 2022.

[6] Bradley N. Miller and David L. Ranum. Problem Solving with Algorithms and Data Structures Using Python. Franklin, Beedle & Associates, 2011.

[7] Rust Foundation. Rust 基金会 .Website, 2021.

[8] Rui Pereira, Marco Couto, Francisco Ribeiro, Rui Rua, Jácome Cunha, João Paulo Fernandes, and João Saraiva. Energy Efficiency across Programming Languages: How Do Energy, Time, and Memory Relate? In Proceedings of the 10th ACM SIGPLAN International Conference on Software Language Engineering, SLE 2017, pp.256–267, New York, NY, USA, 2017. Association for Computing Machinery.

[9] Wikipedia. NP 完全问题 . Website, 2021.

[10] Wikipedia. 歌德巴赫猜想 . Website, 2021.

[11] Yehoshua Perl, Alon Itai, and Haim Avni. Interpolation Search—A log log$N$ Search. Commun. ACM, 21(7):550–553, jul 1978.

[12] Stanley P. Y. Fung. Is This the Simplest（and Most Surprising）Sorting Algorithm Ever? 2021.415.

[13] Wikipedia. 熵 . Website, 2022.

[14] Wikipedia. 访问局部性 .Website, 2022.

[15] Wikipedia. 距离矢量路由协议 .Website, 2021.

[16]   Wikipedia. 链路状态路由协议 .Website, 2022.

[17]   Wikipedia. 汉明码 .Website, 2022.

[18]   Bin Fan and David G Andarsen. Cuckoo Filter: Practically Better than Bloom. Website, 2014.

[19]   Satoshi Nakamoto. Bitcoin: A Peer-to-Peer Electronic Cash System. Website, 2008.